# 建筑结构设计与工程管理

马　骥　宋继鹏　杜书源　著

吉林科学技术出版社

**图书在版编目（CIP）数据**

建筑结构设计与工程管理 / 马骥，宋继鹏，杜书源

著. -- 长春 ：吉林科学技术出版社，2023.3

ISBN 978-7-5744-0314-7

Ⅰ．①建… Ⅱ．①马… ②宋… ③杜… Ⅲ．①建筑结构—结构设计②建筑工程—工程管理 Ⅳ．①TU318

②TU71

中国国家版本馆 CIP 数据核字(2023)第 065670 号

# 建筑结构设计与工程管理

| | | |
|---|---|---|
| 著 | 马　骥　宋继鹏　杜书源 | |
| 出 版 人 | 宛　霞 | |
| 责任编辑 | 高千卉 | |
| 封面设计 | 南昌德昭文化传媒有限公司 | |
| 制　　版 | 南昌德昭文化传媒有限公司 | |
| 幅面尺寸 | 185mm×260mm | |
| 开　　本 | 16 | |
| 字　　数 | 364 千字 | |
| 印　　张 | 16.875 | |
| 印　　数 | 1-1500 册 | |
| 版　　次 | 2023 年 3 月第 1 版 | |
| 印　　次 | 2024 年 1 月第 1 次印刷 | |

出　　版　吉林科学技术出版社

发　　行　吉林科学技术出版社

地　　址　长春市南关区福祉大路 5788 号出版大厦 A 座

邮　　编　130118

发行部电话/传真　0431—81629529　　81629530　　81629531

　　　　　　　　　　81629532　　81629533　　81629534

储运部电话　0431-86059116

编辑部电话　0431-81629510

印　　刷　廊坊市印艺阁数字科技有限公司

书　　号　ISBN 978-7-5744-0314-7

定　　价　85.00 元

# 《建筑结构设计与工程管理》
## 编审会

建筑结构设计是系统的，全面的工作，需要扎实的理论知识功底，灵活创新的思维和严肃认真负责地工作态度。作为设计人员，要掌握结构设计的过程，保证设计结构的安全，还要善于总结工作中的经验。建筑结构设计是建筑设计工作的一部分，指利用力学原理模拟分析建筑物或者构筑物地承载能力，设计出满足其功能要求的结构形式，并配合建筑给水排水暖通空调电气等专业完成建筑整体的设计。结构设计简而言之就是用结构语言来表达建筑师及其他专业工程师所要表达的内容。用基础、墙、柱、梁、板、楼梯、大样细部等结构元素来构成建筑物的结构体系，包括竖向和水平的承重及抗力体系。把各种情况产生的荷载以最简洁的方式传递至基础。

建筑结构设计是一个非常系统的工作，需要相关从业者掌握扎实的基础理论知识，并具备严肃、认真和负责的工作态度。随我国市场经济的飞速发展和城市化进程的日益加快，人们对居住环境的要求不断提高，这在一定程度上大大提高了施工的难度，并且形成了现代建筑行业的激烈竞争。本书是建筑工程方向的著作，主要研究建筑结构设计与工程管理，本书从建筑结构设计基础介绍入手，针对框架结构设计和剪力墙结构设计进行了研究；另外对于钢筋混凝土楼盖结构设计、钢筋混凝土单层厂房以及高层建筑结构设计做了探讨；还分析了建筑工程管理理论以及实务的相关内容；对建筑结构设计与工程管理的研究与应用有一定的借鉴意义。全书体系结构完整，内容设计合理，有助于读者掌握建筑结构设计与工程管理方面的研究成果，从而更加系统专业地学习理解建筑工程中有关设计和管理等方面的知识内容，希望对广大读者有所帮助。

在本书撰写的过程中，参考了许多参考资料以及其他学者的相关研究成果，在此表示感谢！鉴于时间较为仓促，水平有限，书中难免出现一些谬误之处，因此恳请广大读者、专家学者能够予以谅解并及时进行指正，以便后续对本书做进一步的修改与完善。

# 目 录

# 第一章　建筑结构设计概述

# 第一节　建筑结构和建筑

## 一、建筑物设计

　　一般建筑物的设计从业主组织设计招标或者委托方案设计开始，到施工图设计完成为止，整个设计工程可划分为方案设计、初步设计和施工图设计三个主要设计阶段。对于小型和功能简单的建筑物，工程设计可分方案设计和施工图设计两个阶段；对重大工程项目，在三个设计阶段的基础上，通常会在初步设计之后增加技术设计环节，然后进入到施工图设计阶段。

## 二、建筑与结构的关系

　　建筑物的设计过程，需要建筑师、结构工程师和其他专业工程师（水、暖、电）共同合作完成，特别是建筑师和结构工程师的分工与合作，在整个设计过程中，尤为重要，二者各自的主要设计任务见表1-1。

表 1-1　建筑设计和结构设计的主要任务

| 建筑设计 | 结构设计 |
|---|---|
| （1）与规划的协调，建筑体型和周边环境的设计；<br>（2）合理布置和组织建筑物室内空间；<br>（3）解决好采光通风、照明、隔声、隔热等建筑技术问题；<br>（4）艺术处理和室内外装饰 | （1）合理选择、确定与建筑体系相称的结构方案和结构布置，满足建筑功能要求；<br>（2）确定结构承受的荷载，合理选用建筑材料；<br>（3）解决好结构承载力、正常使用方面的所有结构技术问题；<br>（4）解决好结构方面的构造和施工方面的问题 |

　　一栋建筑物的完成，是各专业设计人员紧密合作的成果。设计的最终目标是达到形式和功能的统一，也就是建筑和结构的统一。建筑必须是个有机体，其建筑、结构、材料、功能、形式和环境，应当相互协调、完整一致。

# 三、建筑结构的基本概念

## （一）建筑结构的定义

　　建筑结构（一般可简称为结构）是指建筑空间中由基本结构构件（梁、柱、桁架、墙、楼盖和基础等）组合而成的结构体系，用以承受自然界或人为施加在建筑物上的各种作用。建筑结构应具有足够的强度、刚度、稳定性和耐久性，以满足建筑物的使用要求，为人们的生命财产提供安全保障。

　　建筑结构是一个由构件组成的骨架，是一个与建筑、设备以及外界环境形成对立统一的有明显特征的体系，建筑结构的骨架具有与建筑相协调的空间形式和造型。

　　在土建工程中，结构主要有四个方面的作用：

　　（1）形成人类活动的空间。这个作用可以由板（平板、曲面板）、梁（直梁、曲梁）、桁架、网架等水平方向的结构构件，以及柱、墙、框架等竖直方向的结构构件组成的建筑结构来实现。

　　（2）为人群和车辆提供通道。这个作用可用以上构件组成的桥梁结构来实现。

　　（3）抵御自然界水、土、岩石等侧向压力的作用。这个作用可用水坝、护堤、挡土墙、隧道等水工结构和土工结构来实现。

　　（4）构成为其他专门用途服务的空间。这个作用可以用排除废气的烟囱、储存液体的油罐及水池等特殊结构来实现。

## （二）建筑结构的分类

　　根据建筑结构采用的材料、建筑结构的受力特点以及层数等几个方面，对建筑结构进行分类。

## 1. 按建筑结构采用的材料分类

（1）混凝土结构

混凝土结构是指以混凝土为主制成的结构，包括素混凝土结构、钢筋混凝土结构和预应力混凝土结构等。素混凝土结构是指无筋或不配置受力钢筋的混凝土结构，其抗拉性能很差，主要用于受压为主的结构，比如基础垫层等。钢筋混凝土结构则是由钢筋和混凝土这两种材料组成共同受力的结构，这种结构能很好地发挥混凝土和钢筋这两种材料不同的力学性能，整体受力性能好，是目前应用最广泛的结构。预应力混凝土结构是指配有预应力钢筋，通过张拉或其他方法在结构中建立预应力的混凝土结构，预应力混凝土结构很好地解决了钢筋混凝土结构抗裂性差的缺点。

（2）砌体（包括砖、砌块、石等）结构

砌体结构是指由块材（砖、石或砌块）和砂浆砌筑而成的墙、柱作为建筑物的主要受力构件的结构。按所用块材的不同，可将砌体分为砖砌体、石砌体和砌块砌体三类。砌体结构具有悠久的历史，至今仍是应用极为广泛的结构形式。

（3）钢结构

钢结构是以钢板和型钢等钢材通过焊接、铆接或螺栓连接等方法构筑成的工程结构。

钢结构的强度大、韧性和塑性好、质量稳定、材质均匀，接近各向同性，理论计算的结果与实际材料的工作状况比较一致，有很好的抗振、抗冲击能力。钢结构工作可靠，常常用来制作大跨度、重承载的结构以及超高层结构。

（4）木结构

以木材为主要材料所形成的结构体系，一般都是由线形单跨的木杆件组成。木材是一种密度小、强度高、弹性好、色调丰富、纹理美观、容易加工和可再生的建筑材料。在受力性能方面，木材能有效地抗压、抗弯和抗拉，尤其是抗压和抗弯具有很好的塑性，所以在建筑结构中得到广泛使用且经千年而不衰。

（5）钢－混凝土组合结构

钢－混凝土组合结构（简称组合结构）是将钢结构和钢筋混凝土结构有机组合而形成的一种新型结构，它能充分利用钢材受拉和混凝土受压性能好的特点，建筑工程中常用的组合结构有：压型钢板－混凝土组合楼盖、钢与混凝土组合梁、型钢混凝土、钢管混凝土等类型，组合结构在高层和超高层建筑及桥梁工程中得到广泛应用。

（6）木混合结构

木混合结构指的是将不同材料通过不同结构布置方式和木材混合而成的结构。木混合结构可以将两种不同类型的结构混合起来，充分发挥各自的结构和材料优势，同时改善单一材料结构的性能缺陷。就材料而言，目前较为常见的木混合结构有木－混凝土混合结构和钢木混合结构。

其他还有塑料结构、薄膜充气结构等。

**2. 按建筑物的层数、高度和跨度分类**

（1）单层建筑结构

单层工业厂房、食堂以及仓库等。

（2）多层建筑结构

多层建筑结构一般指层数在 2～9 层的建筑物。

（3）高层建筑结构与超高层建筑结构

从结构设计的角度，我国《高层建筑混凝土结构技术规程》（JGJ3—2010）规定：10 层及 10 层以上或者房屋高度大于 28m 的住宅建筑，和房屋高度大于 24m 的其他民用建筑为高层建筑。

从建筑设计的角度，我国《建筑设计防火规范》（GB50016—2014）（2018 年版）规定：建筑高度大于 27m 的住宅建筑和建筑高度大于 24m 的非单层厂房、仓库和其他民用建筑为高层建筑。

（4）大跨建筑结构

一般指跨度大约在 40～50m 以上的建筑。

## （三）建筑结构体系

建筑结构体系是一个由基本结构构件集合而成的空间有机体。各基本结构构件的合理组合才能形成满足建筑使用功能的空间，并且能作为整体结构将自然界和人为施加的各种作用传给基础和地基。结构设计的一个重要内容就是确定用哪些基本结构构件组成满足建筑功能要求、受力合理的结构体系。

**1. 建筑结构的基本结构构件**

建筑结构的基本结构构件主要有：板、梁、柱、墙、杆、拱、壳、膜等。

结构基本构件可以形成多种多样的建筑结构，结构和建筑的紧密结合，可以创造出美轮美奂的优秀建筑作品。

**2. 建筑结构的体系分类**

按建筑结构的结构形式、受力特点划分，建筑结构的结构体系主要有：

（1）砌体承重墙结构体系；

（2）排架结构体系；

（3）中大跨结构体系，主要有：单层刚架结构体系、桁架结构体系、网架结构体系、拱结构体系，壳体结构体系、索结构体系，膜结构体系等；

（4）高层建筑结构体系，主要有：框架结构体系、剪力墙结构体系、框架－剪力墙结构体系、筒体结构体系等；

（5）超高层建筑结构体系，主要有：巨型框架结构体系、巨型桁架结构体系以及巨型支撑结构体系等。

## （四）各类结构在工程中的应用

### 1. 混凝土结构

混凝土结构是在研制出硅酸盐水泥（1824年）后发展起来的，并从19世纪中期开始在土建工程领域逐步得到应用。与其他结构相比，混凝土结构虽然起步较晚，但因其具有很多明显的优点而得到迅猛发展，现已成为一种十分重要的结构形式。

在建筑工程中，住宅、商场、办公楼、厂房等多层建筑，广泛地采用混凝土框架结构或墙体为砌体、屋（楼）盖为混凝土的结构形式，高层建筑大都采用混凝土结构。在我国成功修建的如上海中心（地上120层，结构高度574.6m）、广州周大福金融中心（地上111层，530m）、上海环球金融中心（地上101层，492m）、台北国际金融中心（101层，509m），国外修建的如阿联酋迪拜的哈利法塔（169层，828m）、莫斯科联邦大厦（东塔）（95层，374m）、马来西亚吉隆坡石油大厦（88层，452m）、美国亚特兰大美国银行广场（55层，312m）等著名的高层建筑，也都采用了混凝土结构或钢－混凝土组合结构。除了高层外，在大跨度建筑方面，由于广泛采用预应力技术和拱、壳、V形折板等形式，已使建筑物的跨度达百米以上。

在交通工程中，大部分的中、小型桥梁都采用钢筋混凝土来建造，尤其是拱形结构的应用，使得桥梁的大跨度得以实现，如我国的重庆万州长江大桥，采用劲性骨架混凝土箱形截面，净跨达420m；克罗地亚的克尔克口号桥为跨度390m的敞肩拱桥。一些大跨度桥梁常采用钢筋混凝土和悬索或斜拉结构相结合的形式，悬索桥中如我国的润扬长江大桥南汊桥（主跨1490m），日本的明石海峡大桥（主跨1990m）；斜拉桥中如我国的杨浦大桥（主跨602m），日本的多多罗大桥（主跨890m）等，都是极具代表性的中外名桥。

在水利工程和其他构筑物中，钢筋混凝土结构也扮演着极为重要的角色：长江三峡水利枢纽中高达186m的拦江大坝为混凝土重力坝，筑坝的混凝土用量达1527万m²；现在，仓储构筑物、管道、烟囱及塔类建筑也广泛采用混凝土结构。高达553m的加拿大多伦多电视塔，就是混凝土高耸建筑物的典型代表。另外，飞机场的跑道、海上石油钻井平台、高桩码头、核电站的安全壳等也都广泛采用混凝土结构。

### 2. 砌体结构

砌体结构是最传统、古老的结构。自人类从巢、穴居进化到室居之初，就开始出现以块石、土坯为原料的砌体结构，进而发展为烧结砖瓦的砌体结构。我国的万里长城、安济桥（赵州桥），国外的埃及大金字塔、古罗马大角斗场等，都是古代流传下来的砖石砌体的佳作。混凝土砌块砌体只是近百年才发展起来，在我国，直到1958年才开始建造用混凝土空心砌块作墙体的房屋。砌体结构不仅适用作建筑物的围护或作承重墙体，而且可砌筑成拱、券、穹隆结构，以及塔式筒体结构，尤其在使用配筋砌体结构以后，在房屋建筑中，已从过去建造低矮民房，发展到建造多层住宅、办公楼、厂房、仓库等。国外有用砌体作承重墙建造了20层楼的例子。

在桥梁及其他建设方面，大量修建的拱桥，则是充分利用了砌体结构抗压性能较好的特点，最大跨度可达120m。由于砌体结构具有经济、取材广泛、耐久性好等优点，还被广泛地应用于修建小型水池、料仓、烟囱、渡槽、坝、堰、涵洞以及挡土墙等工程。

随着新材料、新技术、新结构的不断研制和发展（诸如新型环保型砌块、高粘结性能的砂浆、墙板结构、配筋砌体等），加上计算方法和实验技术手段的进步，砌体结构亦将在我国的建筑、交通、水利等领域中发挥更大的作用。

### 3. 钢结构

钢结构是由古代生铁结构发展而来，在我国就有秦始皇时代生铁建造的桥墩，在汉代及明、清年代，建造了若干铁链悬桥，此外还有古代的众多铁塔。到了近代，钢结构已广泛地在工业与民用建筑、水利、码头、桥梁、石油、化工、航空等各领域得到应用。钢结构主要用于建造大型、重载的工业厂房，如冶金、锻压、重型机械工厂厂房等；需要大跨度的建筑，比如桥梁、飞机库、体育场、展览馆等；高层及超高层建筑物的骨架；受振动或地震作用的结构；以及储油（气）罐、各种管道、井架、吊车、水闸的闸门等。近年来，轻钢结构也广泛应用于厂房、办公、仓库等建筑，并已应用到轻钢住宅、轻钢别墅等居住类建筑。

随着科学技术的发展和新钢种、新连接技术以及钢结构研究的新成果的出现，钢结构的结构形式、应用范围也会有新的突破和拓展。

### 4. 木结构

2013年，国务院先后发布了《绿色建筑行动方案》《促进绿色建材生产和应用行动方案》等政策文件，在文件中强调未来中国建筑应走向绿色、环保的方向。2016年2月，国务院在发布的《中共中央国务院关于进一步加强城市规划建设管理工作的若干意见》中还明确提出了要"在具备条件的地方倡导发展现代木结构建筑"，为了我国现代木结构建筑的发展带来了新的机遇。

### 5. 组合结构

组合结构是指由两种或两种以上不同材料组成，并且材料之间能以某种方式有效传递内力，以整体的形式产生抗力的结构。目前最常见的是钢与混凝土组合结构（以下简称组合结构），它是在钢结构和钢筋混凝土结构基础上发展起来的一种新型组合结构，充分利用了钢材受拉和混凝土受压的特点，在高层和超高层建筑及桥梁工程中得到广泛应用。

建筑工程中常用的组合结构类型有：压型钢板－混凝土组合楼盖、钢与混凝土组合梁、型钢混凝土、钢管混凝土等组合承重构件，还有组合斜撑、组合墙等抗侧力构件。

组合结构充分利用了钢材和混凝土材料各自的材料性能，具有承载力高、刚度大、抗震性能好、构件截面尺寸小、施工快速方便等优点。和钢筋混凝土结构相比，组合结构可以减小构件截面尺寸，减轻结构自重，减小地震作用，增加有效使用空间，降低基础造价，方便安装，缩短施工周期，增加构架和结构的延性等。与钢结构相比，可以减少用钢量，增大刚度，增加稳定性和整体性，提高结构的抗火性和耐久性等。

另外，采用组合结构可以节省脚手架和模板，便于立体交叉施工，减小现场湿作业量，缩短施工周期，减小构件截面并增大净空和实用面积。通过地震灾害调查发现，与钢结构和钢筋混凝土结构相比，组合结构的震害影响最低。组合结构造价一般介于钢筋混凝土结构和钢结构之间，如考虑到因结构自重减轻而带来的竖向构件截面尺寸减小，造价甚至还要更低。

# 第二节　建筑结构抗震设计及概念设计基本知识

考虑到我国绝大部分乡村和城市都处于抗震设防区，建筑结构的学习需掌握建筑结构抗震及概念设计方面的知识，主要内容包括：地震特性及震害现象；地震震级、地震烈度、基本烈度、设防烈度的概念；三水准设防目标；两阶段设计方法及建筑结构抗震中概念设计的一些基本内容。通过学习，要理解和掌握建筑结构抗震概念设计的内涵，了解建筑结构抗震性能设计的一般要求，以便熟练、灵活运用。

## 一、地震特性

地震是来自地球内部构造运动的一种自然现象。地球每年平均发生 500 万次左右的地震。其中，强烈地震会造成地震灾害，给人类带来严重的人身伤亡和经济损失。我国是多震国家，地震发生的地域范围广，且强度大。为减轻建筑的地震破坏，避免人员伤亡，减少经济损失，土木工程师等工程技术人员必须了解建筑结构抗震设计基本知识，对建筑工程进行抗震分析和抗震设计。

## （一）地震类型

### 1. 按地震的成因分类

**诱发地震**：由于人工爆破、矿山开采及兴建水库等工程活动所引发的地震。影响范围较小，地震强度一般不大。

**火山地震**：由于活动的火山喷发，岩浆猛烈冲出地面引起的地震。主要发生在有火山的地域，我国很少见。

**构造地震**：地球内部由地壳、地幔以及地核三圈层构成，其中地壳是地球外表面的一层很薄的外壳，它由各种不均匀岩石及土组成；地幔是地壳下深度约为 2900km 的部分，由密度较大的超基岩组成；地核是地幔下界面（称为古登堡截面）至地心的部分，地核半径约为 3500km，分内核和外核。从地下 2900～5100km 深处范围，叫做外核，5100km 以下的深部范围称内核。地球内部各部分的密度、温度及压力随深度的增加而增大。

根据板块构造学说，地球表层主要由 6 个巨大板块组成：美洲板块、非洲板块、亚欧板块、印度洋板块、太平洋板块及以南极洲板块。板块表面岩石层厚度约为 70～100km，板块之间的运动使板块边界地区的岩层发生变形而产生应力，当应力积累一旦超过岩体抵抗它的承载力极限时，岩体即会发生突然断裂或错动，释放应变能，从而引发的地震称为构造地震。构造地震发生次数多，影响的范围广，是地震工程的主要研究对象。

### 2. 按震源的深度分类

**浅源地震**：震源深度在 70km 以内的地震。

**中源地震**：震源深度在 70～300km 范围以内的地震。

**深源地震**：震源深度超过 300km 的地震。

### 3. 几个地震术语

**震源**：地球内岩体断裂错动并引起周围介质剧烈振动的部位称为震源。

**震中**：震源正上方的地面位置称为震中。

**震中距**：地面某处至震中的水平距离称为震中距。

**震源深度**：震源到震中的垂直距离。

震源和震中不是一个点，而是有一定范围的区域。

## （二）地震波和地震动

地震发生时，地球内岩体断裂、错动产生的振动，即地震动，以波的形式通过介质从震源向四周传播，这就是地震波。地震波是一种弹性波，它包括了体波和面波。

**体波**：在地球内部传播的波称为体波。体波有纵波和横波两种形式。纵波是压缩波（P

波），其介质质点运动方向与波的前进方向相同。纵波周期短、振幅较小，传播速度最快，引起地面上下颠簸；横波是剪切波（S 波），其介质质点运动方向与波的前进方向垂直。横波周期长、振幅较大，传播速度次于纵波，引起地面左右摇晃。

面波：沿地球表面传播的波叫做面波。面波有瑞雷波（R 波）和乐夫波（L 波）两种形式。瑞雷波传播时，质点在波的前进方向和地表法向组成的平面内作逆向的椭圆运动。会引起地面晃动；乐夫波传播时，质点在与波的前进方向垂直的水平方向作蛇形运动。面波速度最慢，周期长，振幅大，比体波衰减慢。

综上所述，地震时纵波最先到达，横波次之，面波最慢；就振幅而言，后者最大。当横波和面波都到达时振动最为强烈，面波的能量大，是引起地表和建筑物破坏的主要原因。由于地震波在传播的过程中逐渐衰减，随震中距的增加，地面振动逐渐减弱，地震的破坏作用也逐渐减轻。

地震发生时，由于地震波的传播而引起的地面运动，称之为地震动。地震动的位移、速度和加速度可以用仪器记录下来。

地震动的峰值（最大振幅）、频谱和持续时间，通常称为地震动的三要素。工程结构的地震破坏，与地震动的三要素密切相关。

## （三）地震等级和地震烈度

地震等级简称震级，是表示一次地震时所释放能量的多少，也是表示地震强度大小的指标。一次地震只有一个震级。目前我国采用的是国际通用的里氏震级 $M$，并且考虑了震中距小于 100km 的影响，即按下式计算

$$M = \lg A + R(\Delta) \tag{1-1}$$

式中 $A$——地震记录图上量得的以 μm 为单位的最大水平位移（振幅）；

$R(\Delta)$——随震中距而变化的起算函数。

震级 $M$ 与地震释放的能量 $E$（尔格 erg）之间的关系为

$$\lg E = 1.5M + 11. \tag{1-2}$$

式（1-2）表明，震级 $M$ 每增加一级，地震所释放的能量 $E$ 约增加 30 倍。2～4 级的浅震，人就可以感觉到，称为有感地震；5 级以上的地震会造成不同程度的破坏，叫破坏性地震；7 级以上的地震叫做强烈地震或者大震。目前，世界上已记录到的最大地震等级为 9.0 级。

地震烈度是指某一地区的地面和各类建筑物遭受一次地震影响的平均强弱程度。距震中的距离不同，地震的影响程度不同，即烈度不同。一般而言，震中附近地区，烈度高；距离震中越远的地区，烈度越低。根据震级可以粗略地估计震中区烈度的大小，即

$$I_0 = \frac{3}{2}(M-1) \qquad\qquad (1\text{-}3)$$

式中：$I_0$—— 震中区烈度；

$M$—— 里氏震级。

为评定地震烈度，需要建立一个标准，这个标准称为地震烈度表。世界各国的地震烈度表不尽相同。如日本采用 8 度地震烈度表，欧洲一些国家采用 10 度地震烈度表，我国采用的是 12 度的地震烈度表，也是绝大多数国家采用的标准。

按照地震烈度表中的标准可以对受一次地震影响的地区评定出相应的烈度。具有相同烈度的地区的外包线，称之为等烈度线（或等震线）。等烈度线的形状与地震时岩层断裂取向、地形、土质等条件有关，多数近似呈椭圆形。一般情况下，等烈度的度数随震中距的增大而减小，但有时也会出现局部高一度或低一度的异常区。

基本烈度是指一个地区在一定时期（我国取 50 年）内在一般场地条件下，按一定的超越概率（我国取 10%）可能遭遇到的最大地震烈度，可以取为抗震设防的烈度。

目前，我国已将国土划分为不同基本烈度所覆盖的区域，这一工作称为地震区划。随着研究工作的不断深入，地震区划将给出相应的震动参数，如地震动的幅值等。

# 二、地震震害简述

## （一）地震活动带

地震的发生与板块地质构造密切相关，板块之间的岩层中已有断裂存在的区域，致使岩石的强度较低，容易发生错动或产生新的断裂，这些容易发生地震的板块间区域称为地震活动带。对于世界各国强烈地震的记录统计分析表明，全球地震分布主要发生在两大地震活动带上。

（1）环太平洋地震活动带：包括南北美洲、太平洋沿岸和阿留申群岛、俄罗斯堪察加半岛、经千岛群岛、日本列岛南下经我国台湾，再到菲律宾、新几内亚和新西兰的区域。全球地震的 75% 发生在这一地带。

（2）喜马拉雅地中海地震活动带：从印度尼西亚西部缅甸至我国横断山脉，喜马拉雅山脉，越过帕米尔高原，经中亚到达地中海及其沿岸地区，全球大陆地震的 90% 发生在这一地域。

我国位于两大地震带的交汇区域，地震情况比较复杂，地震区域分布广泛，我国主要有两条地震带：

（1）南北地震带：北起贺兰山，向南经六盘山、穿越秦岭沿川西至云南省东北，纵贯南北。宽度不一，构造复杂。

（2）东西地震带：主要包含两条构造带，一条是沿陕西、山西、河北北部向东延伸，直至辽宁北部的千山一带；另一条是起自帕米尔经昆仑山、秦岭，直到大别山区。

从历史上看，我国除个别省外，绝大部分地区都发生过较强烈的破坏性（震级大于5级）地震。据统计，1900—1980年间，我国发生6级以上地震606次，8级以上强震8次，死亡约146万人。地震不但造成大量人员伤亡，而且还是许多建筑物遭到破坏，引发火灾、水灾等次生灾害，给人类带来了不可估量的损失。

## （二）地震产生的破坏

在地震带区域发生的破坏性地震，造成的破坏形式包括地表破坏、建筑物破坏及次生灾害。

### 1. 地表破坏

地表破坏包括地裂缝、地面下沉、喷水冒砂和滑坡等形式。

地裂缝分为构造裂缝和非构造裂缝。构造裂缝是地震断裂带在地表的反映，其走向与地下断裂带一致，特点是规模大，断裂带长达几千米甚至几十千米，带宽可达数米；非构造裂缝（又称重力式裂缝）是受地形、地貌、土质等条件影响所致，其规模小，大多沿河岸边、陡坡边缘等。当地裂缝通过建筑物时，会造成建筑物开裂或倒塌。

地面下沉多发生在软弱土层分布地区和矿业采空区。地面的不均匀沉陷容易引起建筑物的开裂甚至倒塌。

地下水位较高地区，地震波的作用使地下水压急剧增高，地下水经地裂缝或其他通道喷出地面。当地土层含有砂层或粉土层时，会造成砂土液化甚至喷水冒砂现象，液化可以造成建筑物整体倾斜或者倒塌、埋地管网的严重破坏。

在河岸、山崖、丘陵地区，地震时极易诱发滑坡或泥石流。大的滑坡可切断交通、冲垮房屋或桥梁。

### 2. 建筑物的破坏

据历史地震资料表明，建筑物的破坏一部分是由上述地表破坏引起，属于静力破坏；而大部分破坏是由于地震作用引起的动力破坏。所以，结构物动力破坏机理的分析，是结构抗震研究的重点和结构抗震设计的基础。建筑物的破坏主要有：

（1）结构承载力不足或变形过大而造成的破坏。地震时，地震作用（地震惯性力）附加于建筑物或构筑物上，使其内力和位移增大，往往改变其受力形式，导致结构构件的抗剪、抗弯、抗压等强度不足或结构变形过大而发生墙体开裂、混凝土压酥、房屋倒塌等破坏。

（2）结构丧失整体性而引起的破坏。结构体系的共同工作保证了结构的整体性。在地震时，结构一般进入弹塑性变形阶段。若节点强度不足、延性不够、主要竖向承重体系失稳等就会使结构丧失整体性，造成了局部或整体倒塌破坏。

（3）地基失效引起的破坏。在可液化地基区域，当强烈地震作用时，由于地基产生液化而使其承载力下降或消失，引起整个建筑物倾斜、倒塌而破坏。

### 3. 次生灾害

因为地震而引发的水坝、煤气和输油气管道、供电线路的破坏，以及易燃、易爆、有毒物质容器的破坏等，从而造成的水灾、火灾、环境污染等次生灾害。在海洋区域发生的强烈地震还可能引起海啸，也会对海边建筑物造成巨大破坏和人员伤亡。

## 三、建筑结构的抗震设防

### （一）抗震设防目标

抗震设防是指对建筑物或构筑物进行抗震设计，以达到结构抗震的作用和目标。抗震设防的目标就是在一定的经济条件下，最大限度地减轻建筑物的地震破坏，保障人民生命财产的安全。目前，许多国家的抗震设计规范都趋向于以"小震不坏，中震可修，大震不倒"作为建筑抗震设计的基本准则。

抗震设防烈度与设计基本地震加速度之间的对应关系见表1-2。根据我国对地震危险性的统计分析得到：设防烈度比多遇烈度高约1.55度，而罕遇地震比基本烈度高约1度。

表1-2 抗震设防烈度与设计基本地震加速度值的对应关系

| 设防烈度 | 6度 | 7度 | 8度 | 9度 |
|---|---|---|---|---|
| 设计基本地震加速度值 | 0.05g | 0.10g（0.15g） | 0.20g（0.30g） | 0.40g |

注：g为重力加速度

比如，当设防烈度为8度时，其多遇烈度为6.45度，罕遇烈度为9度。

我国《建筑抗震设计规范》（GB50011—2010）规定，设防烈度为6度及6度以上地区必须进行抗震设计，并提出三水准抗震设防目标：

第一水准：当建筑物遭受低于本地区抗震设防烈度的多遇地震影响时，建筑主体一般不受损坏或不需修理可继续使用（小震不坏）；

第二水准：当建筑物遭受到相当本地区抗震设防烈度的地震影响时，可能发生损坏，但经一般性修理或不需修理仍可继续使用（中震可修）；

第三水准：当建筑物遭受高于本地区抗震设防烈度的罕遇地震影响时，不致倒塌或发生危及生命的严重破坏（大震不倒）。

另外，我国《建筑抗震设计规范》（以下可简称《抗震规范》）对主要城市和地区的抗震设防烈度、设计基本加速度值给出了具体规定，同时指出了相应的设计地震分组，这样划分能更好地体现震级和震中距的影响，使对地震作用的计算更为细致，我国采取6度起设防的方针，地震设防区面积约占国土面积的60%。

## （二）建筑物抗震设防分类及设防标准

### 1. 抗震设防分类

由于建筑物功能特性不同，地震破坏所造成的社会和经济后果是不同的。对于不同用途的建筑物，应当采用不同的抗震设防标准来达到抗震设防目标的要求。根据《建筑工程抗震设防分类标准》（GB50223—2008）的规定，建筑抗震设防类别划分，应根据下列因素的综合分析确定：

（1）建筑破坏造成的人员伤亡、直接和间接经济损失及社会影响的大小。

（2）城镇的大小、行业的特点、工矿企业的规模。

（3）建筑使用功能失效后，对全局的影响范围大小、抗震救灾影响以及恢复的难易程度。

（4）建筑各区段（区段指由防震缝分开的结构单元、平面内使用功能不同的部分，或上下使用功能不同的部分）的重要性有显著不同时，可按区段划分抗震设防类别。下部区段的类别不应低于上部区段。

（5）不同行业的相同建筑，当所处地位及地震破坏所产生的后果和影响不同时，其抗震设防类别可不相同。

建筑工程应分为以下四个抗震设防类别：

（1）特殊设防类：指使用上有特殊设施，涉及国家公共安全的重大建筑工程和地震时可能发生严重次生灾害等特别重大灾害后果，需进行特殊设防的建筑。简称甲类。

（2）重点设防类：指地震时使用功能不能中断或需尽快恢复的生命线相关建筑，以及地震时可能导致大量人员伤亡等重大灾害后果，需要提高设防标准的建筑。简称乙类。

（3）标准设防类：指大量的除（1）、（2）、（4）款以外按标准要求进行设防的建筑。简称丙类。

（4）适度设防类：指使用上人员稀少且震损不致产生次生灾害，允许在一定条件下适度降低要求的建筑，简称丁类。

### 2. 建筑物设防标准

各抗震设防类别建筑的抗震设防标准，应符合下列要求：

（1）标准设防类，应按本地区抗震设防烈度确定其抗震措施和地震作用，达到在遭遇高于当地抗震设防烈度的预估罕遇地震影响时不致倒塌或发生危及生命安全的严重破坏的抗震设防目标。

（2）重点设防类，应按高于本地区抗震设防烈度一度的要求加强其抗震措施；但抗震设防烈度为9度时应按比9度更高的要求采取抗震措施；地基基础的抗震措施，应符合有关规定。同时，应按本地区抗震设防烈度确定其地震作用。对划为重点设防类而规模很小的工业建筑，当改用抗震性能较好的材料且符合抗震设计规范对结构体系的要求时，允许按标准设防类设防。

（3）特殊设防类，应按高于本地区抗震设防烈度提高一度的要求加强其抗震措施；但抗震设防烈度为 9 度时应按比 9 度更高的要求采取抗震措施。同时，应按批准的地震安全性评价的结果且高于本地区抗震设防烈度的要求确定其地震作用。

（4）适度设防类，允许比本地区抗震设防烈度的要求适当降低其抗震措施，但抗震设防烈度为 6 度时不应降低。一般情况下，仍然应按本地区抗震设防烈度确定其地震作用。

《建筑工程抗震设防分类标准》（GB50223—2008）中，对各种建筑类型的抗震设防类别都有具体规定，如教育建筑中，幼儿园、小学、中学的教学用房以及学生宿舍和食堂，抗震设防类别应不低于重点设防类；居住建筑的抗震设防类别不应低于标准设防类。

抗震设防是以现有的科学水平和经济条件为前提。规范的科学依据只能是现有的经验和资料。目前对地震规律性的认识还很不足，随着科学水平的提高，规范的规定会有相应的突破；而且规范的编制要根据国家经济条件的发展，适当考虑抗震设防水平，制定相应的设防标准。

## （三）建筑物抗震设计方法

为实现上述三水准的抗震设防目标，我国建筑抗震设计规范采用两阶段设计方法。同时规定当抗震设防烈度为 6 度时，除《建筑抗震设计规范》（GB500112010）有具体规定外，对乙、丙、丁类的建筑可不进行地震作用计算。第一阶段设计是承载力验算：按与设防烈度对应的多遇地震烈度（第一水准）的地震动参数计算结构的弹性地震作用标准值和相应的地震作用效应，和其他荷载效应进行组合，进行验算结构构件的承载力和结构的弹性变形，可以满足在第一水准下具有必要的承载力可靠度。对于大多数的结构，可只进行第一阶段设计，而通过概念设计和抗震构造措施来满足第三水准的设计要求。

第二阶段设计弹塑性变形验算，对地震时易倒塌的结构、有明显薄弱层的不规则结构以及有专门要求的建筑，除进行第一阶段设计外，还要按罕遇地震烈度对应的地震作用效应验算结构的弹塑性变形并采取相应的抗震构造措施，以保证结构满足第三水准的抗震设防要求。

目前一般认为，良好的抗震构造及概念设计有助于实现第二水准抗震设防要求。

# 四、建筑结构抗震概念设计

由工程抗震基本理论及长期工程抗震经验总结的工程抗震基本概念，往往是保证良好结构性能的决定因素，结合工程抗震基本概念的设计可称为"抗震概念设计"。

进行抗震概念设计，应当在开始工程设计时，把握好能量输入、房屋体型、结构体系、刚度分布、构件延性等几个主要方面，从根本上消除建筑中的抗震薄弱环节，再辅以必要的构造措施，就有可能使设计出的房屋建筑具有良好的抗震性能和足够的抗震可靠度。抗震概念设计自20世纪70年代提出以来愈来愈受到国内外工程界的普遍重视。

## （一）选择有利场地

经调查统计，地震造成的建筑物破坏类型有：①由于地震时地面强烈运动，使建筑物在振动过程中，因丧失整体性或强度不足，或者变形过大而破坏；②由于水坝坍塌、海啸、火灾、爆炸等次生灾害所造成的；③由于断层错动、山崖崩塌、河岸滑坡、地层陷落等地面严重变形直接造成的。前两种破坏情况可以通过工程措施加以防治；而第3种情况，单靠工程措施是很难达到预防目的的，或者所花代价太昂贵。因此，选择工程场址时，应该详细勘察，认清地形、地质情况，挑选对建筑抗震有利的地段，尽可能避开对建筑抗震不利的地段；任何情况下，不得在抗震危险地段上，建造可能引起人员伤亡或较大经济损失的建筑物。

### 1. 避开抗震危险地段

建筑抗震危险的地段，一般是指地震时可能发生崩塌、滑坡、地陷、泥石流等地段，以及震中烈度为8度以上的发震断裂带在地震时可能发生地表错位的地段。

断层是地质构造上的薄弱环节。强烈地震时，断层两侧的相对移动还可能出露于地表，形成地表断裂。

陡峭的山区，在强烈地震作用下，常发生巨石塌落、山体崩塌。

地下煤矿的大面积采空区，特别是废弃的浅层矿区，地下坑道的支护或被拆除，或因年久损坏，地震时的坑道坍塌可能导致大面积地陷，引起上部建筑毁坏，因此，采空区也应视为抗震危险地段，不能在其上建房。

### 2. 选择有利于抗震的场地

我国乌鲁木齐、东川、邢台、通海、唐山等地所发生的几次地震，根据震害普查所绘制的等震线图中，在正常的烈度区内，常存在着小块的高一度或低一度的烈度异常区。此外，同一次地震的同一烈度区内，位于不同小区的房屋，尽管建筑形式、结构类别、施工质量等情况基本相同，但是震害程度却出现较大差异。究其原因，主要是地形和场地条件不同造成的。

对建筑抗震有利的地段，一般是指位于开阔平坦地带的坚硬场地土或密实均匀中硬场地土。对建筑抗震不利的地段，就地形而言，一般是指条状突出的山嘴，孤立的山包和山梁的顶部，高差较大的台地边缘，非岩质的陡坡，河岸和边坡的边缘；就场地土质而言，一般是指软弱土、易液化土，故河道、断层破碎带、暗埋塘浜沟谷或半挖半填地基等，以及在平面分布上成因、岩性和状态明显不均匀的地段。

地震工程学者大多认为，地震时，在孤立山梁的顶部，基岩运动有可能被加强。

国内多次大地震的调查资料也表明，局部地形条件是影响建筑物破坏程度的一个重要因素。宁夏海原地震，位于渭河谷地的姚庄，烈度为 7 度；而相距仅 2km 的牛家庄，因位于高出百米的突出的黄土梁上，烈度竟高达 9 度。

河岸上的房屋，常因地面不均匀沉降或地面裂隙穿过而裂成数段。这种河岸滑移对建筑物的危害，靠工程构造措施来防治是不经济的，一般情况下宜采取避开的方案。必须在岸边建房时，应采取可靠措施，消除下卧土层的液化性，提高了灵敏黏土层的抗剪强度，以增强边坡稳定性。

不同类别的土壤，具有不同的动力特性，地震反应也随之出现差异。一个场地内，沿水平方向土层类别发生变化时，一幢建筑物不宜跨在两类不同土层上，否则可能危及该建筑物的安全。无法避开时，除了考虑不同土层差异运动的影响外，还应采用局部深基础，使整个建筑物的基础落在同一个土层上。

饱和松散的砂土和粉土，在强烈地震动作用下，孔隙水压急剧升高，土颗粒悬浮于孔隙水中，从而丧失受剪承载力，在自重或较小附压下即产生较大沉陷，并伴随着喷水冒砂。当建筑地基内存在可液化土层时，应采取有效措施，完全消除或部分消除土层液化的可能性，并应对上部结构适当加强。

淤泥和淤泥质土等软土，是一种高压缩性土，抗剪强度很低。软土在强烈地震作用下，土体受到扰动，絮状结构遭到破坏，强度显著降低，不仅压缩变形增加，还会发生一定程度的剪切破坏，土体向基础两侧挤出，造成建筑物的急剧沉降和倾斜。

天津塘沽港地区，地表下 3～5m 为冲填土，其下为深厚的淤泥和淤泥质土。地下水位为 −1.6m。1974 年兴建的 16 幢 3 层住宅和 7 幢 4 层住宅，均采用筏板基础。1976 年地震前，累计下沉量分别为 200mm 和 300mm，地震期间的突然沉降量分别达 150mm 和 200mm。震后，房屋向一侧倾斜，房屋四周的外地坪、地面隆起。根据以上情况，对于高层建筑，即使采用"补偿性基础"，也不允许地基持力层内有上述软土层存在。

此外，在选择高层建筑的场地时，应尽量建在基岩或薄土层上，或应建在具有"平均剪切波速"的坚硬场地上，以减少输入建筑物的地震能量，从根本上减轻地震对建筑物的破坏作用。

## （二） 确定合理建筑体型

一幢房屋的动力性能基本上取决于它的建筑设计和结构方案。建筑设计简单合理，结构方案符合抗震原则，就能从根本上保证房屋具有良好的抗震性能。反之，建筑设计追求奇特、复杂，结构方案存在薄弱环节，即使进行精细的地震反应分析，在构造上采取了补强措施，也不一定能达到减轻震害的预期目的。本节主要以混凝土结构为例，介绍如何确定合理的建筑体型，其他材料组成的结构，其建筑体型相关要求在此不多做赘述。

### 1. 建筑平面布置

建筑物的平、立面布置宜规则、对称，质量和刚度变化均匀，避免楼层错层。国内外多次地震中均有不少震例表明，凡是房屋体型不规则，平面上凸出凹进，立面上高低错落，破坏程度均比较严重；而房屋体型简单整齐的建筑，震害都比较轻。这里"规则"包含了对建筑的平、立面外形尺寸，抗侧力构件布置、质量分布，直至强度分布等诸多因素的综合要求，这种"规则"对高层建筑尤为重要。

地震区的高层建筑，平面以方形、矩形、圆形为好；正六边形、正八边形、椭圆形、扇形也可以。三角形平面虽也属简单形状，但是，由于它沿主轴方向不都是对称的，地震时容易产生较强的扭转振动，因而不是理想的平面形状。此外，带有较长翼缘的L形、T形、十字形、U形、H形、Y形平面也不宜采用。因为这些平面的较长翼缘，地震时容易因发生差异侧移而加重震害。

事实上，由于城市规划、建筑艺术和使用功能等多方面的要求，建筑不可能都设计为方形或者圆形。我国《高层建筑混凝土结构技术规程》（以下简称《高层规程》），对地震区高层建筑的平面形状作了明确规定；并且提出对这些平面的凹角处，应采取加强措施。

### 2. 建筑立面布置

地震区建筑的立面也要求采用矩形、梯形、三角形等均匀变化的几何形状，尽量避免采用带有突然变化的阶梯形立面。因为立面形状的突然变化，必然带来质量和抗侧移刚度的剧烈变化，地震时，该突变部位就会剧烈振动或塑性变形集中而加重破坏。

我国《高层规程》规定：建筑的竖向体形宜规则、均匀，避免有过大的外挑和收进。结构的侧向刚度宜下大上小，逐渐均匀变化，不应当采用竖向布置严重不规则的结构。并要求抗震设计的高层建筑结构，其楼层侧向刚度不宜小于相邻上部楼层侧向刚度的70%或其上相邻三层侧向刚度平均值的80%。

按《高层规程》，高层建筑的高度限值分A、B两级，A级规定较严，是目前应用最广泛的高层建筑高度，B级规定较宽，但采取更严格的计算和构造措施。A级高度高层建筑的楼层抗侧力结构的层间受剪承载力不宜小于其相邻上一层受剪承载力的80%，不应小于其相邻上一层受剪承载力的65%；B级高度高层建筑的楼层抗侧力结构的受剪承载力不应小于其上一层受剪承载力75%。

### 3. 房屋的高度

一般而言，房屋越高，所受到的地震力和倾覆力矩越大，破坏的可能性也越大。过去一些国家曾对地震区的房屋做过限制，随地震工程学科的不断发展，地震危险性分析和结构弹塑性时程分析方法日趋完善，特别是通过世界范围地震经验的总结，人们已认识到"房屋越高越危险"的概念不是绝对的，是有条件的。

就技术经济而言，各种结构体系都有它自己的最佳适用高度。《抗震规范》和《高层规程》，根据我国当前科研成果和工程实际情况，对各种结构体系适用范围内建筑物的最大高度均作出了规定，表1-3规定了现浇钢筋混凝土房屋适用的最大高度。《抗震规范》还规定：对于平面和竖向不规则的结构或类Ⅳ场地上的结构，适用的最大高度应适当降低。

表1-3 现浇钢筋混凝土房屋适用的最大高度（单位：m）

| 结构体系 | 抗震设防烈度 | | | | |
|---|---|---|---|---|---|
| 6度 | 7度 | 8度（0.2g） | 8度（0.3g） | 9度 | |
| 框架 | 60 | 50 | 40 | 35 | 24 |
| 框架 - 抗震墙 | 130 | 120 | 100 | 80 | 50 |
| 抗震墙 | 140 | 120 | 100 | 80 | 60 |
| 部分框支抗震墙 | 120 | 100 | 80 | 50 | 不应采用 |
| 筒体 框架 - 核心筒 | 150 | 130 | 100 | 90 | 70 |
| 筒体 筒中筒 | 180 | 150 | 120 | 100 | 80 |
| 板柱 - 抗震墙 | 80 | 70 | 55 | 40 | 不应采用 |

注：1.房屋高度指室外地面到主要屋面板板顶的高度（不考虑局部突出屋顶部分）；
2.框架－核心筒结构指周边稀柱框架和核芯筒组成的结构，
3.部分框支抗震墙结构指首层或底部两层为框支层的结构，不包括仅个别框支墙的情况；
4.表中框架，不包括异形柱框架；
5.板柱－抗震墙结构指板柱、框架和抗震墙组成抗侧力体系的结构；
6.乙类建筑可按本地区抗震设防烈度确定其适用的最大高度；
7.超过表内高度的房屋，应进行专门研究和论证，采取了有效的加强措施。

### 4. 房屋的高宽比

相对建筑物的绝对高度，建筑物的高宽比更为重要。因为建筑物的高宽比值越大，即建筑物越高瘦，地震作用下的侧移越大，地震引起的倾覆作用越严重。巨大的倾覆力矩在柱（墙）和基础中所引起的压力和拉力比较难于处理。

世界各国对房屋的高宽比都有比较严格的限制。我国对混凝土结构高层建筑高宽比的要求是按结构类型和地震烈度区分的，见表1-4。

表 1-4　钢筋混凝土结构高层建筑结构适用的最大高宽比

| 结构体系 | 非抗震设计 | 抗震设防烈度 | | |
|---|---|---|---|---|
| | | 6度、7度 | 8度 | 9度 |
| 框架 | 5 | 4 | 3 | — |
| 板柱 - 剪力墙 | 6 | 5 | 4 | — |
| 框架 - 剪力墙、剪力墙 | 7 | 6 | 5 | 4 |
| 框架 - 核心筒 | 8 | 7 | 6 | 4 |
| 筒中筒 | 8 | 8 | 7 | 5 |

注：当有大底盘时，计算高宽比的高度从大底盘顶部算起。

### 5. 防震缝的合理设置

合理地设置防震缝，可以将体型复杂的建筑物划分为"规则"的建筑物，从而可将减轻抗震设计的难度及提高抗震设计的可靠度。但设置防震缝会给建筑物的立面处理、地下室防水处理等带来一定的难度，并防震缝如果设置不当还会引起相邻建筑物的碰撞，从而加重地震破坏的程度。在国内外历史地震中，不乏建筑物碰撞的事例。

近年来国内一些高层建筑一般通过调整平面形状和尺寸，并且在构造上以及施工时采取一些措施，尽可能不设伸缩缝、沉降缝和防震缝。不过，遇到下列情况，还是应设置防震缝，将整个建筑划分为若干个简单的独立单元。

①房屋长度超过表 1-5 中规定的伸缩缝最大间距，又无条件的采取特殊措施而必需设置伸缩缝时；

②平面形状、局部尺寸或立面形状不符合规范的有关规定，而又未在计算和构造上采取相应措施时；

③地基土质不均匀，房屋各部分的预计沉降量（包括地震时的沉陷）相差过大，必须设置沉降缝时；

④房屋各部分的质量或结构抗侧移刚度大小悬殊时。

表 1-5　伸缩缝的最大间距

| 结构体系 | 施工方法 | 最大间距 /m |
|---|---|---|
| 框架结构 | 现浇 | 55 |
| 剪力墙结构 | 现浇 | 45 |

注：1. 框架 - 剪力墙的伸缩缝间距可根据结构的具体布置情况取表中框架结构与剪力墙结构之间的数值；

2. 当屋面无保温或隔热措施、混凝土的收缩较大或室内结构因施工外露时间较长时，伸缩缝间距应适当减小；

3.现浇挑檐、雨罩等外露结构的局部伸缩缝间距不宜大于 12m；

4.位于气候干燥地区、夏季炎热且暴雨频繁地区的结构，伸缩缝的间距宜适当减小。

当采用下列构造措施和施工措施减少温度和混凝土收缩对于结构的影响时，可适当放宽伸缩缝的间距。

①顶层、底层、山墙和纵墙端开间等受温度变化影响较大的部位提高配筋率；

②顶层加强保温隔热措施，外墙设置外保温层；

③每 30 ~ 40m 间距留出施工后浇带，带宽 800 ~ 1000mm，钢筋采用搭接接头，后浇带混凝土宜在两个月后浇筑；

④顶部楼层改用刚度较小的结构形式或顶部设局部温度缝，将结构划分为长度较短的区段；

⑤采用收缩小的水泥、减少水泥用量、在混凝土中加入适宜的外加剂；

⑥提高每层楼板的构造配筋率或采用部分预应力结构。

对于钢筋混凝土结构房屋的防震缝最小宽度，一般情况下，应符合《抗震规范》所作的如下规定：

①框架房屋，当高度不超过 15m 时，可采用 70mm；当高度超过 15m 时，6 度、7 度、8 度和 9 度相应每增高 5m、4m、3m 和 2m，宜加宽 20mm；

②框架 - 抗震墙房屋的防震缝宽度，可以采用第①条数值的 70%，抗震墙房屋可采用第①条数值的 50%，且均不宜小于 70mm。

对于多层砌体结构房屋，当房屋立面高差在 6m 以上，或房屋有错层且楼板高差较大，或各部分结构刚度、质量截然不同时宜设置防震缝，缝两侧均应设置墙体，缝宽应根据烈度和房屋高度确定，一般为 70 ~ 100mm。

需要说明的是，对于抗震设防烈度为 6 度以上的房屋，所有伸缩缝和沉降缝，均应符合防震缝的要求。此外，对体型复杂的建筑物不设抗震缝时，应对建筑物进行较精确的结构抗震分析，估计其局部应力和变形集中及扭转影响，判明其易损部位，采取加强措施或提高变形能力的措施。

## （三）采用合理的抗震结构体系

### 1. 结构选型

（1）结构材料的选择

在建筑方案设计阶段，研究建筑形式的同时，需要考虑选用哪一种结构材料，以及采用什么样的结构体系，方便能够根据工程的各方面条件，选用既符合抗震要求又经济实用的结构类型。

结构选型涉及的内容较多，应根据建筑的重要性、设防烈度、房屋高度、场地、地基、基础、材料和施工等因素，经技术、经济条件比较综合确定。单从抗震角度考虑，作为一种好的结构形式，应具备下列性能：①延性系数高；②"强度／重力"比值大；③均质性好；④正交各向同性；⑤构件的连接具有整体性、连续性和较好的延性，并能发挥材料的全部强度。

按照上述标准来衡量，常见建筑结构类型，依其抗震性能优劣而排列的顺序是：①钢（木）结构；②型钢混凝土结构；③混凝土－钢混合结构；④现浇钢筋混凝土结构；⑤预应力混凝土结构；⑥装配式钢筋混凝土结构；⑦配筋砌体结构；⑧砌体结构等。

钢结构具有极好的延性，良好的连接，可靠的节点，以及在低周往复荷载下有饱满稳定的滞回曲线，历次地震中，钢结构建筑的表现均很好，但是也有个别建筑因竖向支撑失效而破坏。就地震实践中总的情况来看，钢结构的抗震性能优于其他各类材料组成的结构。

实践证明，只要经过合理的抗震设计，现浇钢筋混凝土结构具有足够的抗震可靠度。它有着以下几方面的优点：①通过现场浇筑，可形成具有整体式节点的连续结构；②就地取材；③造价较低；④有较大的抗侧移刚度，从而较小结构侧移，保护非结构构件遭破坏；⑤良好的设计可以保证结构具有足够的延性。

但是，钢筋混凝土结构也存在着以下几方面的缺点：①周期性往复水平荷载作用下，构件刚度因裂缝开展而递减；②构件开裂后钢筋的塑性变形，使裂缝不能闭合；③低周往复荷载下，杆件塑性铰区反向斜裂缝的出现，将混凝土挤碎，产生永久性的"剪切滑移"。

砌体结构由于自重大，强度低，变形能力差，在地震中表现出较差的抗震能力。唐山地震中，80％的砌体结构房屋倒塌。但砌体结构造价低廉，施工技术简单，可居住性好，目前仍是我国8层以下居住建筑的主导房型。事实表明，加设构造柱和圈梁，是提高砌体结构房屋抗震能力的有效途径。

（2）抗震结构体系的确定

不同的结构体系，其抗震性能、使用效果和经济指标亦不同。《抗震规范》关于抗震结构体系，有下列各项要求：

①应具有明确的计算简图和合理的地震作用传递途径；

②要有多道抗震防线，应避免因部分结构或构件破坏而导致整个体系结构丧失抗震能力或对重力荷载的承载能力；

③应具备必要的强度，良好的变形能力和耗能能力；

④宜具有合理的刚度和强度分布，避免因局部削弱或者变形形成薄弱部位，产生过大的应力集中或塑性变形集中；对于可能出现的薄弱部位，应采取措施提高抗震能力。

就常见的多层及中高层建筑而言，砌体结构在地震区一般适宜于6层及6层以下的居住建筑。框架结构平面布置灵活，通过良好的设计可获得较好的抗震能力，但框架结构抗侧移刚度较差，在地震区一般用于10层左右体型较简单和刚度较均匀的建筑物。对于层数较多、体型复杂、刚度不均匀的建筑物，为了减小侧移变形，减轻震害，应采用中等刚度的框架－剪力墙结构或剪力墙结构。

选择结构体系，要考虑建筑物刚度与场地条件的关系。当建筑物自振周期与地基土的特征周期一致时，容易产生共振而加重建筑物的震害。建筑物的自振周期与结构本身刚度有关，在设计房屋之前，一般应首先了解场地和地基土以及其特征周期，调整结构刚度，避开共振周期。

对于软弱地基宜选用桩基、筏片基础或箱形基础。岩层高低起伏不均匀或有液化土层时最好采用桩基，后者桩尖必须穿入非液化土层，防止失稳。筏片基础的混凝土和钢筋用量较大，刚度也不如箱基。当建筑物层数不多、地基条件又较好时，也可以采用单独基础或十字交叉带形基础等等。

### 2. 抗震等级

抗震等级是结构构件抗震设防的标准，钢筋混凝土房屋应根据烈度、结构类型和房屋高度采用不同的抗震等级，并应符合相应的计算、构造措施和材料要求。抗震等级的划分考虑了技术要求和经济条件，随着设计方法的改进和经济水平的提高，抗震等级将做相应调整。抗震等级共分为四级，它体现了不同的抗震要求，其中一级抗震要求最高，丙类多层及高层钢筋混凝土结构房屋的抗震等级划分见表 1-6。

表 1-6  丙类多层及高层现浇钢筋混凝土结构抗震等级

| 结构类型 | | 烈度 | | | | | | | | | |
|---|---|---|---|---|---|---|---|---|---|---|---|
| | | 6 度 | | 7 度 | | | 8 度 | | | 9 度 | |
| 框架结构 | 高度 /m | ≤ 24 | > 24 | ≤ 24 | > 24 | | ≤ 24 | > 24 | | ≤ 24 | |
| | 框架 | 四 | 三 | 三 | 二 | | 二 | 一 | | 一 | |
| | 大跨度框架 | 三 | | 二 | | | 一 | | | 一 | |
| 框架 - 抗震墙结构 | 高度 /m | ≤ 60 | > 60 | ≤ 24 | 25 ～ 60 | > 60 | ≤ 24 | 25 ～ 60 | > 60 | ≤ 24 | 25 ～ 50 |
| | 框架 | 四 | 三 | 四 | 三 | 二 | 三 | 二 | 一 | 二 | 一 |
| | 抗震墙 | 三 | | 三 | 二 | | 二 | 一 | | 一 | |
| 抗震墙结构 | 高度 /m | ≤ 80 | > 80 | ≤ 24 | 25 ～ 80 | > 80 | ≤ 24 | 25 ～ 80 | > 80 | ≤ 24 | 25 ～ 60 |
| | 一般抗震墙 | 四 | 三 | 四 | 三 | 二 | 三 | 二 | 一 | 二 | 一 |

| 结构类型 | | | ≤80 | >80 | ≤24 | 25～80 | >80 | ≤24 | 25～80 | | |
|---|---|---|---|---|---|---|---|---|---|---|---|
| 部分框支抗震墙结构 | 抗震墙 | 一般部位 | 四 | 三 | 四 | 三 | 二 | 三 | 二 | 一 | 一 |
| | | 加强部位 | 三 | 二 | 三 | 二 | 一 | 三 | 一 | | |
| | 框支层框架 | | 二 | | 二 | | 一 | 一 | | | |
| 框架 - 核心筒结构 | 框架 | | 三 | | 二 | | | 一 | | | 一 |
| | 核心筒 | | 二 | | 二 | | | 一 | | | 一 |
| 筒中筒结构 | 外筒 | | 三 | | 二 | | | 一 | | | 一 |
| | 内筒 | | 三 | | 二 | | | 一 | | | 一 |
| 板柱 - 抗震墙结构 | 高度 /m | | ≤35 | >35 | ≤35 | | >35 | ≤35 | >35 | | |
| | 框架、板柱的柱 | | 三 | 二 | 二 | | 二 | | | | |
| | 抗震墙 | | 二 | 二 | 二 | | 一 | 二 | | | |

注：1. 建筑场地为Ⅰ类时，除 6 度外应允许按表内降低一度所对应的抗震等级采取抗震构造措施，但相应的计算要求不应降低；

2. 接近或等于高度分界时，应允许结合房屋不规则程度及场地、地基条件确定抗震等级；

3. 大跨度框架指跨度不小于 18m 的框架；

4. 高度不超过 60m 的框架 - 核心筒结构按框架 - 抗震墙的要求设计时，应按表中框架 - 抗震墙结构的规定确定其抗震等级。

　　其他类建筑采取的抗震措施应按有关规定和表 1-6 确定对应的抗震等级。由表 1-6 可见，在同等设防烈度和房屋高度的情况下，对不同的结构类型，其次要抗侧力构件抗震要求可低于主要抗侧力构件，即抗震等级低些。比如框架 - 抗震墙结构中的框架，其抗震要求低于框架结构中的框架；相反，其抗震墙则比抗震墙结构有更高的抗震要求。框架 - 抗震墙结构之中，当取基本振型分析时，若抗震墙部分承受的地震倾覆力矩不大于结构总地震倾覆力矩的 50%，考虑到此时抗震墙的刚度较小，其框架部分的抗震等级应按框架结构来划分。

另外，对同一类型结构抗震等级的高度分界，《抗震规范》主要按一般工业与民用建筑的层高考虑，故对层高特殊的工业建筑应酌情调整。设防烈度为6度、建于Ⅰ～Ⅲ类场地上的结构，不需要做抗震验算但需按抗震等级设计截面，满足抗震构造要求。

不同场地对结构的地震反应不同，通常Ⅳ类场地较高的高层建筑的抗震构造措施与Ⅰ～Ⅲ类场地相比应有所加强，而在建筑抗震等级的划分中并未引入场地参数，没有以提高或降低一个抗震等级来考虑场地的影响，而是通过提高其他重要部位的要求（轴压比、柱纵筋配筋率控制；加密区箍筋设置等）来加以考虑。

## （四）多道抗震设防

多道抗震防线指的是：

①一个抗震结构体系，应由若干个延性较好的分体系组成，并由延性较好的结构构件连接起来协同工作，比如框架－抗震墙体系是由延性框架和抗震墙两个系统组成。双肢或多肢抗震墙体系由若干个单肢墙分系统组成。

②抗震结构体系应有最大可能数量的内部、外部赘余度，有意识地建立起一系列分布的屈服区，以使结构能够吸收和耗散大量的地震能量，一旦破坏也易于修复。

多道地震防线对抗震结构是必要的。一次大地震，某场地产生的地震动，能造成建筑物破坏的强震持续时间（工程持时），少则几秒，多则几十秒，甚至更长。这样长时间的地震动，一个接一个的强脉冲对建筑物产生多次往复式冲击，造成积累式的破坏。如果建筑物采用的是单一结构体系，仅仅有一道抗震防线，该防线一旦破坏后，接踵而来的持续地震动，就会促使建筑物倒塌。特别是当建筑物的自振周期与地震动卓越周期相近时，建筑物由此而发生的共振，更加速其倒塌进程。如果建筑物采用的是多重抗侧力体系，第一道防线的抗侧力构件在强震作用下破坏后，后面第二甚至第三防线的抗侧力构件立即接替，抵挡住后续的地震动的冲击，可保证建筑物最低限度的安全，免于倒塌。在遇到建筑物基本周期与地震动卓越周期相同或接近的情况时，多道防线就更显示出其优越性。当第一道抗侧力防线因共振而破坏，第二道防线接替后，建筑物自振周期将出较大幅度的变动，与地震动卓越周期错开，减轻地震的破坏作用。

## （五）结构整体性

结构的整体性是保证结构各部件在地震作用下协调工作的必要条件。建筑物在地震作用下丧失整体性后，或由于整个结构变成机动构架而倒塌，或者由于外围构件平面外失稳而倒塌。所以，要使建筑具有足够的抗震可靠度，确保结构在地震作用下不丧失整体性，是必不可少的条件之一。

### 1. 现浇钢筋混凝土结构

结构的连续性是使结构在地震时能够保证整体性的重要手段之一。要使结构具有连续性，首先应从结构类型的选择上着手。事实证明，施工质量良好的现浇钢筋混凝土结构和型钢混凝土结构具有较好的连续性和抗震整体性。强调施工质量良好，是因为即使全现浇钢筋混凝土结构，施工不当也会使结构的连续性遭到削弱甚至破坏。

### 2. 钢结构

钢材基本属于各向同性的均质材料，且质轻高强、延性好，是一种很适合于建筑抗震结构的材料，在地震作用下，高层钢结构房屋由于钢材材质均匀，强度易于保证，所以结构的可靠性大；轻质高强的特点使得钢结构房屋的自重轻，从而所受地震作用减小；良好的延性使结构在很大的变形下仍不致倒塌，从而保证结构在地震作用下的安全性。但，钢结构房屋如果设计和制造不当，在地震作用下，可能发生构件的失稳和材料的脆性破坏或连接破坏，使钢材的性能得不到充分发挥，造成灾难性后果。钢结构房屋抗震性能的优劣取决于结构的选型，当结构体型复杂、平立面特别不规则时，可按实际需要在适当部位设置防震缝，从而形成多个较规则的抗侧力结构单元。此外，钢结构构件应合理控制尺寸，防止局部失稳或整体失稳，如对梁翼缘和腹板的宽厚比、高厚比都作了明确规定，还应加强各构件之间的连接，从而保证结构的整体性，抗震支承系统应保证地震作用时结构的稳定。

### 3. 砌体结构

震害调查及研究表明，圈梁及构造柱对房屋抗震有较重要的作用，它可以加强纵横墙体的连接，以增强房屋的整体性；圈梁还可以箍住楼（屋）盖，增强楼盖的整体性并增加墙体的稳定性；也可以约束墙体的裂缝开展，抵抗由于地震或其他原因引起的地基不均匀沉降而对房屋造成的破坏。所以，地震区的房屋，应按规定设置圈梁及构造柱。

## （六）保证非结构构件安全

非结构构件一般包括女儿墙、填充维护墙、玻璃幕墙、吊顶、屋顶电信塔、饰面装置等。非结构构件的存在,将影响结构的自振特性。同时,地震时它们一般会先期破坏。因此,应特别注意非结构构件与主体结构之间应有可靠的连接或锚固，避免地震时脱落伤人。

## （七）结构材料和施工质量

抗震结构的材料选用和施工质量应予以重视。抗震结构对于材料和施工质量的具体要求应在设计文件上注明，如所用材料强度等级的最低限制，抗震构造措施的施工要求等，并在施工过程中保证按其执行。

## （八）采用隔震、减震技术

对抗震安全性和使用功能有较高要求或专门要求的建筑结构，可以采用隔振设计或消能减震设计。结构隔振设计是指在建筑结构的基础、底部或下部与上部结构之间设置橡胶隔震支座和阻尼装置等部件，组成具有整体复位功能的隔震层，从而延长整个结构体系的自振周期，减小输入上部结构的水平地震作用。结构消能减震设计是指在建筑结构中设置消能器，通过消能器的相对变形和相对速度提供附加阻尼以消耗输入结构的地震能。建筑结构的隔震设计和消能减震设计应符合相关的规定，也可按建筑抗震性能化目标进行设计。

# 第三节　建筑结构设计基本原理

## 一、建筑结构的功能要求和极限状态

### （一）建筑结构的功能要求及结构可靠度

建筑结构设计的目的是：科学地解决建筑结构的可靠与经济这对矛盾，力求以最经济的途径，使所设计的结构符合可持续发展的要求，并用适当的可靠度满足各项预定功能的规定。我国 GB50068—2018《建筑结构可靠性设计统一标准》（以下简称《统一标准》）明确规定建筑结构在规定的设计使用年限内应满足以下三个方面的功能要求：

**1. 安全性**

安全性是指结构在正常使用和正常施工时能够承受可能出现的各种作用，如荷载、温度、支座沉降等；且在设计规定的偶然事件（如地震、爆炸、撞击等）发生时或发生后，结构仍能保持必要的整体稳定性，即结构仅仅发生局部损坏而不至于连续倒塌，以及火灾发生时能在规定的时间内保持足够的承载力。

**2. 适用性**

适用性是指结构在正常使用时满足预定的使用要求，具有良好的工作性能，如不发生影响使用的过大变形、振动或过宽的裂缝等。

**3. 耐久性**

耐久性是指结构在服役环境作用和正常使用维护的条件下，结构抵御结构性能劣化(或退化)的能力，即结构在规定的环境中，在设计使用年限内，其材料性能的恶化（如混凝土的风化、腐蚀、脱落以及钢筋锈蚀等）不会超过一定限度。

上述结构的三方面的功能要求统称为结构的可靠性，即结构在规定的时间内、在规定的条件下（正常设计、正常施工、正常使用和正常维护）完成预定功能的能力。而结构可靠度则是指结构在规定的时间内、在规定的条件下、完成了预定功能的概率，即结构可靠度是结构可靠性的概率度量。结构设计的目的就是既要保证结构安全可靠，又要做到经济合理。

结构可靠度定义中所说的"规定的时间"，是指"设计使用年限气设计使用年限是指设计规定的结构或结构构件不需进行大修即可按其预定目的使用的时期，即结构在规定的条件下所应达到的使用年限。根据我国的国情，《统一标准》规定了各类建筑结构的设计使用年限，如表1-7所示。

表1-7 建筑结构的设计使用年限

| 类别 | 设计使用年限／年 |
| --- | --- |
| 临时性建筑结构 | 5 |
| 易于替换的结构构件 | 25 |
| 普通房屋和构筑物 | 50 |
| 标志性建筑和特别重要的建筑结构 | 100 |

## （二）结构的极限状态

结构满足设计规定的功能要求时称为"可靠"，反之则称为"失效"，两者间的界限则被称为"极限状态"。结构或结构的一部分超过某一特定的状态就不能满足设计规定的某一功能要求（或者说濒于失效的特定状态），此特定的状态就称之为该功能的极限状态。一旦超过这一状态，结构就将丧失某一功能而失效。根据功能要求，极限状态分为下列三大类：

### 1. 承载能力极限状态

这种极限状态对应结构或结构构件达到最大承载能力或达到不适于继续承载的变形的状态。当结构或构件出现下列状态之一时，就认为超过了承载能力极限状态，结构构件就不再满足安全性的要求：结构构件或连接因超过材料强度而破坏，或因过度变形而不适于继续承载；整个结构或其一部分作为刚体失去平衡（如倾覆、过大的滑移等）；结构转变为机动体系；结构或结构构件丧失稳定（如压屈等）；结构因局部破坏而发生连续倒塌；地基丧失承载力而破坏（如失稳等）；结构或者结构构件的疲劳破坏。

承载能力极限状态关系到结构的安全与否，是结构设计的首要任务，必须严格控制出现这种极限状态的可能性，即应具有较高的可靠度水平。

## 2. 正常使用极限状态

这种极限状态对应于结构或结构构件达到正常使用的某项规定限值的状态。当结构或结构构件出现下列状态之一时，就认为超过了正常使用极限状态：影响正常使用或外观的变形；影响正常使用的局部损坏（比如开裂）；影响正常使用的振动；影响正常使用的其他特定状态（如相对沉降过大等）。

正常使用极限状态具体又分为不可逆正常使用极限状态和可逆正常使用极限状态两种。当产生超越正常使用要求的作用卸除后，该作用产生的后果不可恢复的为不可逆正常使用极限状态；当产生超越正常使用要求的作用卸除后，该作用产生的后果可以恢复的为可逆正常使用极限状态。

## 3. 耐久性极限状态

这种极限状态对应于结构或结构构件在环境影响下出现的劣化达到耐久性能的某项规定限值或标志的状态。当结构或结构构件出现下列状态之一时，就认为超过了耐久性极限状态：影响承载能力和正常使用的材料性能劣化；影响耐久性能的裂缝、变形、缺口、外观、材料削弱等；影响耐久性能的其他特定状态。

正常使用和耐久性极限状态主要考虑结构的适用性和耐久性，超过正常使用和耐久性极限状态的后果一般不如超过承载能力极限状态严重，但也不能忽略。在正常使用极限状态和耐久性设计时，其可靠度水平允许比承载能力极限状态的可靠度水平适当降低。

在进行建筑结构设计时，一般是将承载能力极限状态放在首位，在使结构或构件满足承载能力极限状态要求（通常是强度满足安全要求）后，再按正常使用和耐久性极限状态进行验算（校核）。

# （三）设计状况

结构在施工、安装、运行、检修等不同阶段可能出现不同的结构体系、不同的荷载及不同的环境条件，所以在设计时应分别考虑不同的设计状况：

## 1. 持久设计状况

持久设计状况是指在结构使用过程中一定出现，并且持续期很长的设计状况，适用于结构使用时的正常情况，建筑结构承受家具和正常人员荷载的状况属持久状况。

## 2. 短暂设计状况

短暂设计状况是指结构在施工、安装、检修期出现的设计状况，或在运行期短暂出现的设计状况，如结构施工时承受堆料荷载的状况属短暂状况。

## 3. 偶然设计状况

偶然设计状况是指结构在运行过程中出现的概率很小且持续时间极短的设计状况，

包括结构遭受火灾、爆炸、撞击时的情况等。

### 4. 地震设计状况

地震设计状况是指结构遭受地震时的设计状况。

对不同的设计状况，应采用相应的结构体系、可靠度水平、基本变量和作用组合等进行建筑结构可靠性设计。

在进行建筑结构设计时，对以上四种设计状况均应进行承载能力极限状态设计，以保证结构安全性要求；对持久设计状况尚应进行正常使用极限状态设计，并且宜进行耐久性极限状态设计，以保证结构适用性和耐久性要求；对短暂设计状况和地震设计状况可根据需要进行正常使用极限状态设计；对偶然设计状况可不进行正常使用极限状态和耐久性极限状态设计。

## 二、结构上的作用、作用效应及结构抗力

### （一）结构上的作用与作用效应

#### 1. 作用与荷载的定义

结构上的"作用"是指直接施加在结构上的集中力或分布力，以及引起结构外加变形或约束变形的原因（比如基础差异沉降、温度变化、混凝土收缩、地震等）。前者以力的形式作用于结构上，称为"直接作用"也常称为"荷载"，后者以变形的形式作用在结构上，称为"间接作用"。但是从工程习惯和叙述简便起见，在以后的章节中统一称为"荷载"。

#### 2. 荷载的分类

我国《统一标准》将结构上的荷载按照不同的原则分类，它们适用于不同的场合。

（1）按随时间的变异分类

荷载按随时间的变异可分为永久荷载、可变荷载和偶然荷载：

①永久荷载。也称为恒荷载，指在设计基准期内其量值不随时间变化，或其变化与平均值相比可以忽略不计，如结构自重、土压力、预加应力等。

②可变荷载。也称为活荷载，指在设计基准期内其量值随时间变化，且其变化与平均值相比不可忽略，如安装荷载、楼面活荷载、风荷载、雪荷载、桥面或路面上的行车荷载、吊车荷载、温度变化等等。

③偶然荷载。指在设计基准期内不一定出现，而一旦出现其量值很大且持续时间很短的作用，如地震、爆炸、撞击等。

（2）按随空间位置的变异分类

荷载按随空间位置的变异可分为固定荷载和自由荷载：

①固定荷载。指在结构空间位置上具有固定分布的荷载，如结构构件的自重、固定设备重等。

②自由荷载。指在结构空间位置上的一定范围内可以任意分布的荷载，比如吊车荷载、人群荷载等。

（3）按结构的反应特点分类

荷载按结构的反应特点可分为静态荷载和动态荷载：

①静态荷载。指不使结构产生加速度，或所产生的加速度可以忽略不计的荷载，如结构自重、住宅与办公楼的楼面活荷载、雪荷载等。

②动态荷载。指使结构产生不可忽略的加速度的荷载，如地震荷载、吊车荷载、机械设备振动、作用在高耸结构上的风荷载等。

**3. 作用效应**

直接作用或间接作用施加在结构构件上，由此在结构内产生的内力和变形（如轴力、剪力、弯矩、扭矩以及挠度、转角和裂缝等），称为作用效应。当为直接作用（即荷载）时，其效应也称为荷载效应，通常用 $S$ 表示。通常，荷载效应与荷载的关系可用荷载值与荷载效应系数来表达，即按力学的分析方法计算得到。

如前所述，结构上的荷载都不是确定值，而是随机变量，与之对应的荷载效应除了与荷载有关外，还和计算的模式有关，所以荷载效应 $S$ 也是随机变量。

## （二）结构抗力

结构抗力是指结构或结构构件承受和抵抗荷载效应（即内力和变形）以及环境影响的能力，如构件截面的承载力、刚度、抗裂度及材料的抗劣化能力等。结构抗力用 $R$ 表示。混凝土结构构件的截面尺寸、混凝土强度等级以及钢筋的种类、配筋的数量及方式等确定后，构件截面便具有一定的抗力。抗力可按一定的计算模式确定。显然，结构的抗力与组成结构

构件的材料性能（强度、变形模量等）、几何尺寸以及计算模式等因素有关，由于这些因素都是随机变量，故结构抗力 $R$ 也是随机变量。

由上述可见，结构上的荷载（特别是可变荷载）与时间有关，结构抗力也随时间变化。为确定可变荷载及与时间有关的材料性能等取值而选用的时间参数，称之为设计基准期。我国《统一标准》规定的建筑结构设计基准期为 50 年。

## 三、荷载和材料强度

结构物在使用期内所承受的荷载不是一个定值，而是在一定范围内变动。结构设计时所取用的材料强度，可能比材料的实际强度大或者小，亦即材料的实际强度也在一定范围内波动。所以，结构设计时所取用的荷载值和材料强度值应采用概率统计方法来确定。

### （一）荷载代表值

在结构设计中，应根据不同的极限状态的要求计算荷载效应。我国《建筑结构荷载规范》（GB500092012，以下简称《荷载规范》）对不同的荷载赋予了相应的规定量值，荷载的这种量值，称为荷载的代表值。不同的荷载在不同的极限状态情况下，就要求采用不同的荷载代表值进行计算。荷载的代表值分别为：标准值、可变荷载的准永久值、可变荷载频遇值和可变荷载的组合值等。

#### 1. 荷载的标准值

荷载的标准值是结构按极限状态设计时采用的荷载基本代表值，其他的荷载代表值可以通过标准值乘以相应的系数得到。荷载标准值是指结构在使用期内正常情况下可能出现的最大荷载值，可以根据设计基准期（《统一标准》规定为 50 年）内最大荷载概率分布的某一分位值确定。

（1）永久荷载的标准值 $G_k$

对于结构的自重，可根据结构的设计尺寸、材料或结构构件单位体积的自重计算确定。因为其变异性不大，而且多为正态分布，一般以其分布的均值作为荷载标准值。对于自重变异较大的材料和构件（如现场制作的保温材料、混凝土薄壁构件等），在设计时可根据该荷载对结构有利或不利取其自重的下限值或上限值。

（2）可变荷载的标准值 $Q_k$

《建筑结构荷载规范》（GB50009—2012）中给出了各种可变荷载标准值的取值和计算方法，在设计时可查用。

#### 2. 可变荷载的准永久值

荷载的准永久值是指可变荷载在按正常使用极限状态设计时，考虑荷载效应准永久组合时所采用的代表值。可变荷载在结构设计基准期内有时会作用得大些，有时会作用得小些，其准永久值是可变荷载在设计基准期内出现时间较长（可理解为总的持续时间不低于 25 年）的那一部分的量值，在性质上类似永久荷载，可变荷载的准永久值可由可变荷载的标准值乘以荷载的准永久值系数求得：

$$可变荷载准永久值 = \psi_q \times 可变荷载的标准值 \qquad (1\text{-}4)$$

式中 $\psi_q$—— 荷载的准永久值系数，其值小于 1.0，可直接由《荷载规范》查用。

### 3. 可变荷载的频遇值

可变荷载的频遇值是在设计基准期内，其超越的总时间为规定的较小比率或超越频数（或次数）为规定频率（或次数）的荷载值。该值是正常使用极限状态按频遇组合计算时所采用的可变荷载代表值，亦可由可变荷载的标准值乘以频遇值系数 $\psi_f$ 求得：

$$可变荷载的频遇值 = \psi_f \times 可变荷载的标准值 \qquad (1\text{-}5)$$

式中：$\psi_f$—— 可变荷载的频遇值系数，其值小于 1.0，可直接由《荷载规范》查用。

### 4. 可变荷载的组合值

当有两种或两种以上的可变荷载在结构上同时作用时，几个可变荷载同时都达到各自的最大值的概率是很小的，为使结构在两种或两种以上可变荷载作用时的情况与仅有一种可变荷载作用时具有相同的安全水平，除了一个主导荷载（产生最大荷载效应的荷载）仍用标准值外，对其他伴随荷载则可取可变荷载的组合值为其代表值。

$$可变荷载的组合值 = \psi_c \times 可变荷载的标准值 \qquad (1\text{-}6)$$

式中 $\psi_c$—— 可变荷载的组合值系数，其值小于 1.0，可直接由《荷载规范》查用。

由上述可知，可变荷载的准永久值、频遇值与组合值均可由可变荷载标准值乘以一个系数得到，所以荷载的标准值是荷载的基本代表值。

## （二）结构构件的材料强度

### 1. 材料强度的标准值

我国《统一标准》规定，材料强度的标准值 $f_k$ 是结构按极限状态设计时所采用的材料强度基本代表值。材料强度的标准值是用材料强度概率分布的某一分位值来确定的（《统一标准》规定：钢筋和混凝土材料强度的标准值可取其概率分布的 0.05 分位值确定）。由于钢筋和混凝土强度均服从正态分布，故它们的强度标准值可统一表示为

$$f_k = \mu_f - \alpha \sigma_f \qquad (1\text{-}7)$$

式中：$\alpha$—— 与材料实际强度 $f$ 低于 $f_k$ 的概率有关的保证率系数；

$\mu_f$—— 平均值；

$\sigma_f$—— 标准差。

由此可见，材料强度标准值是材料强度概率分布中具有一定保证率的偏低的材料强度值。

### 2. 材料强度的设计值

材料强度的设计值是用于承载力计算时的材料强度的代表值，它和材料的强度标准值的关系如下：

$$材料强度的设计值 f = 材料强度的标准值 f_k \div 材料分项系数 \gamma_m \qquad (1-8)$$

式中：材料分项系数 $\gamma_M$——混凝土的材料分项系数 $\gamma_c=1.40$；对 400MPa 级及以下热轧钢筋取 $\gamma_s=1.10$，对 50。MPa 级热轧钢筋取 $\gamma_s=1.15$；预应力筋取 $\gamma_s=1.20$。

## 四、概率极限状态设计法

以概率理论为基础的极限状态设计方法，简称为概率极限状态设计法，是以结构的失效概率或可靠指标来度量结构的可靠度的。

### （一）结构功能函数与极限状态方程

结构设计的目的是保证所设计的结构构件满足一定的功能要求，也就是如前所述的：荷载效应 $S$ 不应超过结构抗力 $R$。用来描述结构构件完成预定功能状态的函数 $Z$ 称之为功能函数，显然，功能函数可以用结构抗力 $R$ 和荷载效应 $S$ 表达为：

$$Z = g(R,S) = R - S \qquad (1-9)$$

当 $Z > 0$ $(R > S)$ 时，结构能完成预定功能，处在可靠状态；

当 $Z < 0$ $(R < S)$ 时，结构不能完成预定功能，处于失效状态；

当 $Z = 0$ $(R = S)$ 时，结构处于极限状态。

结构所处的状态可用图 1-1 进行判断：位于图中直线的上方区域，即 $R > S$，结构处于可靠状态；位于图中直线的下方区域，即 $R < S$，结构处于失效状态；位于直线上，即 $R = S$，即结构处在极限状态，式（1-10）称为极限状态方程。

$$Z = g(R,S) = R - S = 0 \qquad (1-10)$$

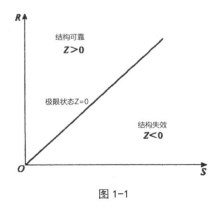

图 1-1

## （二） 结构的失效概率与可靠指标

### 1. 结构的可靠概率 $P_s$ 与失效概率 $P_f$

结构能完成预定功能（$R > S$）的概率即为"可靠概率"，以 $P_s$ 表示；不能完成预定功能（$R < S$）的概率即为"失效概率"，以 $P_f$ 表示。显然，$P_s + P_f = 1$，即失效概率与可靠概率互补，故结构的可靠性可以用失效概率来度量。如前所述，荷载效应 $S$ 和结构抗力 $R$ 都是随机变量，所以 $Z = R - S$ 也应是随机变量，它是各种荷载、材料性能、几何尺寸参数、计算公式以及计算模式等的函数。

### 2. 可靠指标 $\beta$

若功能函数中两个独立的随机变量 $R$ 和 $S$ 服从正态分布，$R$ 和 $S$ 的平均值分别为 $\mu_R$ 和 $\mu_s$，标准差分别为 $\sigma_R$ 和 $\sigma_S$，则功能函数 $Z = R - S$ 也服从正态分布，其平均值 $\mu_z$ 和标准差 $\sigma_z$ 分别为：

$$\mu_z = \mu_R - \mu_S \tag{1-11}$$

$$\sigma_Z = \sqrt{\sigma_R^2 + \sigma_S^2} \tag{1-12}$$

结构的失效概率 $P_f$ 与 $Z$ 的平均值 $\mu_z$ 所及标准差 $\sigma_z$ 有关，若取 $\beta = \mu_z/\sigma_z$，则 $\beta$ 与 $P_f$ 之间就存在对应关系，$\beta$ 越大则 $P_f$ 就越小，结构就越可靠；反之，$\beta$ 越小则 $P_f$ 就越大，结构越容易失效。因此和 $P_f$ 一样，$\beta$ 可用来表述结构的可靠性，在工程上称 $\beta$ 为结构的"可靠指标"。当 $R$ 和 $S$ 均服从正态分布时，可靠指标 $\beta$ 可由下式求得：

$$\beta = \frac{\mu_Z}{\sigma_Z} = \frac{\mu_R - \mu_S}{\sqrt{\sigma_R^2 + \sigma_S^2}} \tag{1-13}$$

显然，可靠指标 $\beta$ 与失效概率 $P_f$ 有着一一对应的关系。

实际上，$R$ 和 $S$ 都是随机变量，要绝对地保证 $R$ 总大于 $S$ 是不可能的，失效概率 $P_f$ 尽管很小，总是存在的，合理的解答应该是使所设计结构的失效概率降低到人们可以接受的程度。

## （三） 建筑结构的安全等级和目标可靠指标

### 1. 结构的安全等级

建筑结构设计时，应根据结构破坏可能产生的后果，即危及人的生命、造成经济损失、对社会或环境产生影响等的严重性，采用不同的安全等级。我国《统一标准》将建筑结构划为三个安全等级：重要结构的安全等级为一级，比如高层建筑、体育馆、影剧院等；大量一般性的工业与民用建筑安全等级为二级；次要建筑的安全等级为三级（安全等级划分参见表1-8）。对于不同安全等级的结构，所要求的可靠指标 $\beta$ 应该不同，安全等级越高，$\beta$ 值也应取得越大。

表 1-8　建筑结构的安全等级

| 结构安全等级 | 破坏后果 | 结构类型 |
|---|---|---|
| 一级 | 很严重：对人的生命、经济、社会或环境影响很大 | 重要结构 |
| 二级 | 严重：对人的生命、经济、社会或环境影响较大 | 一般结构 |
| 三级 | 不严重：对人的生命、经济、社会或环境影响较小 | 次要结构 |

需要注意的是，建筑结构抗震设计中的甲类建筑和乙类建筑，其安全等级宜规定为一级；丙类建筑，其安全等级宜规定为二级；丁类建筑，其安全等级宜规定为三级。

**2. 设计使用年限**

设计使用年限是指设计规定的结构或结构构件不需进行大修即可按预定目的使用的年限。建筑结构设计时，应规定结构的设计使用年限，并且在设计文件中明确说明。

**3. 目标可靠指标 [β]**

设计规范所规定的、作为设计结构或结构构件时所应达到的可靠指标，称为目标可靠指标 [β]，也称为设计可靠指标。我国《统一标准》根据不同的安全等级和破坏类型（延性破坏和脆性破坏）给出了结构构件持久设计状况承载能力极限状态设计的目标可靠指标 [β]（如表 1-9 所示）。表中延性破坏是指结构构件在破坏前有明显的变形或其他预兆；脆性破坏是指结构构件在破坏前无明显的变形或者其他预兆。显然，延性破坏的危害相对较小，所以 [β] 值相对低一些；脆性破坏的危害较大，所以 [β] 相对高一些。结构构件持久设计状况正常使用极限状态设计的可靠指标，宜根据其可逆程度取 0～1.5，而耐久性极限状态设计的可靠指标，宜根据其可逆程度取 1.0～2.0。在结构设计时，要求在设计使用年限内，结构所具有的可靠指标 B 不小于目标可靠指标 [β]。

目标可靠指标 [β] 与失效概率运算值 $P_f$ 的关系见表 1-10。可见，在正常情况下，失效概率 $P_f$ 虽然很小，但总是存在的，所以从概率论的观点，"绝对可靠"（$P_f = 0$）的结构是不存在的。但是只要失效概率小到可以接受的程度，就可以认为该结构是安全可靠的。

表 1-9　结构构件承载能力极限状态的目标可靠指标 $[\hat{a}]$

| 破坏类型 | 安全等级 | | |
|---|---|---|---|
| | 一级 | 二级 | 三级 |
| 延性破坏 | 3.7 | 3.2 | 2.7 |
| 脆性破坏 | 4.2 | 3.7 | 3.2 |

注：当承受偶然作用时，结构构件的可靠指标应符合专门规范的规定。

表1-10　目标可靠指标$[\hat{a}]$与失效概率运算值$P_f$的关

| $[\hat{a}]$ | 2.7 | 3.2 | 3.7 | 4.2 |
|---|---|---|---|---|
| $P_f$ | $3.5 \times 10^{-3}$ | $6.9 \times 10^{-4}$ | $1.1 \times 10^{-4}$ | $1.3 \times 10^{-5}$ |

应该指出，前述设计方法是以概率为基础，用各种功能要求的极限状态作为设计依据的，所以称之为概率极限状态设计法，但是因为该法还尚不完善，在计算中还作了一些假设和简化处理，因而计算结果是近似的，故也称作近似概率法。

## （四）极限状态设计表达式

考虑到工程技术人员的习惯以及应用上的简便，规范采用了以基本变量（如荷载、材料强度等）的标准值和相应的分项系数（如荷载分项系数、材料分项系数等）来表达的极限状态设计表达式。分项系数是根据结构构件基本变量的统计特性、以结构可靠度的概率分析为基础并考虑到工程经验，经优选确定的，它们起着相当于目标可靠指标$[\hat{a}]$的作用。具体做法是：在承载能力极限状态设计中，为保证结构构件具有足够的可靠度，将荷载的标准值乘以一个大于1的荷载分项系数，采用荷载设计值，而将材料强度的标准值除以一个大于1的材料分项系数，采用材料强度的设计值，并通过结构重要性系数来反映结构安全等级不同时对于可靠指标的不同要求；在正常使用极限状态设计中，由于超出正常使用极限状态而产生的后果不像超出承载能力极限状态所造成的后果那么严重，《统一标准》规定，在计算中采用材料强度的标准值和荷载的标准值，并且结构的重要性系数也不再予以考虑。

结构设计时应根据使用过程中结构上所有可能出现的荷载，按承载能力极限状态和正常使用极限状态分别进行荷载（荷载效应）组合。考虑到了荷载是否同时出现和出现时方向、位置等变化，这种组合多种多样，因此必须在所有可能组合中，取其中各自的最不利效应组合进行设计。

### 1. 承载能力极限状态设计表达式

（1）基本表达式

《统一标准》及结构设计规范规定：任何结构和结构构件都应进行承载力设计，以确保安全。结构或构件通过结构分析可得控制截面的最不利内力或应力，因此，结构构件截面设计表达式可用内力或者应力表达。结构或结构构件的破坏或过度变形的承载能力极限状态设计，应符合下式规定：

$$\gamma_0 S_d, \ R_d \tag{1-14}$$

$$R_d = R(f_c, f_s, a_k, \cdots) / \gamma_{Rd} = R\left(\frac{f_{ck}}{\gamma_c}, \frac{f_{sk}}{\gamma_s}, a_k, \cdots\right) / \gamma_{Rd} \tag{1-15}$$

式中：$\gamma_0$——结构重要性系数。在持久设计状况和短暂设计状况下，对安全等级为一级的结构构件不应小于1.1 对安全等级为二级的结构构件不应小于1.0，对安全等级为三级的结构构件不应小于0.9；对于偶然设计状况和地震设计状况下应取1.0；

$S_d$——承载能力极限状态的作用（荷载）组合的效应设计值；

$R_d$——结构构件的承载力（抗力）设计值；

$R(f_c, f_s, a_k, \ldots)$——结构构件的承载力函数；

$f_c, f_s$——混凝土、钢筋的强度设计值；

$\gamma_c, \gamma_s$——混凝土、钢筋的材料分项系数；

$a_k$——几何参数标准值，当几何参数的变异性对结构性能有明显不利影响时，应增减一个附加值；

$\gamma_{Rd}$——结构构件的抗力模型不定性系数，静力设计取1.0，对不确定性较大的结构构件根据具体情况取大于1.0的数值；抗震设计时应用抗震调整系数 $\gamma_{RE}$ 代替 $\gamma_{Rd}$。

（2）作用（荷载）组合的效应设计值 $S_d$

承载能力极限状态设计时，应根据所考虑的设计状况，选用不同的作用效应组合：对持久和短暂设计状况，应采用基本组合；对偶然设计状况，应采用了偶然组合；对地震设计状况，应采用作用的地震组合。

基本组合是指在持久设计状况和短暂设计状况计算时，作用在结构上的永久荷载和可变荷载产生的荷载效应的组合。应符合下列规定：

$$S_d = \sum_{i..1} \gamma_{G_i} S_{G_{ik}} + \gamma_P S_P + \gamma_{Q1} \gamma_{L1} S_{Q_{l1k}} + \sum_{j>1} \gamma_{Q_j} \gamma_{L_j} \psi_{cj} S_{Q_{jk}} \tag{1-16}$$

式中：$\gamma_{G_i}$——第 $i$ 个永久荷载分项系数，《统一标准》规定应按表1-11取用；

$\gamma_{Q_j}$——第 $j$ 个可变荷载的分项系数，其中 $\gamma_{Q1}$ 为第1个可变荷载（主导可变荷载）的分项系数，《统一标准》规定可变荷载的分项系数应按表1-11取用；

$\gamma_P$——预应力作用的分项系数，《统一标准》规定应按表1-11取用；

$\gamma_{L_i}, \gamma_{L_j}$——第1个和第 $j$ 个考虑结构设计使用年限的荷载调整系数，结构设计使用年限为5年时取值为0.9，50年时取值为1.0，100年时取值为1.1；

$S_{G_{ik}}$——按第 $i$ 个永久荷载标准值 $G_{ik}$ 计算的荷载效应值；

$S_{Q_{kk}}, S_{Q_{jk}}$——按第1个和第 $j$ 个可变荷载的标准值 $Q_{ik}$，$Q_{jk}$ 计算的荷载效应值，其中 $S_{Q_{lk}}$ 为诸多可变荷载效应中起到控制作用者；

$S_P$——预应力作用有关代表值的效应；

$\psi_{cj}$——对应于可变荷载 $Q_j$ 的组合值系数，一般情况下取 $\psi_{cj}=0.7$，对书库、档案库、密集书柜库、通风机房以及电梯机房等取 $\psi_{cj}=0.9$；工业建筑活荷载的组合系数应按《荷载规范》取用。

表 1-11　建筑结构的作用分项系数

| 作用分项系数 | 适用情况 | |
| --- | --- | --- |
| | 当作用效应对<br>承载力不利时 | 当作用效应对<br>承载力有利时 |
| $\gamma_G$ | 1.3 | $\leqslant 1.0$ |
| $\gamma_P$ | 1.3 | $\leqslant 1.0$ |
| $\gamma_Q$ | 1.5 | 0 |

对偶然设计状况，应采用作用的偶然组合。作用的偶然组合适用于偶然事件发生时的结构验算和发生后受损结构的整体稳固性验算。

偶然荷载发生时，应保证特殊部位的结构构件具有一定抵抗偶然荷载的承载能力，构件受损可控，受损构件应能承受恒荷载和可变荷载作用等，偶然组合的效应设计值按下式计算：

$$S_d = \sum_{i..1} S_{G_{ik}} + S_P + S_{Ad} + \left( \psi_{l1} \text{ 或 } \psi_{q1} \right) S_{Q_{1k}} + \sum_{j>1} \psi_{qj} S_{Q_{jk}} \tag{1-17}$$

式中：$S_{Ad}$——按偶然荷载设计值 $A_d$ 计算的荷载效应值；

$\psi_{cj}$——第 1 个可变荷载的频遇值系数；

$\psi_{q1}$、$\psi_{qj}$——第 1 个和第 $j$ 个可变荷载的准永久值系数。

偶然作用发生后，其效应 $S_{Ad}$ 消失，受损结构整体稳固性验算的效应设计值，应按下式计算：

$$S_d = \sum_{i..1} S_{G_{ik}} + S_P + \left( \psi_{f1} \text{ 或 } \psi_{q1} \right) S_{Q_{1k}} + \sum_{j>1} \psi_{qj} S_{Q_{jk}} \tag{1-18}$$

应当指出，基本组合（式 1-16）和偶然组合（式 1-17，式 1-18）中的效应设计值仅适用于作用效应与作用为线性关系的情况，当作用效应和作用不按线性关系考虑时，应按《统一标准》的规定确定作用组合的效应设计值。

各类建筑结构都会遭遇地震，很多结构是由抗震设计控制的。对地震设计状况，应采用作用的地震组合。地震组合的效应设计值应符合现行国家标准《建筑抗震设计规范》（GB50011）的规定。

**2. 正常使用极限状态设计表达式**

按正常使用极限状态设计时，主要是验算结构构件的变形（挠度）、抗裂度和裂缝宽度。变形过大或裂缝过宽，虽然影响正常使用，但危害程度不及承载力不足引起的结构破坏造成的损失那么大，所以可以适当降低对可靠度的要求。在按正常使用极限状态设计中，荷载和材料强度，不再乘以分项系数，直接取其标准值，结构的重要性系数 $\gamma_0$ 也不予考虑。

（1）基本表达式

对于正常使用极限状态，结构构件应分别按荷载效应的标准组合、频遇组合或准永久组合，按下列的实用设计表达式进行设计：

$$S_d, C \qquad (1-19)$$

式中：$S_d$——正常使用极限状态荷载组合的效应（变形、裂缝宽度等）设计值；

$C$——结构构件达到正常使用要求所规定的变形（挠度）、应力、裂缝宽度或自振频率等的限值。

（2）荷载组合的效应设计值 $S_d$

由于荷载的短期作用与长期作用对结构构件正常使用性能的影响不同，所以应予以考虑。建筑结构设计规范规定，标准组合主要用当一个极限状态被超越时将产生严重的永久性损害的情况，即一般用于不可逆正常使用极限状态，如对结构构件进行抗裂验算时，应按荷载标准组合的效应设计值进行计算；频遇组合主要用于当一个极限状态被超越时将产生局部损害、较大变形或短暂振动等情况，即一般用于可逆正常使用极限状态；准永久组合主要用于当荷载的长期效应是决定性因素时的一些情况，比如钢筋混凝土受弯构件最大挠度的计算，应按荷载准永久组合；计算构件挠度、裂缝宽度时，对于钢筋混凝土构件，采用荷载准永久组合并考虑长期作用的影响；对预应力混凝土构件，采用了荷载标准组合并考虑长期作用的影响。

按荷载标准组合时，荷载效应的组合设计值 $S_d$ 按下式计算：

$$S_d = \sum_{i..1} S_{G_{ik}} + S_P + S_{Q_{1k}} + \sum_{j>1} \psi_{cj} S_{Q_{jk}} \qquad (1-20)$$

按荷载频遇组合时，荷载效应的组合设计值 $S_d$ 按下式计算：

$$S_d = \sum_{i..1} S_{G_{ik}} + S_P + \psi_{i1} S_{Q_{1k}} + \sum_{j>1} \psi_{qj} S_{Q_{jk}} \qquad (1-21)$$

按荷载准永久组合时，荷载效应的组合设计值 $S_d$ 按下式计算：

$$S_d = \sum_{i..1} S_{G_{ik}} + S_P + \sum_{j..1} \psi_{qj} S_{Q_{jk}} \qquad (1-22)$$

（3）正常使用极限状态验算内容

混凝土结构及构件正常使用极限状态验算一般包括以下几个方面的内容：

①变形验算根据使用要求需控制变形的构件,应进行变形( 主要是受弯构件的挠度）验算。验算时按荷载效应的准永久组合并考虑荷载长期作用影响，计算的最大挠度不超过规定的挠度限值。

②裂缝控制验算结构构件设计时，应当根据所处的环境和使用要求，选择相应的裂缝控制等级，并根据不同的裂缝控制等级进行抗裂和裂缝宽度的验算，我国《混凝土结构设计规范》（GB50010—2010,以下简称《规范》）将裂缝控制等级划分为如下三级：

一级——对于正常使用阶段严格要求不出现裂缝的构件，按荷载效应的标准组合计算时，构件受拉边缘混凝土不应产生拉应力。

二级——对一般要求不出现裂缝的构件，按荷载效应的标准组合计算时，构件受拉边缘混凝土允许产生拉应力，但拉应力不应大于混凝土的轴心抗拉强度的标准值。

三级——对于允许出现裂缝的构件，对钢筋混凝土构件，按荷载准永久组合并考虑长期作用影响计算时，构件的裂缝宽度最大值 $w_{max}$ 不应超过规定的最大裂缝宽度限值。对预应力混凝土构件，按荷载标准组合并考虑长期作用的影响计算时，构件的裂缝宽度最大值不应超过规定的最大裂缝宽度限值。对二 a 类环境的预应力混凝土构件，尚应按荷载准永久组合计算，且构件受拉边缘混凝土的拉应力不应大于混凝土的抗拉强度标准值。

属于一、二级的构件一般为预应力混凝土构件，对抗裂度要求较高，在工业与民用建筑工程中，普通钢筋混凝土结构的裂缝控制等级通常都属于三级。但有时在水利工程中，对钢筋混凝土结构也有抗裂要求。

## 五、地震作用与结构抗震验算

### （一）地震作用

地震时地面将发生水平运动与竖向运动，从而引起结构的水平振动和竖向振动，因此地震作用是由地震引起的结构动态作用（加速度、速度、位移的作用），包括了竖向地震作用和水平地震作用。而当结构的质心与刚心不重合时，地面的水平运动还会引起结构的扭转振动。

在结构的抗震设计中，考虑到地面运动水平方向的分量较大，而结构抗侧力的承载力储备又较抗竖向力的承载力储备小，所以通常认为水平地震作用对结构起主要作用。因此，对于一般的建筑结构，在验算其抗震承载力时只考虑水平地震作用，对抗震设防烈度为 8、9 度时的大跨度和长悬臂结构以及 9 度时的高层建筑，应计算竖向地震作用。对于由水平地震作用引起的扭转影响，一般只对质量和刚度明显不均匀、不对称的结构才加以考虑。

水平地震作用可能来自结构的任何方向，对大多数建筑来说，抗侧力体系沿两个主轴方向布置，所以一般应在两个主轴方向分别计算其水平地震作用，各方向的水平地震作用由该方向的抗侧力体系承担。对于大多数布置合理的结构，可以不考虑双向地震作用下结构的扭转效应。

### （二）重力荷载代表值

地震作用是结构质量受地面输入的加速度激励产生的惯性作用，它的大小与结构质量有关。计算地震作用时，经常采用"集中质量法"的结构简图，把结构简化为一个有限数目质点的悬臂杆。假定各楼层的质量集中在楼盖标高处，墙体质量则按上下层各半也集中在该层楼盖处，于是各楼层质量被抽象为若干个参与振动的质点，结构的计算简图是一单质点的弹性体系或多质点弹性体系。

各质点的质量包括结构的自重以及地震发生时可能作用于结构上的竖向可变荷载（例如楼面活荷载等），其计算值称为重力荷载代表值。在抗震设计中，当计算地震作用的标准值和计算结构构件的地震作用效应和其他荷载效应的基本组合时，即采用重力荷载代表值 $G_E$，它是永久 $G_E = G_k + \sum_{i=1}^{n} \psi_{Ei} Q_{ki}$ 荷载和有关可变荷载的组合值之和，按式（1-23）计算。第 $i$ 楼层的重力荷载代表值记为 $G_i$。

$$G_E = G_k + \sum_{i=1}^{n} \psi_{Ei} Q_{ki} \tag{1-23}$$

式中：$G_k$——结构或构件的永久荷载标准值；

$Q_{ki}$——结构或构件第 $i$ 个可变荷载标准值；

$\psi_{Ei}$——第 $i$ 个可变荷载的组合值系数，根据地震时的遇合概率确定，见表 1-12。

表 1-12  组合值系数

| 可变荷载种类 | | 组合值系数 |
|---|---|---|
| 雪荷载： | | 0.5 |
| 屋面积灰荷载 | | 0.5 |
| 屋面活荷载 | | 不考虑 |
| 按实际情况考虑的楼面活荷载 | | 1.0 |
| 按等效均布荷载考虑的楼面活荷载 | 藏书库、档案库 | 0.8 |
| | 其他民用建筑 | 0.5 |
| 吊车悬吊物重力 | 硬钩吊车 | 0.3 |
| | 软钩吊车 | 不考虑 |

## （三）设计反应谱

计算地震作用的理论基础是地震反应谱。所谓地震反应谱，是指地震作用时结构上质点反应（比如加速度、速度、位移等）的最大值与结构自振周期之间的关系，也称反应谱曲线。

对每一次地震，都可以得到它的反应谱曲线，但地震具有很强的随机性，即使是同一烈度、同一地点，先后两次地震的地面加速度记录也不同，更何况进行抗震设计时不可能预知当地未来地震的反应谱曲线。然而，在研究了许多地震的实测反应谱后发现，反应谱仍有一定的规律。设计反应谱就是在考虑了这些共同规律后，按主要影响因素处理后得到的平均反应谱曲线。通过设计反应谱，可以把动态的地震作用转化为作用在结构上的最大等效侧向静力荷载，从而方便计算。

设计反应谱是根据单自由度弹性体系的地震反应得到的。《建筑抗震设计规范》（GB50011—2010，以下简称《抗震规范》）采用的设计反应谱的具体表达形式是地震影响系数 Q 曲线，由直线上升段、水平段、曲线下降段和直线下降段组成。

影响地震作用大小的因素有：建筑物所在地的地震动参数（加速度），烈度越高，地震作用越大；建筑物总重力荷载值，质点的质量越大，其惯性力越大；建筑物的动力特性，主要是指结构的自振周期 $T$ 和阻尼比，一般来说 $T$ 值越小，建筑物质点最大加速度反应越大，地震作用也越大；建筑物场地类别越高（比如一类场地），地震作用越小。设计反应谱曲线还考虑了设计地震分组。

综上所述，地震影响系数最大值 $\alpha_{max}$ 应按表 1-13 采用。

表 1-13　水平地震影响系数最大值 $\alpha_{max}$

| 地震影响 | 6 度 | 7 度 | 8 度 | 9 度 |
|---|---|---|---|---|
| 多遇地震 | 0.04 | 0.08 (0.12) | 0.16 (0.24) | 0.32 |
| 罕遇地震 | 0.28 | 0.50 (0.72) | 0.90 (1.20) | 1.40 |

注：括号中数值分别用于设计基本地震加速度为 0.15g 和 0.30g 的地区。

场地特征周期 $T_g$ 根据场地类别和设计地震分组按表 1-14 采用，计算 8、9 度罕遇地震作用时，特征周期应增加 0.05s。

表 1-14　场地特征周期 $T_g$（单位：s）

| 设计地震分组 | 场地类别 | | | | |
|---|---|---|---|---|---|
| | $I_0$ | $I_1$ | II | III | IV |
| 第一组 | 0.20 | 0.25 | 0.35 | 0.45 | 0.65 |
| 第二组 | 0.25 | 0.30 | 0.40 | 0.55 | 0.75 |
| 第三组 | 0.30 | 0.35 | 0.45 | 0.65 | 0.90 |

## （四）水平地震作用计算

计算地震作用的方法有多种，如底部剪力法、振型分解反应谱法以及时程分析法等。振型分解反应谱法将复杂振动按振型分解，并且借用单自由度体系的反应谱理论来计算地震作用，计算量较大，是目前计算机辅助结构设计软件计算地震作用常用的方法。底部剪力法对振型分解反应谱法进行简化，计算量小，适合于手算；时程分析法目前常用于重要或复杂结构的补充计算。

《抗震规范》规定：当建筑物为高度不超过 40m、以前切变形为主且质量和刚度沿高度分布比较均匀的结构，以及近似于单质点体系的结构，可采用底部剪力法计算结构的水平地震作用标准值。此法是先计算出作用于结构的总水平地震作用，也就是作用于结构底部的剪力，然后将此总水平地震作用按照一定的规律再分配给各个质点，每个质点所受的地震作用力的大小按倒三角形规律分布。

结构底部的总水平地震作用标准值 $F_{Ek}$，按下列公式计算：

$$F_{Ek} = \alpha_1 G_{eq} \tag{1-24}$$

$$F_i = \frac{G_i H_i}{\sum\limits_{j=1}^{n} G_j H_j} F_{Ek} \tag{1-25}$$

式中：$F_{Ek}$——结构总水平地震作用标准值；

$\alpha_1$——相应于结构基本自振周期的水平地震影响系数，按地震影响系数曲线确定；多层砌体房屋、底部框架与多层内框架砌体，宜取水平地震影响系数最大值；

$G_{ep}$——结构的等效总重力荷载，单质点体系应取总重力荷载代表值，多质点体系可取总重力荷载代表值的 85%，即 $G_{eq} = 0.85\sum\limits_{i=1}^{n} G_i$；

$F_i$——质点 $i$ 的水平地震作用标准值；

$G_i, G_j$——分别为集中于质点 $i,j$ 的重力荷载代表值；

$H_i, H_j$——分别为质点 $i,j$ 的计算高度。

对于自振周期较长、结构层数较多的结构，用式（1-25）计算得出的结构上部质点的地震作用与精确计算的结果相比偏小，所以《抗震规范》规定对基本周期 $T_1 \cdots 1.4T_g$ 的结构，在其顶部应附加一水平地震作用 $\Delta F_n$ 予以修正，按式（1-26）计算。

$$\Delta F_n = \delta_n F_{EK} \tag{1-26}$$

式中：$\Delta F_n$——顶部附加水平地震作用；

$\delta_n$——顶部附加地震作用系数，多层钢筋混凝土和钢结构房屋可按表 1-15 采用，其他房屋可以采用 0.0。

表 1-15　顶部附加地震作用系数 $\delta_n$

| 场地特征周期 $\delta_n/s$ | 结构自振周期 | |
|---|---|---|
| | $T_1 > 1.4T_g$ | $T_1, 1.4T_g$ |
| $T_g, 0.35$ | $0.08T_1 + 0.07$ | |
| $0.35 < T_g, 0.55$ | $0.08T_1 + 0.01$ | 0.0 |
| $T_g > 0.55$ | $0.08T_1 - 0.02$ | |

注：$T_1$ 为结构基本自振周期。

因此，采用底部剪力法计算时，各楼层可只考虑一个自由度，质点 $i$ 的水平地震作用标准值按式（1-27）计算：

$$F_i = \frac{G_i H_i}{\sum_{j=1}^{n} G_j H_j} F_{Ek} (1 - \delta_n) \quad (i = 1, 2, \cdots, n) \tag{1-27}$$

由静力平衡条件可知，第 $i$ 层对应水平地震作用标准值的楼层剪力 $V_{Eki}$ 等于第 $i$ 层以上各层地震作用标准值之和：

$$V_{Eki} = \sum_{i}^{n} F_i \tag{1-28}$$

出于对高柔结构安全的考虑，各楼层的水平地震剪力不能过小，应符合式（1-28）的要求：

$$V_{Eki} > \lambda \sum_{j=i}^{n} G_j \tag{1-29}$$

式中：$\lambda$——剪力系数；抗震验算时，结构任一楼层的水平地震剪力系数不应小于表 1-16 规定的楼层最小地震剪力系数值，对于竖向不规则结构的薄弱层，尚应乘以 1.15 的增大系数；

$G_j$——第 $j$ 层的重力荷载代表值。

表 1-16　楼层最小地震剪力系数值

| 类别 | 6 度 | 7 度 | 8 度 | 9 度 |
|---|---|---|---|---|
| 扭转效应明显或基本周期小于 3.5s 的结构 | 0.008 | 0.016（0.024） | 0.032（0.048） | 0.064 |
| 基本周期大于 5.0s 的结构 | 0.006 | 0.012（0.018） | 0.024（0.036） | 0.048 |

注：基本周期介于 3.5s 和 5s 之间的结构，按插入法取值；括号内数值分别用于设计基本地震加速度为 0.15g 和 0.30g 的地区。

求得楼层剪力标准值 $V_{Eki}$ 后，就可以进行结构的层间位移计算。结构在多遇地震作用下的弹性层间位移属于第一设计阶段的内容，是对结构侧移刚度是否满足进行验算，应在结构构件内力分析和承载力设计之前进行。

楼层水平剪力分配到各抗侧力构件的原则如下：①现浇和装配整体式混凝土楼、屋盖等刚性楼、屋盖建筑，宜按抗侧力构件等效刚度的比例分配；②木楼盖、木屋盖等柔性楼、屋盖建筑，宜按抗侧力构件从属面积上重力荷载代表值的比例分配；③普通的预制装配式混凝土楼、屋盖等半刚性楼以及屋盖的建筑，可取上述两种分配结果的平均值。

对于现浇楼盖框架结构，可按柱的抗侧刚度，将楼层剪力 V，分配到每根柱上，再进行结构在地震作用下的内力计算。

# 第二章 框架结构设计

# 第一节 框架结构内力的近似计算方法

框架结构是指由梁柱杆系构件构成，能够承受竖向荷载和水平荷载作用的承重结构体系。框架不仅可以形成框架结构体系，还是框架－剪力墙结构体系以及框架－简体结构中的基本抗侧力单元。

## 一、框架结构的计算简图

框架结构一般有按空间结构分析和简化成平面结构分析两种方法。借助计算机编制程序进行分析时，常常采用空间结构分析模型，但在初步设计阶段，为确定结构布置方案或估算构件截面尺寸，还需一些简单的近似计算方法，这时常常采用简化的平面结构分析模型，方便既快又省地解决问题。

### （一）计算单元

一般情况下，框架结构是空间受力体系，但在简化成平面结构模型分析时，为方便起见，常常忽略结构纵向和横向之间的空间联系，忽略各构件的抗扭作用，将框架简化为纵向平面框架和横向平面框架分别进行分析计算。通常横向框架的间距相同，作用于各横向框架上的荷载相同，框架的抗侧刚度相同，因此，除了端部框架外，各棉横向框架产生的内力和变形近似，进行结构设计时可选取其中一棉具有代表性的横向框架进行分析，而作用于纵向框架上的荷载一般各不相同，必要时应分别进行计算。

## （二）节点的简化

框架节点一般是三向受力，但当按平面框架进行分析时，节点也做相应的简化。框架节点可简化为刚接节点、铰接节点和半铰接节点，要根据施工方案和构造措施确定。在现浇钢筋混凝土结构中，梁柱内的纵向受力钢筋都将穿过节点或者锚入节点区，因此一般应简化为刚接节点。

装配式框架结构是在梁和柱子的某些部位预埋钢板，安装就位后再焊接起来，由于钢板在其自身平面外的刚度很小，同时，焊接质量随机性很大，难以保证结构受力后梁柱间没有相对转动，因此常把这类节点简化为被接节点或半铰接节点。

装配整体式框架结构梁柱节点中，一般梁底的钢筋可采用焊接、搭接或预埋钢板焊接，梁顶钢筋则必须采用焊接或通长布置，并且将现浇部分混凝土。节点左右梁端均可有效地传递弯矩，因此可认为是刚接节点。当然这种节点的刚性不如现浇框架好，节点处梁端的实际负弯矩要小于计算值。

## （三）跨度与计算高度的确定

在结构计算简图中，杆件用其轴线表示。框架梁的跨度即取柱子轴线间的距离，当上、下层柱截面的尺寸变化时，一般以最小截面的形心线来确定。柱子的计算高度，除底层外取各层层高，底层柱则从基础顶面算起。

对于倾斜的或折线形横梁，当其坡度小于 1/8 时，可简化为水平直杆。对不等跨框架，当各跨跨度相差不大于 10% ，在手算时可简化为等跨框架，跨度取原框架各跨跨度的平均值，以减少计算工作量。

## （四）计算假定

框架结构采用简化平面计算模型进行分析时，做以下计算假定：

（1）高层建筑结构的内力和位移按弹性方法进行。非抗震设计时，在竖向荷载和风荷载作用下，结构应保持正常的使用状态，结构处于弹性工作阶段；抗震设计时，结构计算是针对多遇的小震进行的，此时结构处于不裂、不坏的弹性阶段。因为属于弹性计算，计算时可利用叠加原理，不同荷载作用时，可以进行内力组合。

（2）一片框架在其自身平面内刚度很大，可以抵抗在自身平面内的侧向力，而在平面外的刚度很小，可以忽略，即垂直于该平面的方向不能抵抗侧向力。因此整个结构可以划分为不同方向的平面抗侧力结构，通过对水平放置的楼板（楼板在其自身平面内刚度很大，可视为刚度无限大的平板），将各平面抗侧力结构连接在一起共同抵抗结构承受的侧向水平荷载。

（3）高层建筑结构的水平荷载主要是风力和等效地震荷载，它们都是作用于楼层的总水平力。水平荷载在各片抗侧力结构之间按各片抗侧力结构的抗侧刚度进行分配，刚度越大，分配到的荷载也越多，不能像低层建筑结构那样按照受荷面积计算各片抗侧力结构的水平荷载。

（4）分别计算每片抗侧力结构在所分到的水平荷载作用下的内力与位移。

## 二、竖向荷载作用下内力的近似计算方法——弯矩二次分配法

框架在结构力学中称为刚架，其内力和位移的计算方法很多，常用的手算方法有力矩分配法、无剪力分配法、迭代法等，均为精确算法；计算机程序分析方法常采用矩阵位移法。而常用的手算近似计算方法主要有分层法、弯矩二次分配法，它们计算简单、易于掌握，又能反映刚架受力和变形的基本特点。本节主要介绍竖向荷载作用下手算近似计算方法—弯矩二次分配法。

多层多跨框架在竖向荷载作用下，侧向位移较小，计算时可忽略侧移影响，采用力矩分配法进行计算。由精确分析可知，每层梁的竖向荷载对其他各层杆件内力的影响不大，因此多层框架某节点的不平衡弯矩仅对其相邻节点影响较大，对其他节点的影响较小，因而可将弯矩分配法简化为各节点的弯矩二次分配和对和其相交杆件远端的弯矩一次传递，此即为弯矩二次分配法。

以上两点即为弯矩二次分配法计算所采用的两个假定，即：

（1）在竖向荷载作用下，可忽略框架的侧移。

（2）本层横梁上的竖向荷载对其他各层横梁内力的影响可忽略不计。即荷载在本层结点产生不平衡力矩，经过分配和传递，才影响到本层的远端；然后，在杆件远端再经过分配，才影响到相邻的楼层。

结合结构力学力矩分配法的计算原则和上述假定，弯矩二次分配法的计算步骤可概括为：

（1）计算框架各杆件的线刚度、转动刚度和弯矩分配系数。

（2）计算框架各层梁端在竖向荷载作用下的固端弯矩。

（3）对于由固端弯矩在各结点产生的不平衡弯矩，按照弯矩分配系数进行第一次分配。

（4）按照各杆件远端的约束情况取不同的传递系数（当远端刚接，传递系数均取1/2；当远端为定向支座，传递系数取为-1），将第一次分配到杆端的弯矩向远端传递。

（5）将各结点由弯矩传递产生的新的不平衡弯矩，按照弯矩分配系数进行第二次分配，使各结点上的弯矩达到平衡。因此，整个弯矩分配和传递过程即告结束。

（6）将各杆端的固端弯矩、分配弯矩和传递弯矩叠加，即得各杆端弯矩。

这里经历了"分配——传递——分配"三道运算，余下的影响已经很小，可以忽略。

竖向荷载作用下可以考虑梁端塑性内力重分布而对梁端负弯矩进行调幅，现浇框架调幅系数可取 0.80 ~ 0.90。一般在计算中可以采用 0.85。将梁端负弯矩值乘以 0.85 的调幅系数，然后跨中弯矩相应增大。但一定要注意，弯矩调幅只影响梁自身的弯矩，柱端弯矩仍然要按照调幅前的梁端弯矩求算。

## 三、水平荷载作用下内力的近似计算方法——反弯点法与D值法

### （一）反弯点法

框架所受水平荷载主要是风荷载和水平地震作用，它们一般都可简化为作用于框架节点上的水平集中力。各杆的弯矩图都呈直线形，且一般都有一个零弯矩点，称为反弯点。反弯点所在截面上的内力为剪力和轴力（弯矩为零），如果能求出各杆件反弯点处的剪力，并确定反弯点高度，则可求出各柱端弯矩，进而求出各梁端弯矩。为此假定：

（1）在求各柱子所受剪力时，假定各柱子上、下端都不发生角位移，即认为梁、柱线刚度之比为无限大。

（2）在确定柱子反弯点的位置时，假定除了底层以外的各个柱子的上、下端节点转角均相同，即假定除底层外，各柱反弯点位于1/2柱高处，底层柱子的反弯点位于距柱底 2/3 高度处。

一般认为，当梁的线刚度和柱的线刚度之比超过 3 时，上述假定基本能满足，计算引起的误差能满足工程设计的精度要求。

### （二）D值法

反弯点法在考虑柱侧移刚度时，假设节点转角为零，亦即横梁的线刚度假设为无穷大。对于层数较多的框架，由于柱轴力大，柱截面也随着增大，梁柱相对线刚度比较接近，甚至有时柱的线刚度反而比梁大，这样，上述假定将得不到满足，若仍按该方法计算，将产生较大的误差。此外，采用反弯点法计算反弯点高度时，假设柱上下节点转角相等，而实际上这与梁柱线刚度之比、上下层横梁的线刚度之比、上下层层高的变化等因素有关。日本武藤清教授在分析了上述影响因素的基础上，对反弯点法中柱的抗侧刚度和反弯点高度进行了修正。修正后的柱抗侧刚度以 D 表示，故此法又称为"D 值法"。D 值法的计算步骤与反弯点法相同，因而计算简单、实用、精度比反弯点法高，在高层建筑结构设计中得到广泛应用。

D 值法也要解决两个主要问题：确定抗侧移刚度和反弯点高度。下面分别进行讨论。

#### 1. 修正后的柱抗侧刚度 D

当梁柱线刚度比为有限值时，在水平荷载作用下，框架不仅有侧移，而且各节点

还有转角。

在有侧移和转角的标准框架（即各层等高、各跨相等、各层梁和柱线刚度都不改变的多层框架）中取出一部分。柱 1、2 有杆端相对线位移 $\delta_2$，并且两端有转角 $\theta_1$ 和 $\theta_2$，由转角位移方程，杆端弯矩为

$$M_{12} = 4i_c\theta_1 + 2i_c\theta_2 - \frac{6i_c}{h}\delta_2$$

$$M_{21} = 2i_c\theta_1 + 4i_c\theta_2 - \frac{6i_c}{h}\delta_2$$

(2-1)

可求得杆的剪力为

$$V = \frac{12i_c}{h^2}\delta - \frac{6i_c}{h}\left(\theta_1 + \theta_2\right) \quad \text{(a)}$$

(2-2)

令

$$D = \frac{V}{\delta} \quad \text{(b)}$$

(2-3)

$D$ 值也称为柱的抗侧移刚度，定义与 $D'$ 相同，但 $D$ 值和位移 $\delta$ 和转角 $\theta$ 均有关。

因为是标准框架，假定各层梁柱节点转角相等，即 $\theta_1 = \theta_2 = \theta_3 = \theta$，各层层间位移相等，即 $\delta_1 = \delta_2 = \delta_3 = \delta$。取中间节点 2 为隔离体，利用了转角位移方程，由平衡条件 $\Sigma M = 0$，可得

$$(4+4+2+2)i_c\theta + (4+2)i_1\theta + (4+2)i_2\theta - (6+6)i_c\frac{\delta}{h} = 0$$

(2-4)

经整理可得

$$\theta = \frac{2}{2+\left(i_1+i_2\right)/i_c}\cdot\frac{\delta}{h} = \frac{2}{2+K}\cdot\frac{\delta}{h}$$

(2-5)

上式反映转角 $\theta$ 与层间位移 $\delta$ 的关系，将此关系代入式（a）和（b），得到

$$D = \frac{V}{\delta} = \frac{12i_c}{h^2} - \frac{6i_c}{h^2}\cdot 2\cdot\frac{2}{2+K} = \frac{12i_c}{h^2}\cdot\frac{K}{2+K}$$

(2-6)

令

$$\alpha = \frac{K}{2+K}$$

则

$$D = \alpha\frac{12i_c}{h^2}$$

(2-7)

在上面的推导中，$K = \dfrac{i_1 + i_2}{i_c}$，为标准框架梁柱的线刚度比，$\alpha$ 值表示梁柱刚度比对柱抗侧移刚度的影响。当 $K$ 值无限大时，$\alpha = 1$，所得 $D$ 值与 $D'$ 值相等；当 $K$ 值较小时，$\alpha < 1$，$D$ 值小于 $D'$ 值。所以，称 $\alpha$ 为柱抗侧移刚度修正系数。

在普通框架（即非标准框架）中，中间柱上、下、左、右四根梁的线刚度都不相等，这时取线刚度平均值 $K$，即

$$K = \frac{i_1 + i_2 + i_3 + i_4}{2i_c} \tag{2-8}$$

对于边柱，令 $i_1 = i_3 = 0$（或 $i_2 = i_1 = 0$），可得

$$K = \frac{i_2 + i_4}{2i_c} \tag{2-9}$$

对于框架的底层柱，由于底端为固结支座，无转角，亦可采取类似方法推导底层柱的 $D$ 值及 $\alpha$ 值，过程略。

求出柱抗侧移刚度 $D$ 值后，和反弯点法类似，假定同一楼层各柱的侧移相等，可得各柱的剪力：

$$V_{jk} = \frac{D_{jk}}{\sum\limits_{k=1}^{m} D_{jk}} V_{Fj} \tag{2-10}$$

式中：$V_{jk}$——第 $j$ 层第 $k$ 柱的剪力；

$D_{jk}$——第 $j$ 层第 $k$ 柱的抗侧移刚度 $D$ 值；

$\sum\limits_{k=1}^{m} D_{jk}$ ——第 $j$ 层所有柱抗侧移刚度 $D$ 值总和；

$V_{Fj}$——外荷载在框架第 $j$ 层所产生的总剪力。

**2. 修正柱反弯点高度比**

影响柱反弯点高度的主要因素是柱上、下端的约束条件，影响柱两端约束刚度的主要因素如下：

①结构总层数及该层所在位置；

②梁、柱的线刚度比；

③荷载形式；

④上层梁与下层梁的刚度比；

⑤上、下层层高变化。

为分析上述因素对反弯点高度的影响，可假定框架在节点水平力作用下，同层各节点的转角相等，即假定同层各横梁的反弯点均在各横梁跨度的中央而该点又无竖向位移。当上述影响因素逐一发生变化时，可分别求出柱端至柱反弯点的距离（反弯点

高度），并制成相应的表格，以供查用。

①柱标准反弯点高度比。

标准反弯点高度比是在各层等高、各跨相等、各层梁和柱线刚度都不改变的多层框架在水平荷载作用下求得的反弯点高度比。为了方便使用，将标准反弯点高度比的值制成表格。可从表中查得标准反弯点高度比为。

②上、下梁刚度变化时的反弯点高度比修正值 $y_1$。

当某柱的上梁与下梁的刚度不等，柱上、下节点转角不同时，反弯点位置将向横梁刚度较小的一侧偏移，因而必须对标准反弯点高度进行修正，修正值为 $y_1$。

③上、下层高度变化时反弯点高度比修正值 $y_2$ 和 $y_2$。

# 第二节　钢筋混凝土框架的延性设计

位于设防烈度 6 度及 6 度以上地区的建筑都要按规定进行抗震设计，除了必须具有足够的承载力和刚度外，还应具有良好的延性和耗能能力。钢结构的材料本身就具有良好的延性，而钢筋混凝土结构要通过延性设计，才能实现延性的结构。

## 一、延性结构的概念

延性是指构件和结构屈服后，在强度或承载力没有大幅度下降的情况下，仍然具有足够塑性变形能力的一种性能，一般用延性比表示延性。塑性变形可以耗散地震能量，大部分抗震结构在中震作用下都能进入塑性状态而耗能。

### （一）构件延性比

对钢筋混凝土构件，当受拉钢筋屈服以后，即进入塑性状态，构件刚度降低，随后来变形迅速增加，构件承载力略有增大，当承载力开始降低，就达到极限状态。延性比是指极限变形（曲率、转角或挠度）与屈服变形（曲率、转角或挠度）的比值。屈服变形的定义是钢筋屈服时的变形，极限变形一般定义为承载力降低 10% ～ 20% 时的变形。

### （二）结构延性比

对一个钢筋混凝土结构，当某个杆件出现塑性铰时，结构开始出现塑性变形，但结构刚度只略有降低；当出现的塑性铰杆件增多以后，塑性变形增大，结构刚度继续降低；当塑性铰达到一定数量以后，结构也会出现"屈服"现象，即结构进入塑性变形迅速增大而承载力略微增大的阶段，是"屈服"后的弹塑性阶段。

当结构设计成延性结构时，因为塑性变形可以耗散地震能量，结构变形虽然会增大，但结构承受的地震作用（惯性力）不会很快上升，内力也不会再增大，因此结构具有延性时，可降低对其承载力的要求，也可以说，延性结构是用它的变形能力（而不是承载力）抵抗罕遇地震作用的；反之，如果结构的延性不好，则必须有足够大的承载力以抵抗地震作用。然而后者需要更多的材料，对于地震发生概率极小的抗震结构，设计为延性结构是一种经济的对策。

## 二、延性框架设计的基本措施

为了实现抗震设防目标，钢筋混凝土框架应设计成具有较好耗能能力的延性结构。耗能能力通常可用往复荷载作用下构件或结构的力－变形滞回曲线包含的面积度量。在变形相同的情况下，滞回曲线包含的面积越大，则耗能能力越大，对抗震越有利。梁的耗能能力大于柱的耗能能力，构件弯曲破坏的耗能能力大于剪切破坏的耗能能力。通过对地震震害、试验研究和理论分析得出，钢筋混凝土延性框架设计应满足以下基本要求。

### （一）强柱弱梁

震害、试验研究和理论分析结果表明，梁铰机制 [ 指塑性铰出在梁端（注意不允许在梁的跨中出铰，因为这样容易导致局部破坏），除了柱角外，柱端无塑性铰，是一种整体机制 ] 优于柱铰机制（是指在同一层所有柱的上、下端形成塑性铰，是一种局部机制）。梁铰分散在各层，不至于形成倒塌机构，而柱铰集中在某一层，塑性变形集中在该层，该层为柔性层或薄弱层，形成倒塌机构；且梁铰的数量远多于柱铰的数量，在同样大小的塑性变形和耗能要求下，对梁铰的塑性转动能力要求低，对柱铰的塑性转动能力要求高；此外，梁是受弯构件，容易实现大的延性和耗能能力，柱是压弯构件，尤其是轴压比大的柱，不容易实现大的延性和耗能能力。因此，应将钢筋混凝土框架尽量设计成"强柱弱梁"，即汇交在同一节点的上以及下柱端截面在轴压力作用下的受弯承载力之和应大于两侧梁端截面受弯承载力之和。实际工程中，很难实现完全梁铰机制，往往是既有梁铰，又有柱铰的混合机制。

### （二）剪弱弯

弯曲（压弯）破坏优于剪切破坏。梁、柱剪切破坏属于脆性破坏，延性小，力－变形滞回曲线"捏拢"严重，构件的耗能能力差，而弯曲破坏为延性破坏，滞回曲线包含的面积大，构件耗能能力好。所以，梁、柱构件应按"强剪弱弯"设计，即梁、柱的受剪承载力应分别大于其受弯承载力对应的剪力，推迟或避免其发生剪切破坏。

## （三）强节点，强锚固

梁－柱核芯区的破坏为剪切破坏，可能导致框架失效。在地震往复作用下，伸入核芯区的纵筋和混凝土之间的黏结破坏会导致梁端转角增大，从而导致层间位移增大，因此不允许发生核芯区破坏以及纵筋在核芯区的锚固破坏。在设计时做到"强节点、强锚固"，即核芯区的受剪承载力应大于汇交在同一节点的两侧梁达到受弯承载力时对应的核芯区剪力，在梁、柱塑性铰充分发展前，核芯区不破坏；同时，伸入核芯区的梁、柱纵向钢筋在核芯区内应有足够的锚固长度，避免因黏结、锚固破坏而使层间位移增大。

## （四）限制柱轴压比并进行局部加强

钢筋混凝土小偏心受压柱的混凝土相对受压区高度大，导致其延性和耗能能力降低，因此小偏压柱的延性和耗能能力显著低于大偏心受压柱。在设计中，可通过限制框架柱的轴压比（平均轴向压应力与混凝土轴心抗压强度之比），并采取配置足够的箍筋等措施，从而获得较大的延性和耗能能力。

除此之外，还应提高和加强柱根部以及角柱、框支柱等受力不利部位的承载力和抗震构造措施，推迟或避免其过早破坏。

# 三、框架梁抗震设计

## （一）影响框架梁延性的主要因素

框架梁的延性对于结构抗震耗能能力有较大影响，主要的影响因素有以下几个方面：

### 1. 纵筋配筋率

截面受压区相对高度 $\zeta$ 值越大的梁，截面抵抗弯矩越大，但延性减小。当 $\zeta=0.20 \sim 0.35$ 时，梁的延性系数可达 $3 \sim 4$。即在适筋梁的范围内，受弯构件的延性随受拉钢筋配筋率的提高而降低，随受压钢筋配筋率的提高而提高，随混凝土强度的提高而提高，随钢筋屈服强度的提高而降低。

### 2. 剪压比

剪压比即为梁截面上的"名义剪应力" $\frac{V}{bh_0}$ 与混凝土轴心抗压强度设计值 $f_c$ 的比值。试验结果表明，梁塑性铰区的截面剪压比对梁的延性、耗能能力以及保持梁的强度、刚度有明显的影响。当剪压比大于 0.15 时，梁的强度和刚度有明显的退化，剪压比越高则退化越快，混凝土破坏越早，这时增加箍筋用量也不能发挥作用，因此必须要限制截面剪压比，即限制截面尺寸不能过小。

### 3. 跨高比

梁的跨高比是指梁净跨与梁截面高度之比，它对于梁的抗震性能有明显的影响。随着跨高比的减小，剪力的影响增大，剪切变形占全部位移的比重亦增大。试验结果表明，当梁的跨高比小于 2 时，极易发生以斜裂缝为特征的破坏形态。一旦主斜裂缝形成，梁的承载力就急剧下降，从而使延性大幅度下降。一般认为，梁净跨不宜小于截面高度的 4 倍。当梁的跨度较小，而梁的设计内力较大时，宜首先考虑增大梁的宽度，虽然这样会增加梁的纵筋用量，但是对提高梁的延性却十分有利。

### 4. 塑性铰区的箍筋用量

在塑性铰区配置足够的封闭式箍筋，对提高塑性铰的转动能力是十分有效的。可以防止梁受压纵筋的过早压屈，提高塑性铰区混凝土的极限压应变，并且可阻止斜裂缝的开展，从而提高梁的延性。因此在框架梁端塑性校区范围内，箍筋必须加密。

## （二）框架梁正截面受弯承载力设计

框架梁正截面受弯承载力计算可参考一般的混凝土结构设计原理教材。当考虑地震作用组合时，应考虑相应的承载力抗震调整系数 $\gamma_{RE}$。

为了保证框架梁的延性，在梁端截面必须配置受压钢筋（双筋截面），同时要限制混凝土受压区的高度。具体要求如下：

$$\text{一级抗震：} x, \ 0.25h_0, \frac{A_s'}{A_s}..0.5 \tag{2-11}$$

$$\text{二、三级抗震：} x, \ 0.35h_0, \frac{A_s'}{A_s}..0.3 \tag{2-12}$$

同时，抗震结构中梁的纵向受拉钢筋配筋率不应小于表 2-1 规定的数值。

表 2-1　框架梁纵向受拉钢筋最小配筋百分比（%）

| 抗震等级 | 梁中位置 | |
| --- | --- | --- |
| | 支座 | 跨中 |
| 一级 | 0.40 和 80$f_t/f_y$ 中的较大值 | 0.30 和 65$f_t/f_y$ 中的较大值 |
| 二级 | 0.30 和 65$f_t/f_y$ 中的较大值 | 0.25 和 55$f_t/f_y$ 中的较大值 |
| 三、四级 | 0.25 和 55$f_t/f_y$ 中的较大值 | 0.20 和 45$f_t/f_y$ 中的较大值 |

梁跨中截面受压区高度控制与非抗震设计时相同。

## （三）框架梁斜截面受剪承载力设计

为了保证框架梁在地震作用下的延性性能，减小梁端塑性铰区发生脆性剪切破坏的可能性，梁端的斜截面受剪承载力应高于正截面受弯承载力，即设计成"强剪弱弯"构件，应对梁端的剪力设计值按如下规定进行调整。

一、二、三级的框架梁和抗震墙的连梁，其梁端截面组合的剪力设计值应按下式调整：

$$V = \eta_{vb}\left(M_b^l + M_b^r\right)/l_n + V_{Gb} \tag{2-13}$$

一级的框架结构和9度的一级框架梁、连梁可不按上式调整，但应当符合下式要求：

$$V = 1.1\left(M_{baa}^l + M_{Gb}^r\right)/l + V \tag{2-14}$$

式中：$V$——梁端截面组合的剪力设计值；

$M_b^l$, $M_b^r$——梁左、右端顺时针或反时针方向组合的弯矩设计值，一级框架两端弯矩均为负弯矩时，绝对值较小端的弯矩取零；

$l_n$——梁的净跨；

$V_{Gb}$——梁在重力荷载代表值（9度时高层建筑还应包括竖向地震作用标准值）作用下，按简支梁分析的梁端截面剪力设计值；

$M_{bna}^l$, $M_{bna}^r$——梁左、右端反时针或者顺时针方向实配的正截面抗震受弯承载力所对应的弯矩值，根据实配钢筋面积（计入受压钢筋和有效板宽范围内的楼板钢筋）和材料强度标准值确定；

$\eta_{vb}$——梁端剪力增大系数，一级为 1.3，二级为 1.2，三级为 1.1。

设梁端纵向钢筋实际配筋量为 $A_s^a$，则梁端的正截面受弯抗震极限承载力近似地可取为

$$M_{bua} = A_s^a f_{yk}\left(h_0 - a_s'\right)/\gamma_{RE} \tag{2-15}$$

梁端受压钢筋及楼板中的配筋也会提高梁的抗弯承载力，从而提高梁中的剪力，因此计算 $A_s^a$ 时，要考虑受压钢筋以及有效板宽范围内的板筋。其中有效板宽范围可取为梁每侧 6 倍板厚的范围，楼板钢筋即取有效板宽范围内平行框架梁方向的板内实配钢筋。

梁的受剪承载力按下列公式验算：

无地震作用组合时

$$V_n \quad \alpha_{ev} f_t b h_0 + f_{yv}\frac{A_{sv}}{s}h_0 \tag{2-16}$$

有地震作用组合时

$$V_n \ \frac{1}{\gamma_{RE}}\left(0.6\alpha_{cv}f_1bh_0 + f_{yv}\frac{A_{sv}}{s}h_0\right) \tag{2-17}$$

式中：$\alpha_{ev}$——斜截面混凝土受剪承载力系数，对于一般受弯构件，取 0.7。对集中荷载作用下（包括作用有多种荷载，其中集中荷载对支座截面或者节点边缘所产生的剪力值占总剪力的 75% 以上的情况）的独立梁，$\alpha_{ev}=\frac{1.75}{\lambda+1}$，$\lambda$ 为计算截面的剪跨比，可取 $\lambda=a/h_0$（当 $\lambda < 1.5$ 时，取 1.5，当 $\lambda > 3$ 时，取 3，$a$ 取集中荷载作用点至支座截面或节点边缘的距离）。

$A_{sv}$——配置在同一截面内箍筋各肢的全部截面面积，即 $nA_{sv1}$，此处，$n$ 为在同一个截面内箍筋的肢数，$A_{sv1}$ 为单肢箍筋的截面面积。

$f_{yv}$——箍筋的抗拉强度设计值。

$h_0$——截面有效高度；

$s$——箍筋沿柱高度方向的间距；

$\gamma_{RE}$——承载力抗震调整系数，按《混凝土结构设计规范》（GB50010—2010）（以下简称《混凝土规范》）表 11.1.6 取值。

### （四）框架梁抗震构造要求

#### 1. 最小截面尺寸

框架梁的截面尺寸应满足三方面的要求：承载力要求、构造要求以及剪压比限值。承载力要求通过承载力验算实现，后两者通过构造措施实现。

框架主梁的截面高度可按($1/10 \sim 1/18$)$l_b$确定（$l_b$ 为主梁计算跨度），满足此要求时，在一般荷载作用下，可以不验算挠度。框架梁的宽度不宜小于 200mm，高宽比不宜大于 4，净跨与截面高度之比不宜小于 4。

若梁截面尺寸小，导致剪压比（梁截面上的"名义剪应力"$\frac{V}{bh_0}$ 与混凝土轴心抗压强度设计值 $f_c$ 的比值）很大，此时增加箍筋也不能有效防止斜裂缝过早出现，也不能有效提高截面的受剪承载力，因此必须限制梁的名义剪应力，并且将其作为确定梁最小截面尺寸的条件之一。

无地震作用组合时，矩形、T 形和 I 形截面受弯构件的受剪截面应符合下列条件：

$$当 h_w/b,,4 时 ,, 0.25\beta_a f_c bh_0 \tag{2-18}$$

$$当 h_w/b...6 时 V,, 0.2\beta_a f_c bh_0 \tag{2-19}$$

当 $4 < h_w/b < 6$ 时，按线性内插法确定。

有地震作用组合时，对于矩形、T 形和 I 形截面框架梁，当跨高比大于 2.5 时，其受剪截面应符合：

$$V_n \frac{1}{\gamma_{RE}}\left(0.20\beta_c f_c bh_0\right) \qquad (2-20)$$

当跨高比不大于 2.5 时，其受剪截面应符合：

$$V_n \frac{1}{\gamma_{RE}}\left(0.15\beta_c f_c bh_0\right) \qquad (2-21)$$

式中：$V$—— 构件斜截面上的最大剪力设计值；

$\beta_c$—— 混凝土强度影响系数（当混凝土强度等级不超过 C50 时，$\beta_c$ 取 1.0；当混凝土强度等级为 C80 时，$\beta_c$ 取 0.8；其间按线性内插法确定）；

$b$—— 矩形截面的宽度，T 形截面或者 I 形截面的腹板宽度；

$h_0$—— 截面有效高度；

$h_w$—— 截面的腹板高度（矩形截面取有效高度；T 形截面取有效高度减去翼缘高度；I 形截面取腹板净高）。

**2. 梁端箍筋加密区要求**

梁端箍筋加密区长度范围内箍筋的配置，除要满足受剪承载力的要求外，还要满足最大间距和最小直径的要求，如表 2-2 所示。当梁端纵向受拉钢筋配筋率大于 2% 时，表中箍筋最小直径应增大 2mm。

表 2-2　框架梁梁端箍筋加密区的构造要求

| 抗震等级 | 加密区长度 /mm | 箍筋最大间距 /mm | 最小直径 /mm |
|---|---|---|---|
| 一级 | 2 倍梁高和 500 中的较大值 | 纵向构件直径的 6 倍，梁高的 1/4 和 100 中的最小值 | 10 |
| 二级 | 1.5 倍梁高和 500 中的较大值 | 纵向构件直径的 8 倍，梁高的 1/4 和 100 中的最小值 | 8 |
| 三级 | | 纵向构件直径的 8 倍，梁高的 1/4 和 150 中的最小值 | 8 |
| 四级 | | 纵向构件直径的 8 倍，梁高的 1/4 和 150 中的最小值 | 6 |

注：箍筋直径大于 12mm、数量不少于 4 肢且肢距不大于 150mm 时，一、二级的最大间距应允许适当放宽，但不得大于 150mm。

**3. 箍筋构造**

箍筋须为封闭箍，应有 135° 弯钩，弯钩直线段的长度不小于箍筋直径的 10 倍和 75mm 的较大者。

箍筋加密区的箍筋肢距，一级抗震等级下，不宜大于 200mm 和 20 倍箍筋直径的较大值；二、三级抗震等级下，不宜大于 250mm 与 20 倍箍筋直径的较大值；各抗震等级下，均不宜大于 300mm。

梁端设置的第一个箍筋距框架节点边缘不应大于 50mm。非加密区的箍筋间距不宜大于加密区箍筋间距的 2 倍。沿梁全长箍筋的面积配筋率 $\rho_{sv}$ 应符合下列规定：

$$一级抗震 \; \rho_{sv}..0.30\frac{f_t}{f_{yv}} \tag{2-22}$$

$$一级抗震 \; \rho_{sv}..0.28\frac{f_t}{f_{yv}} \tag{2-23}$$

$$三、四级抗震 \; \rho_{sv}..0.26\frac{f_t}{f_{yv}} \tag{2-24}$$

# 四、框架柱抗震设计

在进行框架结构抗震设计时，虽然强调"强柱弱梁"的延性设计原则，但因为地震作用具有不确定性，同时也无法绝对防止柱中出现塑性较，因此设计中应使柱子也具有一定的延性。通过大量试验研究表明，在竖向荷载和往复水平荷载作用下钢筋混凝土框架柱的破坏形态大致有以下几种：压弯破坏或弯曲破坏、剪切受压破坏、剪切受拉破坏、剪切斜拉破坏和黏结开裂破坏。后三种破坏形态中，柱的延性小，耗能能力差，应避免；大偏压柱的压弯破坏延性较大、耗能能力强，所以柱的抗震设计应尽可能实现大偏压破坏。

## （一）影响框架柱延性的主要因素

### 1. 剪跨比

剪跨比是反映柱截面所承受的弯矩与剪力相对大小的参数，表示为

$$\lambda = \frac{M}{Vh} \tag{2-25}$$

式中：$M, V$——柱端截面组合的弯矩计算值和组合的剪力计算值；

$h$——计算方向的柱截面高度。

剪跨比 $\lambda > 2$ 时，称为长柱，多数发生弯曲破坏，但仍然需配置足够的抗剪箍筋。

剪跨比 $\lambda,, 2$ 时，称为短柱，多数会出现剪切破坏，但当提高混凝土等级并配有足够的抗剪箍筋后，可能出现稍有延性的剪切受压破坏。

剪跨比 $\lambda,, 1.5$ 时，称之为极短柱，一般都会发生剪切斜拉破坏，几乎没有延性。

考虑到框架柱的反弯点大都接近中点，为了设计方便，常常用柱的长细比近似表示剪跨比的影响。令 $\lambda = M/Vh = H_0/2h$，可得

$$\frac{H_0}{h} > 4 \quad (\text{为长柱})$$

$$3 \leqslant \frac{H_0}{h} \leqslant 4 \quad (\text{为短柱})$$

$$\frac{H_0}{h} < 3 \quad (\text{为极短柱})$$

式中：$H_0$ —— 柱净高。

因此，在确定方案和结构布置时，在抗震结构中应避免出现短柱，特别应当避免在同一层中同时存在长柱和短柱的情况，否则应采取特殊措施，慎重设计。

### 2. 轴压比

轴压比是指柱的轴向压应力与混凝土轴心抗压强度的比值，表示为

$$n = \frac{N}{f_c A} \tag{2-26}$$

式中：$N$ —— 有地震作用组合的柱轴压力设计值（对于可不进行地震作用计算的结构，如 6 度抗震设防的乙、丙、丁类建筑，取无地震作用组合的轴力设计值）；

$f_c$ —— 混凝土轴向抗压强度设计值；

$A$ —— 柱截面面积。

大量试验结果表明，随着轴压比的增大，柱的极限抗弯承载力提高，但极限变形能力、耗散地震能量的能力都降低，并且对短柱的影响更重。

在长柱中，轴压比越大，混凝土受压区高度越大，压弯构件会从大偏压破坏状态向小偏压破坏过渡，而小偏压破坏几乎没有延性；在短柱中，轴压比加大会使柱从剪压破坏变为脆性的剪拉破坏，破坏时承载能力突然丧失。

### 3. 箍筋

框架柱的箍筋有三个作用：抵抗剪力；对于混凝土提供约束；防止纵筋压屈。箍筋对混凝土的约束程度是影响柱延性和耗能能力的主要因素之一。约束程度除与箍筋的形式有关外，还与箍筋的抗拉强度、数量以及混凝土强度有关，可用配箍特征值 $\lambda_v$ 度量。

$$\lambda_v = \rho_v \frac{f_{yx}}{f_e} \tag{2-27}$$

式中：$\rho_v$ —— 箍筋的体积配箍率；

$f_{yv}$ —— 箍筋的抗拉强度设计值。

配置箍筋的混凝土棱柱体和柱的轴心受压试验结果表明，轴向压应力接近峰值应力时，箍筋约束的核芯混凝土处在三向受压的状态，混凝土的轴心抗压强度和对应的

轴向应变得到提高，同时，轴心受压应力－应变曲线的下降段趋于平缓，意味着混凝土的极限压应变增大，柱的延性增大。

箍筋的形式对核芯混凝土的约束作用也有影响。目前常用的箍筋形式中复合螺旋箍是螺旋箍与矩形箍同时使用的形式，连续复合螺旋箍是指用一根钢筋加工而成的连续螺旋箍。螺旋箍、普通箍和井字形复合箍约束作用的比较，复合箍或者连续复合螺旋箍的约束效果更好。

箍筋间距对约束效果也有影响，箍筋间距大于柱的截面尺寸时，对核芯混凝土几乎没有约束。箍筋间距越小，对核芯混凝土的约束均匀，约束效果越显著。

### 4. 纵筋配筋率

试验研究结果表明，柱截面在纵筋屈服后的转角变形能力，主要受纵向受拉钢筋配筋率的影响，且大致随纵筋配筋率的增大而线性增大。为避免在地震作用下柱过早进入屈服阶段，以及增强柱屈服时的变形能力，提高柱的延性和耗能能力，全部纵筋的配筋率不应过小。

## （二）偏心受压柱正截面承载力计算

框架柱正截面偏心受压承载力计算方法可参见混凝土结构设计原理教材，有地震作用组合和无地震作用组合的验算公式相同，但是有地震作用组合时，应考虑正截面承载力抗震调整系数 $\gamma_{RE}$，同时还应注意以下问题。

### 1. 按强柱弱梁要求调整柱端弯矩设计值。

根据强柱弱梁的要求，在框架梁柱连接节点处，上、下柱端截面在轴力作用下的实际受弯承载力之和应大于节点左、右梁端截面实际受弯承载力之和。在工程设计中，将实际受弯承载力的关系转为内力设计值的关系，采用增大柱端弯矩设计值的方法。

抗震设计时，除顶层、柱轴压比小于 0.15 者及框支梁柱节点外，框架梁、柱节点处考虑地震作用组合的柱端弯矩设计值应按下式计算确定：

一级框架结构及按 9 度抗震设计时的框架：

$$\sum M_c = 1.2 \sum M_{bua} \tag{2-28}$$

其他情况：

$$\sum M_c = \eta_c \sum M_b \tag{2-29}$$

式中：$\sum M_c$——节点上、下柱端截面顺时针或逆时针方向组合弯矩设计值之和（上、下柱端的弯矩设计值，可按弹性分析的弯矩比例进行分配）；

$\sum M_b$——节点左、右梁端截面顺时针或逆时针方向组合弯矩设计值之和（当抗震等级为一级且节点左、右梁端均为负弯矩时，绝对值较小的弯矩应取零）；

$\sum M_{bua}$——节点左、右梁端截面顺时针或逆时针方向实配的正截面抗震受弯承载力所对应的弯矩值之和，可以根据实际配筋面积（计入受压钢筋和梁有效翼缘宽度范围内的楼板钢筋）和材料强度标准值并考虑承载力抗震调整系数计算；

$\eta_c$——柱端弯矩增大系数；对框架结构，二、三级分别取 1.5 和 1.3；对其他结构中的框架，一、二、三、四级分别取 1.4、1.2、1.1 和 1.1。

当反弯点不在层高范围内时，柱端截面的弯矩设计值可取为最不利内力组合的柱端弯矩计算值乘以上述柱端弯矩增大系数。

**2. 框架结构柱固定端弯矩增大**

为推迟框架结构底层柱固定端截面屈服，一、二、三级框架结构的底层柱底截面的弯矩设计值应分别采用考虑地震作用组合的弯矩值与增大系数 1.7、1.5、1.3 的乘积。

**3. 角柱**

抗震设计时，框架角柱应按双向偏心受力构件进行正截面承载力设计，按上述方法调整后的组合弯矩设计值应乘以不小于 1.1 的增大系数。

## （三）偏心受压柱斜截面承载力计算

**1. 剪力设计值**

一、二、三级框架柱两端和框支柱两端的箍筋加密区，应根据强剪弱弯的要求，采用剪力增大系数确定剪力设计值，即：

一级框架结构及按 9 度抗震设计时的框架：

$$V = 1.2\left(M_{cua}^t + M^b\right)/H \tag{2-30}$$

其他情况：

$$V = \eta_{ve}\left(M_c^t + M_c^b\right)/H_n \tag{2-31}$$

式中：$M_c^t$，$M_c^b$——柱上、下端顺时针或逆时针方向截面组合的弯矩设计值（应取按强柱弱梁、底层柱底及角柱要求调整后的弯矩值），并且取顺时针方向之和及逆时针方向之和两者的较大值；

$M_{cua}^b$，$M_{cua}^b$——柱上、下端顺时针或逆时针方向实配的正截面抗震受弯承载力所对应的弯矩值，可根据实际配筋面积、材料强度标准值和重力荷载代表值产生的轴向压力设计值并且考虑承载力抗震调整系数计算；

$H_c$——柱的净高；

$\eta_{ve}$——柱端剪力增大系数（对框架结构，二、三级分别取 1.3 和 1.2；对其他结构类型的框架，一、二、三、四级分别取 1.4、1.2、1.1 和 1.1）。

**2. 截面受剪承载力计算**

矩形截面偏心受压框架柱，其斜截面受剪承载力应按下列公式计算：

持久、短暂设计状况（非抗震设计）：

$$V_n \leqslant \frac{1.75}{\lambda+1} f_t b h_0 + f_{yv} \frac{A_{sv}}{s} h_0 + 0.07N \tag{2-32}$$

地震设计状况：

$$V_n \leqslant \frac{1}{\gamma_{RE}} \left( \frac{1.05}{\lambda+1} f_t b h_0 + f_{yv} \frac{A_{sv}}{s} h_0 + 0.056N \right) \tag{2-33}$$

式中：$\lambda$——框架柱的剪跨比（当 $\lambda < 1$ 时，取 $\lambda=1$；当 $\lambda > 3$ 时，取 $\lambda=3$）；

$N$——考虑风荷载或者地震作用组合的框架柱轴向压力设计值，当 $N$ 大于 $0.3f_cA_c$ 时，取 $0.3f_cA_c$。

当矩形截面框架柱出现拉力时，其斜截面受剪承载力应按下列公式计算：

持久、短暂设计状况（非抗震设计）：

$$V_n \leqslant \frac{1.75}{\lambda+1} f_t b h_0 + f_{yv} \frac{A_{sv}}{s} h_0 + 0.2N \tag{2-34}$$

地震设计状况：

$$V_n \leqslant \frac{1}{\gamma_{RE}} \left( \frac{1.05}{\lambda+1} f_t b h_0 + f_{yv} \frac{A_{sv}}{s} h_0 + 0.2N \right) \tag{2-35}$$

式中：$\lambda$——框架柱的剪跨比；

$N$——与剪力设计值 $V$ 对应的框架柱轴向压力设计值，取绝对值。

当公式(2-33)右端的计算值或者公式(2-34)右端括号内的计算值小于 $f_{yv} \frac{A_{sv}}{s} h_0$ 时，应取等于 $f_{yv} \frac{A_{sv}}{s} h_0$，且 $f_{yv} \frac{A_{sv}}{s} h_0$ 值不应小于 $0.36 f_t b h$。

## （四）框架柱构造措施

### 1. 最小截面尺寸

矩形截面柱的边长，非抗震设计时不宜小于 250mm，抗震设计时，四级不宜小于 300mm，一、二、三级时不宜小于 400mm；圆柱直径，非抗震与四级抗震设计时不宜小于 350mm，一、二、三级时不宜小于 450mm。

柱剪跨比不宜大于 2。

柱截面高宽比不宜大于 3。

为防止由于柱截面过小、配箍过多而产生的斜压破坏，柱截面的剪力设计值（乘以调整增大系数后）应符合下列限制条件（限制名义剪应力）：

无地震作用组合：

$$V_n \ 0.25\beta_c f_c b_c h_{c0} \tag{2-36a}$$

有地震作用组合:

剪跨比大于 2 的柱:

$$V_n \ \frac{1}{\gamma_{RE}}\left(0.20\beta_c f_c b_c h_{c0}\right) \tag{2-36b}$$

剪跨比不大于 2 的柱、框支柱:

$$V_n \ \frac{1}{\gamma_{RE}}\left(0.15\beta_c f_c b_c h_{c0}\right) \tag{2-436c}$$

式中 $\beta_c$——混凝土强度影响系数(当混凝土强度等级不超过 C50 时,$\beta_c$ 取 1.0;当混凝土强度等级为 C80 时,$\beta_c$ 取 0.8;其间按线性内插法确定)。

## 2. 纵向钢筋

柱纵向钢筋的配筋量,除应满足承载力要求外,还应满足表 2-3 所示最小配筋率的要求。同时,柱截面每一侧纵向钢筋配筋率不应小于 0.2%;抗震设计时,对Ⅳ类场地上较高的高层建筑,表中数值应增加 0.1。采用了 335MPa 级、400MPa 级纵向受力钢筋时,应分别按表中数值增加 0.1 和 0.05 采用;当混凝土等级高于 C60 时,表中数值应增加 0.1 采用。

表 2-3  柱纵向钢筋的最小配筋百分比(%)

| 柱类型 | 抗震等级 | | | | 非抗震 |
|---|---|---|---|---|---|
| | 一级 | 二级 | 三级 | 四级 | |
| 中柱、边柱 | 0.9(1.0) | 0.7(0.8) | 0.6(0.7) | 0.5(0.6) | 0.5 |
| 角柱 | 1.1 | 0.9 | 0.8 | 0.7 | 0.5 |
| 框支柱 | 1.1 | 0.9 | — | — | 0.7 |

另外,柱的纵向钢筋配置还应满足下列要求:抗震设计时,宜采用对称配筋。截面尺寸大于 400mm 的柱,一、二、三级抗震设计时,其纵向钢筋间距不宜大于 200mm;四级和非抗震设计时,其纵向钢筋间距不宜大于 300mm。柱纵向钢筋净距均不应小于 50mm。全部纵向钢筋的配筋率,非抗震设计时不宜大于 5%、不应大于 6%,抗震设计时不应大于 5%。一级且剪跨比不大于 2 的柱,其单侧纵向受拉钢筋的配筋率不宜大于 1.2%;边柱、角柱以及剪力墙端柱考虑地震作用组合产生小偏心受拉时,柱内纵筋总截面面积应比计算值大 25%。柱的纵筋不应与箍筋、拉筋以及预埋件等焊接。

## 3. 轴压比限值

抗震设计时,钢筋混凝土柱轴压比不宜超过表 2-4 的规定,对于Ⅳ类场地上较高的高层建筑，其轴压比限值应适当减小。

表 2-4　柱轴压比限值

| 结构类型 | 抗震等级 | | | |
|---|---|---|---|---|
| | 一 | 二 | 三 | 四 |
| 框架结构 | 0.65 | 0.75 | 0.85 | — |
| 板柱-剪力墙、框架-剪力墙、框架-核心筒、筒中筒结构 | 0.75 | 0.85 | 0.90 | 0.95 |
| 部分框支剪力墙结构 | 0.60 | 0.70 | — | |

应注意：

①表中数值适用混凝土强度等级不高于 C60 的柱；当混凝土强度等级为 C65、C70 时，轴压比限值应比表中数值小 0.05；当混凝土强度等级为 C75、C80 时，轴压比限值应比表中数值小 0.10。

②表中数值适用于剪跨比大于 2 的柱；剪跨比不大于 2 但不小于 1.5 的柱，其轴压比限值应比表中数值小 0.05；剪跨比小于 1.5 的柱，其轴压比限值应做专门研究并采取特殊的构造措施。

③当沿柱全高采用井字复合箍，箍筋间距不大于 100mm、肢距不大于 200mm，直径不小于 12mm，或当沿柱全高采用复合螺旋箍，箍筋间距不大于 100mm、肢距不大于 200mm、直径不小于 12mm，或当沿柱全高采用了连续复合螺旋箍，箍筋间距不大于 80mm、肢距不大于 200mm、直径不小于 10mm 时，轴压比限值可比表中数值大 0.10。

④当柱截面中部设置由附加纵向钢筋形成的芯柱，且附加纵向钢筋的截面面积不小于柱截面面积的 0.8% 时，柱轴压比限值可比表中数值大 0.05，但本项措施与上述第③条措施共同采用时，柱轴压比限值可比表中数值大 0.15，但是箍筋配箍特征值仍可按轴压比增加 0.10 的要求确定。

⑤调整后的柱轴压比限值不应大于 1.05。

**4. 箍筋加密区范围**

在地震作用下框架柱可能形成塑性铰的区段，应设置箍筋加密区，使混凝土成为延性好的约束混凝土。剪跨比大于 2 的柱，其底层柱的上端和其他各层柱的两端应分别取矩形截面柱的长边尺寸（或圆形截面柱之直径）、柱净高的 1/6 和 500mm 三者的最大值的范围，底层柱刚性地面上、下各 500mm 的范围，底层柱柱根（柱根指框架柱底部嵌固部位）以上 1/3 柱净高的范围为箍筋加密区。剪跨比不大于 2 的柱和因填充墙等形成的柱净高与截面高度之比不大于 4 的柱则应全高范围内加密；另外，一、二级框架角柱以及需提高变形能力的柱均应全高加密。

柱在加密区的箍筋间距和直径应满足表 2-5 的要求。

表 2-5　柱端箍筋加密区的构造要求

| 抗震等级 | 箍筋最大间距 /mm | 箍筋最小直径 /mm |
|---|---|---|
| 一级 | 6d 和 100 的较小值 | 10 |
| 二级 | 8d 和 100 的较小值 | 8 |
| 三级 | 8d 和 150（柱根 100）的较小值 | 8 |
| 四级 | 8d 和 150（柱根 100）的较小值 | 6（柱根 8） |

注：表中 d 为柱纵筋直径。

### 5. 箍筋加密区的配箍量

加密区的箍筋还应符合最小配箍特征值的要求。

柱箍筋加密区的最小配箍特征值和框架的抗震等级、柱的轴压比以及箍筋形式有关，按表 2-6 采用。设计时，根据框架抗震等级及表 2-6 查得需的最小配箍特征值，即可算出需要的体积配箍率：

$$\rho_{v} = \frac{\lambda_{v} f_{c}}{f_{yv}} \tag{2-37}$$

计算时，混凝土强度等级低于 C35 时取 C35；采用了复合螺旋箍时，其非螺旋箍的箍筋体积应乘以换算系数 0.8。

表 2-6　柱端箍筋加密区最小配箍特征值为 $\lambda_{v}$

| 抗震等级 | 箍筋形式 | 柱轴压比 | | | | | | | | |
|---|---|---|---|---|---|---|---|---|---|---|
| | | ≤ 0.30 | 0.40 | 0.50 | 0.60 | 0.70 | 0.80 | 0.90 | 1.00 | 1.05 |
| 一 | 普通箍、复合箍 | 0.10 | 0.11 | 0.13 | 0.15 | 0.17 | 0.20 | 0.23 | — | — |
| | 螺旋箍、生物电合或连续复合螺旋箍 | 0.08 | 0.09 | 0.11 | 0.13 | 0.15 | 0.18 | 0.21 | — | — |
| 二 | 普通箍、复合箍 | 0.08 | 0.09 | 0.11 | 0.13 | 0.15 | 0.17 | 0.19 | 0.22 | 0.24 |
| | 螺旋箍、复合或连续复合螺旋箍 | 0.06 | 0.07 | 0.09 | 0.11 | 0.13 | 0.15 | 0.17 | 0.20 | 0.22 |
| 三 | 普通箍、复合箍 | 0.06 | 0.07 | 0.09 | 0.11 | 0.13 | 0.15 | 0.17 | 0.20 | 0.22 |
| | 螺旋箍、复合或连续复合螺旋箍 | 0.05 | 0.06 | 0.07 | 0.09 | 0.11 | 0.13 | 0.15 | 0.18 | 0.20 |

箍筋的体积配箍率可按下式计算：普通箍筋与复合箍筋：

$$\rho_v = \frac{n_1 A_{s1} l_1 + n_2 A_{s2} l_2 + n_3 A_{s3} l_3}{A_{cor} s} \tag{2-38a}$$

螺旋箍筋：

$$\rho_v = \frac{4 A_{ss1}}{d_{cor} s} \tag{2-38b}$$

式中：$n_1 A_{s1} l_1 \sim n_3 A_{s3} l_3$——沿 $1 \sim 3$ 方向的箍筋肢数、单肢面积及肢长（复合箍中重复肢长宜扣除）的乘积；

$A_{cor}$，$d_{cor}$——普通箍筋或复合箍筋范围内和螺旋箍筋范围内最大的混凝土核心面积和核心直径；

$S$——箍筋沿柱高度方向的间距；

$A_{ss1}$——螺旋箍筋的单肢面积。

为避免箍筋量过少，体积配箍率还需符合下列要求：

①对一、二、三、四级框架柱，其箍筋加密区范围内箍筋的体积配箍率应分别不小于 0.8%、0.6%、0.4% 和 0.4%。

②剪跨比不大于 2 的柱宜采用复合螺旋箍或者井字复合箍，其体积配箍率不应小于 1.2%；设防烈度为 9 度时，不应小于 1.5%。

6. 箍筋的其他构造要求

抗震设计时，柱箍筋还应满足下列规定：

①箍筋应为封闭式，其末端应做成 135。弯钩且弯钩末端平直段长度不应小于 10 倍箍筋直径，且不应小于 75mm。

②箍筋加密区的箍筋肢距，一级不宜大于 200mm，二、三级不宜大于 250mm 和 20 倍箍筋直径的较大值，四级不宜大于 300mm。每隔一根纵向钢筋，在两个方向均应有箍筋约束；采用了拉筋组合箍时，拉筋宜紧靠纵向钢筋并且勾住封闭箍筋。

③柱非加密区的箍筋，其体积配箍率不宜小于加密区的一半，其箍筋间距，不应大于加密区箍筋间距的 2 倍，且一、二级不应大于 10 倍纵筋直径，三、四级不应大于 15 倍纵筋直径。

# 第三章　剪力墙结构设计

# 第一节　剪力墙结构的受力特点和分类

剪力墙是一种抵抗侧向力的结构单元，与框架柱相比，其截面薄而长（受力方向截面高宽比大于4），在水平荷载作用下，截面抗剪问题比较突出。剪力墙必须依赖各层楼板作为支撑，以保持平面外的稳定。剪力墙不但可以形成单独的剪力墙结构体系，还可与框架等一起形成框架－剪力墙结构体系、框架－筒体结构体系等。

## 一、剪力墙结构的受力特点和计算假定

在水平荷载作用下，悬臂剪力墙的控制截面为底层截面，所产生的内力为水平剪力和弯矩。墙肢截面在弯矩作用下产生下层层间相对侧移较小、上层层间相对侧移较大的"弯曲型变形"，在剪力作用下产生了"剪切型变形"，此两种变形的叠加构成平面剪力墙的变形特征。通常根据剪力墙高宽比可将剪力墙分为高墙、中高墙和矮墙。在水平荷载作用下，随结构高宽比的增大，由弯矩产生的弯曲型变形在整体侧移中所占的比例相应增大，故一般高墙在水平荷载作用下的变形曲线表现为"弯曲型变形曲线"，而矮墙在水平荷载作用下的变形曲线表现为"剪切型变形曲线"。

悬臂剪力墙可能出现的破坏形态有弯曲破坏、剪切破坏、滑移破坏。剪力墙结构应具有较好的延性，细高的剪力墙应设计成弯曲破坏的延性剪力墙，从而避免脆性的

剪切破坏。实际工程中，为了改善平面剪力墙的受力变形特征，常在剪力墙上开设洞口以形成连梁，使单肢剪力墙的高宽比显著提高，从而发生弯曲破坏。

因此，剪力墙每个墙段的长度不宜大于8m，高宽比不应小于2。当墙肢很长时，可通过开洞将其分为长度较小的若干均匀墙段，每个墙段可以是整体墙，也可以是用弱连梁连接的联肢墙。

剪力墙结构由竖向承重墙体和水平楼板及连梁构成，整体性好，在竖向荷载作用下，按45°刚性角向下传力；在水平荷载作用下，每片墙体按其所提供的等效抗弯刚度大小来分配水平荷载。因此剪力墙的内力和侧移计算可简化为竖向荷载作用下的计算以及水平荷载作用下平面剪力墙的计算，并且采用以下假定：

（1）竖向荷载在纵横向剪力墙上均按45°刚性角传力。

（2）按每片剪力墙的承荷面积计算它的竖向荷载，直接计算墙截面上的轴力。

（3）每片墙体结构仅在其自身平面内提供抗侧刚度，在平面外的刚度可忽略不计。

（4）平面楼盖在其自身平面内刚度无限大。当结构的水平荷载合力与结构刚度中心重合时，结构不产生扭转，各片墙在同一层楼板标高处，侧移相等，总水平荷载按各片剪力墙的刚度分配到每片墙。

（5）剪力墙结构在使用荷载作用下的构件材料均处于线弹性阶段。

其中，水平荷载作用下平面剪力墙的计算可按纵、横两个方向的平面抗侧力结构进行分析。剪力墙结构中，在横向水平荷载作用下，只考虑横墙起作用，而"略去"纵墙作用；在纵向水平荷载作用下，则只考虑纵墙起作用，而"略去"横墙作用。此处"略去"是指将其影响体现在与它相交的另一方向剪力墙结构端部存在的翼缘上，将翼缘部分作为剪力墙的一部分来计算。

《高层规程》规定，计算剪力墙结构的内力和位移时，应考虑纵、横墙的共同工作，即纵墙的一部分可作为横墙的有效翼缘，横墙的一部分也可作为纵墙的有效翼缘。

## 二、剪力墙结构的分类

在水平荷载作用下，剪力墙处于二维应力状态，严格说，应该采用平面有限元方法进行计算；但在实用上，大都将剪力墙简化为杆系，采用了结构力学的方法作近似计算。按照洞口大小和分布不同，剪力墙可分为下列几类，每一类的简化计算方法都有其适用条件。

### （一）整体墙和小开口整体墙

没有门窗洞口或者只有很小的洞口，可以忽略洞口的影响。这种类型的剪力墙实际上是一个整体的悬臂墙，符合平面假定，正应力按直线规律分布。这种墙称为整体墙。

当门窗洞口稍大一些，墙肢应力中已出现局部弯矩，但局部弯矩的大小不超过整体弯矩的15%时,可以认为截面变形大体上仍符合平面假定,按材料力学公式计算应力,然后加以适当的修正,这种墙称为小开口整体墙。

## (二) 双肢剪力墙和多肢剪力墙

开有一排较大洞口的剪力墙为双肢剪力墙,开有多排较大洞口的剪力墙为多肢剪力墙。由于洞口开得较大,截面的整体性已经破坏,正应力分布较直线规律差别较大。其中,若洞口更大些,且连梁刚度很大,而墙肢刚度较弱的情况,已接近框架的受力特点,此时也称为壁式框架。

## (三) 开有不规则大洞口的剪力墙

当洞口较大,而排列不规则,这种墙不能简化为杆系模型计算,如果要较精确地知道其应力分布,只能采用平面有限元方法。

以上剪力墙中,除了整体墙和小开口整体墙基本上采用了材料力学的计算公式外,其他大体还有以下一些算法。

### 1. 连梁连续化的分析方法

此法将每一层楼层的连系梁假想为分布在整个楼层高度上的一系列连续连杆,借助于连杆的位移协调条件建立墙的内力微分方程,通过解微分方程求得内力。

### 2. 壁式框架计算法

此法将剪力墙简化为一个等效多层框架。由于墙肢及连梁都较宽,在墙梁相交处形成一个刚性区域,在该区域内墙梁刚度无限大,因此,该等效框架的杆件便成为带刚域的杆件。求解时,可用简化的值法求解,也可以采用杆件有限元及矩阵位移法借助计算机求解。

### 3. 有限元法和有限条法

将剪力墙结构作为平面或空间结构,采用网格划分为若干矩形或三角形单元,取结点位移作为未知量,建立各结点的平衡方程,用计算机求解。该方法对任意形状尺寸的开孔及任意荷载或墙厚变化都能求解,且精度较高。

由于剪力墙结构外形及边界较规整,也可将剪力墙结构划分为条带,即取条带为单元。

# 第二节　剪力墙结构内力及位移的近似计算

## 一、整体墙的近似计算

墙面门窗等的开孔面积不超过墙面面积 15%，且孔间净距以及孔洞至墙边的净距大于孔洞长边尺寸时，可以忽略洞口的影响，将整片墙作为悬臂墙，按材料力学的方法计算内力及位移（计算位移时，要考虑洞口对截面面积及刚度的削弱）。

等效截面面积 $A_q$ 取无洞的截面面积 $A$ 乘以洞口削弱系数 $\gamma_0$，则

$$\left.\begin{array}{l} A_{\mathrm{q}} = \gamma_0 A \\ \gamma_0 = 1 - 1.25\sqrt{A_{\mathrm{d}} / A_0} \end{array}\right\} \tag{3-1}$$

式中：$A$——剪力墙截面毛面积；

$A_d$——剪力墙洞口总立面面积；

$A_0$——剪力墙立面总墙面面积。

等效惯性矩 $I_q$ 取有洞和无洞截面惯性矩沿竖向的加权平均值：

$$I_{\mathrm{q}} = \frac{\sum I_{\mathrm{j}} h_{\mathrm{j}}}{\sum h_{\mathrm{j}}} \tag{3-2}$$

式中：$I_j$——剪力墙沿竖向各段的惯性矩，有洞口时扣除洞口的影响；

$h_j$——各段相应的高度。

计算位移时，以及后面和其他类型墙或框架协同工作计算内力时，由于截面较宽，宜考虑剪切变形的影响。在三种常用荷载作用下，考虑弯曲与剪切变形后的顶点位移公式为

$$\Delta = \begin{cases} \dfrac{11}{60}\dfrac{V_0 H^3}{EI_{\mathrm{q}}}\left(1 + \dfrac{3.64\mu EI_{\mathrm{q}}}{H^2 GA_{\mathrm{q}}}\right) \text{（倒三角形荷载）} \\[4mm] \dfrac{1}{EI_{\mathrm{q}}} H^3\left(1 + \dfrac{4\mu EI_{\mathrm{q}}}{H^2 GA_{\mathrm{q}}}\right) \text{（均布荷载）} \\[4mm] \dfrac{1}{3}\dfrac{V_0 H^3}{EI_{\mathrm{q}}}\left(1 + \dfrac{3\mu EI_{\mathrm{q}}}{H^2 GA_{\mathrm{q}}}\right) \text{（顶部集中荷载）} \end{cases} \tag{3-3a}$$

式中，$V_0$ 为基底 $x=H$ 处的总剪力，即全部水平力之和。括号内后一项反映剪切变

形的影响。为方便，常将顶点位移写成如下形式：

$$\Delta = \begin{cases} \dfrac{11}{60}\dfrac{V_0 H^3}{EI_{eq}} （倒三角形荷载） \\[2mm] \dfrac{1}{8}\dfrac{V_0 H^3}{EI_{eq}} （均布荷载） \\[2mm] \dfrac{1}{3}\dfrac{V_0 H^3}{EI_{eq}} （顶部集中荷载） \end{cases} \qquad (3\text{-}3b)$$

即用只考虑到弯曲变形的等效刚度的形式写出，此处的等效刚度 $EI_{ep}$ 即等于：

$$EI_{eq} = \begin{cases} EI_{q}\Big/\left(1+\dfrac{3.64\mu EI_{q}}{H^2 GA_{q}}\right) （倒三角形荷载） \\[2mm] EI_{q}\Big/\left(1+\dfrac{4\mu EI_{q}}{H^2 GA_{q}}\right) （均布荷载） \\[2mm] EI_{q}\Big/\left(1+\dfrac{3\mu EI_{q}}{H^2 GA_{q}}\right) （顶部集中荷载） \end{cases} \qquad (3\text{-}4)$$

式中，$G$ 为剪切弹性模量；$\mu$ 为剪应力不均匀的系数（矩形截面1，$\mu$ 取1.2，$I$形截面，$\mu=$ 截面全面积 / 腹板面积；$T$形截面，$\mu$ 的取值见表3-1）。

表 3-1　T 形截面剪应力不均匀系数点

| H/t | B/t | | | | | |
|---|---|---|---|---|---|---|
| | 2 | 4 | 6 | 8 | 10 | 12 |
| 2 | 1.383 | 1.496 | 1.521 | 1.511 | 1.483 | 1.445 |
| 4 | 1.441 | 1.876 | 2.287 | 2.682 | 3.061 | 3.424 |
| 6 | 1.362 | 1.097 | 2.033 | 2.367 | 2.698 | 3.026 |
| 8 | 1.313 | 1.572 | 1.838 | 2.106 | 2.374 | 2.641 |
| 10 | 1.283 | 1.489 | 1.707 | 1.927 | 2.148 | 2.370 |
| 12 | 1.264 | 1.432 | 1.614 | 1.800 | 1.988 | 2.178 |
| 15 | 1.245 | 1.374 | 1.519 | 1.669 | 1.820 | 1.973 |
| 20 | 1.228 | 1.317 | 1.422 | 1.534 | 1.648 | 1.763 |
| 30 | 1.214 | 1.264 | 1.328 | 1.399 | 1.473 | 1.549 |
| 40 | 1.208 | 1.240 | 1.284 | 1.334 | 1.387 | 1.442 |

注：$B$——翼缘宽度；$t$——剪力墙厚度；$H$——剪力墙截面高度。

当有多片墙共同承受水平荷载时，总水平荷载按各片墙的等效刚度比例分配给各片墙，即

$$V_{ij} = \frac{(EI_{eq})_i}{\sum (EI_{eq})_i} V_{pj}$$ (3-5)

式中：$V_{ij}$——第 $j$ 层第 $i$ 片墙分配到的剪力；

$V_{pj}$——由水平荷载引起的第 $j$ 层总剪力；

$(EI_{ep})_i$——第 $i$ 片墙的等效抗弯刚度。

## 二、小开口整体墙的计算

小开口整体墙截面上的正应力基本上是直线分布的，产生局部弯曲应力的局部弯矩不超过总弯矩的 15%。另外，在大部分楼层上，墙肢不应有反弯点。从整体来看，墙体类似于一个竖向悬臂构件，其内力与位移可近似按材料力学中组合截面的方法计算，且只需进行局部修正。

试验分析表明，第 $i$ 墙肢在 $z$ 高度处的总弯矩由两部分组成，一部分是产生整体弯曲的弯矩，另一部分是产生局部弯曲的弯矩，通常不超过整体弯矩的 15% 0 故整体小开口墙中墙肢的弯矩、轴力可按下式近似计算：

墙肢弯矩、轴力可按下式计算：

$$\left.\begin{array}{l} M_i = 0.85 M_p \dfrac{I_i}{I} + 0.15 M_p \dfrac{I_i}{\sum I_i} (i = 1, \cdots, k+1) \\ N_i = 0.85 M_p \dfrac{A_i y_i}{I} \end{array}\right\}$$ (3-6)

式中：$M_i, N_i$——各墙肢承担的弯矩、轴力；

$M_p$——外荷载对 $x$ 截面产生的总弯矩；

$A_i$——各墙肢截面面积；

$I_i$——各墙肢截面惯性矩；

$y_i$——各墙肢截面形心到组合截面形心的距离；

$I$——组合截面的惯性矩。

对墙肢剪力，底层 $V_1$ 按墙肢截面面积分配，即

$$V_i = V_0 \frac{A_1}{\sum\limits_{i=1}^{k+1} A_i}$$ (3-7a)

式中：$V_0$——底层总剪力，即全部水平荷载的总和。

其他各层墙肢剪力，可按材料力学公式计算截面的剪应力，各墙肢剪应力之合力

即为墙肢剪力；或按墙肢截面面积和惯性矩比例的平均值分配剪力。这是因为，当各墙肢较窄时，剪力基本上按惯性矩的大小分配；当墙肢较宽时，剪力基本上是按截面面积的大小分配。实际的小开口整体墙各墙肢宽度相差较大，故按两者的平均值进行计算，即

$$V_i = \frac{1}{2}\left(\frac{A_i}{\sum A_i} + \frac{I_i}{\sum I_i}\right)V_0 \tag{3-7b}$$

当剪力墙多数墙肢基本均匀，又符合小开口整体墙的条件，但是夹有个别细小墙肢时，仍可按上述公式计算内力，只是小墙肢端部宜附加局部弯矩的修正．修正后的小墙肢弯矩为

$$M_i' = M_i + V_i\frac{h_i}{2} \tag{3-8}$$

式中：$V_i$—— 小墙肢 $i$ 的墙肢剪力；

$h_i$—— 小墙肢洞口高度。

在三种常用荷载作用下，顶点位移仍按（3-3a）、（3-3b）计算，但是考虑开孔后刚度削弱的影响，应将计算结果乘以 1.20 的系数后采用。

# 三、双肢墙的计算

对双肢墙以及多肢墙，连续化方法是一种相对比较精确的手算方法，而且通过连续化方法可以清楚地了解剪力墙受力和变形的一些规律。

连续化方法将梁看作分散在整个高度上的连续连杆，该方法基于如下假定：

（1）忽略连梁轴向变形，即假定两墙肢水平位移完全相同；

（2）两墙肢各截面的转角和曲率都相等，所以连梁两端转角相等，连梁反弯点在中点；

（3）各墙肢截面、各连梁截面及层高等几何尺寸沿全高是相同的。

由以上假定可见，连续化方法适用于开洞规则、由下到上墙厚及层高都不变的联肢墙。而实际工程中的剪力墙难免会有变化，如果变化不多，可取各层的平均值作为计算参数；但如果变化很不规则，则不能使用本方法。另外，层数越多，计算结果越精确；对于低层和多层剪力墙，采用本方法计算的误差较大。

## （一）基本思路及方程

将每一楼层连梁沿中点切开，去掉多余联系，建立基本静定体系，在连杆的切开截面处，弯矩为 0，剪力为 $\tau(x)$，轴力 $\sigma(x)$ 与所求剪力无关，不必解出其值。由切开处的变形连续条件建立 $\tau(x)$ 的微分方程，求解微分方程可得连杆剪力 $\tau(x)$。将一个楼

层高度范围内各点剪力积分，可还原成一根连梁的剪力。各层连梁的剪力求出后，所有墙肢以及连梁内力均可相继求出。

切开处沿 $\tau(x)$ 方向的变形连续条件可用下式表达：

$$\delta_1(x) + \delta_2(x) + \delta_3(x) = 0 \tag{3-9}$$

式中各符号意义及求解方法如下：

（1）$\delta_1(x)$——由墙肢弯曲变形产生的相对位移。墙肢转角与切口处沿 $\tau(x)$ 方向相对位移关系，由基本假定可知：

$$\theta_{1m} = \theta_{2m} = \theta_m$$

墙肢剪切变形对连梁相对位移无影响，因此：

$$\delta_1(x) = -2c\theta_m(x) \tag{3-10a}$$

转角 $\theta_m$ 以顺时针方向为正，$\tau(x)$ 为正方向，式中负号表示连梁位移与 $\tau(x)$ 方向相反。

（2）$\delta_3(x)$——由墙肢轴向变形所产生的相对位移。在水平荷载作用之下，一个墙肢受拉，另一个墙肢受压，墙肢轴向变形将使连梁切口处产生相对位移，两墙肢轴向力方向相反和大小相等。墙肢底截面相对位移为 0，由 $x$ 到 $H$ 积分可得到坐标为 $x$ 处的相对位移：

$$\delta_2(x) = \frac{1}{E}\left(\frac{1}{A_1} + \frac{1}{A_2}\right)\int_x^H \int_0^x \tau(x)\mathrm{d}x\mathrm{d}x \tag{3-10b}$$

（3）$\delta_3(x)$——由连梁弯曲和剪切变形产生的相对位移，取微段 $\mathrm{d}x$，微段上连杆截面为 $(A_L/h)\mathrm{d}x$，惯性矩为 $(I_L/h)\mathrm{d}x$，把连杆看成端部作用力为 $\tau(x)\mathrm{d}x$ 的悬臂梁，由悬臂梁变形公式可得

$$\delta_3(x) = 2\frac{\tau(x)ha^3}{3EI_L}\left(1 + \frac{3\mu EI_L}{A_L Ga^2}\right) = 2\frac{\tau(x)ha^3}{3E\tilde{I}_L} \tag{3-10c}$$

$$\tilde{I}_L = \frac{I_L}{1 + \dfrac{3\mu EI_L}{A_L Ga^2}} \tag{3-11}$$

式中：$\mu$——剪切不均匀系数；

$G$——剪切模量。

$\tilde{I}_L$ 称之为连梁折算惯性矩，是以弯曲形式表达的、考虑了弯曲和剪切变形的惯性矩。

把式（3-10a）、（3-10b）、（3-10c）代入式（3-9），可得位移协调方程如下：

$$-2c\theta_m + \frac{1}{E}\left(\frac{1}{A_1} + \frac{1}{A_2}\right)\int_x^H \int_0^x \tau(x)\mathrm{d}x\mathrm{d}x + 2\frac{\tau(x)ha^3}{3E\tilde{I}_L} = 0 \tag{3-12a}$$

微分两次，得

$$-2c\theta_{m}'' - \frac{1}{E}\left(\frac{1}{A_1} + \frac{1}{A_2}\right)\tau(x) + \frac{2ha^3}{3E\tilde{I}_L}\tau''(x) = 0 \tag{3-12b}$$

公式（3-12b）称为双肢剪力墙连续化方法的基本微分方程，求解微分方程，就可得到以函数形式表达的未知力 $\tau(x)$。求解结果以相对于坐标表示更为一般化，令截面位置相对坐标 $x/H = \xi$，并引进符号 $m(\xi)$，则

$$\tau(\xi) = \frac{m(\xi)}{2c} = V_0 \frac{T}{2c}\varphi(\xi) \tag{3-13}$$

式中：$m(\xi)$——连梁对墙肢的约束弯矩，$m(\xi) = \tau(\xi)\cdot 2c$，表示连梁对墙肢的反弯作用；

$V_0$——剪力墙底部剪力，与水平荷载形式有关；

$T$——轴向变形影响系数，是表示墙肢与洞口相对关系的一个参数，$T$ 值大表示墙肢相对较细，$T = \frac{\sum\limits_{i=1}^{s} A_i y_i^2}{I}$（其中 $I$ 为组合截面形心的组合截面惯性矩，$y_i$ 为第 $i$ 个墙肢面积形心到组合截面形心的距离）；

$\varphi(\xi)$——系数，其表达式与水平荷载形式有关，如在倒三角形分布荷载作用下：

$$\varphi(\xi) = 1 - (1-\xi)^2 - \frac{2}{\alpha^2} + \left(\frac{2sh\alpha}{\alpha} - 1 + \frac{2}{\alpha^2}\right)\frac{ch\alpha\xi}{ch\alpha} - \frac{2}{\alpha}ch\alpha\xi \tag{3-14}$$

$\varphi(\xi)$ 为 $\alpha$、$\xi$ 的函数。

$\xi$ 为相对坐标；$\alpha$ 与剪力墙尺寸有关，为已知几何参数，称为整体系数，是表示连梁和墙肢相对刚度的一个参数，也是联肢墙的一个重要的几何特征参数，可由连续化方法推导过程中归纳而得。对双肢墙，$\alpha$ 可表达为

$$\alpha = H\sqrt{\frac{6}{Th(I_1 + I_2)} \cdot \tilde{I}_L \frac{c^2}{a^3}} \tag{3-15}$$

式中：$H$,$h$——剪力墙的总高与层高；

$I_1$，$I_2$，$\tilde{I}_L$——两个墙肢和连梁的惯性矩；

$a$, $c$——洞口净宽 $2a$ 和墙肢重心到重心距离 $2c$ 的一半。

整体系数 $\alpha$ 只与联肢剪力墙的几何尺寸有关，是已知的。$\alpha$ 越大，表示连梁刚度与墙肢刚度的相对比值越大，连梁刚度与墙肢刚度的相对比值对联肢墙内力分布和位移的影响越大，因此 $\alpha$ 是一个重要的几何参数。

在工程设计中，考虑到连续化方法将墙肢及连梁简化为杆系体系，在计算简图中连梁应采用带刚域杆件，墙肢轴线间距离为 $2c$，连梁刚域长度为墙肢轴线以内宽度减去连梁高度的 1/4，刚域为不变形部分，除刚域外的变形段为连梁计算跨度，取为 $2a_L$，其值为

$$2a_L = 2a + 2 \times \frac{h_L}{4} \tag{3-16a}$$

在以上各公式中用 $2a_L$ 代替 $2a$。

因为一般连梁跨高比较小，在计算跨度内要考虑连梁的弯曲变形和剪切变形。连梁的折算弯曲刚度由式（3-10）计算，令 $G = 0.42E$，矩形截面连梁剪应力不均匀系数 $\mu = 1.2$，则式（3-11）的连梁折算惯性矩可近似写为

$$\tilde{I}_L = \frac{I_L}{1 + \frac{3\mu EI_L}{A_L G a^2}} = \frac{I_L}{1 + 0.7 \frac{h_L^2}{a_L^2}} \tag{3-16b}$$

## （二）双肢墙内力计算

由连续剪力 $\tau(x)$ 计算连梁内力及墙肢内力的方法如图 3-1 所示。

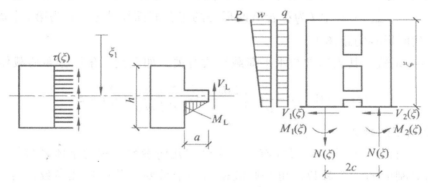

（a）连梁内力 $\tau(\xi)$　（b）连梁剪力、弯矩　（c）墙肢轴力及弯矩

计算 $j$ 层连梁内力时，用该连梁中点处的剪应力 $\tau(\xi_j)$ 乘以层高得到剪力（近似于在层高范围内积分），剪力乘以连梁净跨度的 1/2 得到了连梁根部的弯矩，用该剪力以及弯矩设计连梁截面，即

$$V_{Lj} = \tau(\xi_j)h \tag{3-17a}$$

$$M_{Lj} = V_{Lj} \cdot a \tag{3-17b}$$

已知连梁内力后，可用隔离体平衡条件求出墙肢轴力及弯矩：

$$N_i(\xi) = kM_p(\xi)\frac{A_i y_i}{I} \tag{3-18a}$$

$$M_i(\xi) = kM_p(\xi)\frac{I_i}{I} + (1-k)M_p(\xi)\frac{I_i}{\sum I_i} \tag{3-18b}$$

式中：$M_p(\xi)$——坐标 $\xi$ 处外荷载作用下的倾覆力矩（$\xi = x/H$，为截面的相对坐标）；

$N_i(\xi)$，$M_i(\xi)$——第 $i$ 墙肢的轴力和弯矩；

$I_i, y_i$——第 $i$ 墙肢的截面惯性矩、截面重心到剪力墙总截面重心的距离；

$I$——剪力墙截面总惯性矩，$I = I_1 + I_2 + A_1 y_1^2 + A_2 y_2^2$；

$k$——系数，与荷载形式有关，在倒三角形分布荷载下，可表示为

$$k = \frac{3}{\xi^2(3-\xi)}\left[\frac{2}{\alpha^2}(1-\xi) + \xi^2\left(1-\frac{\xi}{3}\right) - \frac{2}{\alpha^2}ch\alpha\xi + \left(\frac{2sh\alpha}{\alpha} + \frac{2}{\alpha^2} - 1\right)\frac{sh\alpha}{\alpha ch\alpha}\right] \qquad (3-19)$$

公式（3-19）的物理意义可由图3-2来说明。图3-2（c）表示双肢剪力墙截面应力分布，它可以分解为图3-2（d）、（e）两部分。图3-2（d）所示为沿截面直线分布的应力，称为整体弯曲应力，组成每个墙肢的部分弯矩及轴力，分别对应公式（3-18b）的第一项；图3-2（e）所示为局部弯曲应力，是组成每个墙肢弯矩的另一部分，对应于公式（3-18b）的第二项。

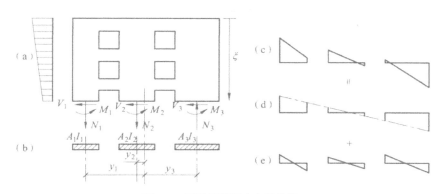

图 3-2　双肢墙截面应力的分解

系数 k 的物理意义为两部分弯矩的百分比，上值较大，则整体弯矩及轴力较大，局部弯矩较小，这时截面上总应力分布［见图3-2（c）］更接近直线，可能一个墙肢完全受拉，另一个墙肢完全受压；k 值较小，截面上应力锯齿形分布更明显，每个墙肢都有拉、压应力。

由式（3-19）可见，系数 k 是 $\xi$ 和 $\alpha$ 的函数。$k-\alpha-\xi$ 是一族曲线，$\xi$ 不同的各个截面，k 值曲线不同。其曲线的特点是：当 $\alpha$ 很小时，k 值都很小，截面内以局部弯矩为主；当 $\alpha$ 增大时，k 值增大；$\alpha$ 大于10以后，k 值都趋近于1，截面内以整体弯矩为主。

如果某个联肢墙的 $\alpha$ 很小（$\alpha$, 1），意味连梁对墙肢的约束弯矩很小，此时可以忽略连梁对墙肢的影响，把连梁近似看成铰接连杆，墙肢成为单肢墙，计算时可看成多个单片悬臂剪力墙。

墙肢剪力可近似按公式（3-5）计算，式中等效刚度取考虑剪切变形的墙肢弯曲刚度，由式（3-4）近似计算。剪力计算采用的是近似方法，和连续化方法无关。

## （三）双肢墙的位移与等效刚度

通过连续化方法还可求出联肢墙在水平荷载作用下的位移，位移函数与水平荷载形式有关，在倒三角形分布荷载作用下，其顶点位移（$\xi = 0$）公式为

$$\Delta = \frac{11}{60} \frac{V_0 H^3}{E \sum I_i} \left(1 + 3.64\gamma^2 - T + \psi_\alpha T\right) \tag{3-20a}$$

式中：$\gamma^2$——墙肢剪切变形影响系数，

$$\gamma^2 = \frac{E \sum I_i}{H^2 G \sum A_i / \mu_i} \tag{3-20b}$$

$T$——墙肢轴向变形影响系数，对于多肢剪力墙，墙肢轴向变形影响系数 $T$ 可按表 3-2 近似取值；

表 3-2  多肢剪力墙轴向变形影响系数 $T$ 近似值

| 墙肢数目 | 3～4 肢 | 5～7 肢 | 8 肢以上 |
|---|---|---|---|
| T | 0.80 | 0.85 | 0.90 |

$\psi_\alpha$——系数，为几何参数 a 的函数，与荷载形式有关，倒三角形分布荷载的系数为

$$\psi_\alpha = \frac{60}{11} \frac{1}{\alpha^2} \left(\frac{2}{3} + \frac{2sh\alpha}{\alpha^3 ch\alpha} - \frac{2}{\alpha^2 ch\alpha} - \frac{sh\alpha}{\alpha ch\alpha}\right)$$

$\psi_\alpha$ 可根据荷载形式制成表格，可根据 a 值查得。

为应用方便，引入等效刚度的概念。剪力墙的等效刚度就是将墙的弯曲、剪切和轴向变形之后的顶点位移，按顶点位移相等的原则，折算成一个只考虑弯曲变形的等效竖向悬臂杆的刚度。如受均布荷载的悬臂杆，只考虑到弯曲变形时的顶点位移为 $\Delta = \frac{1}{8} \frac{qH^4}{EI} = \frac{1}{8} \frac{V_0 H^3}{EI}$。

由式（3-20a）可得等效抗弯刚度。用悬臂墙顶点位移公式表达顶点位移。即

$$\Delta = \frac{11}{60} \frac{V_0 H^3}{EI_{eq}} \tag{3-21a}$$

等效刚度

$$EI_{eq} = \frac{E \sum I_i}{1 + 3.64\gamma^2 - T + \psi_a T} \tag{3-21b}$$

# 四、双肢墙、多肢墙计算步骤及计算公式汇总

下面按计算步骤列出主意计算公式，式中几何尺寸及截面几何参数符号见双肢墙和多肢墙。下面的计算公式中，凡未特殊注明者，双肢墙取 $k=1$。

## （一）计算几何参数

首先算出各墙肢截面的 $A_i$，$I_i$ 及连梁截面的 $A_L$、$I_L$，然后计算以下各参数。
连梁考虑剪切变形的折算惯性矩：

$$\tilde{I}_L = \frac{I_L}{1+\dfrac{3\mu EI_L}{a_i^2 A_L G}} = \frac{I_L}{1+\dfrac{7\mu I_L}{a_i^2 A_L}} \tag{3-22}$$

式中，$a_i = a_{i0} + \dfrac{h_{bi}}{4}$（$a_{i0}$ 连梁净跨之半，$a_{bi}$ 连梁高度）。
连梁刚度：

$$D_i = \tilde{I}_L c_i^2 / a_i^3 \tag{3-23}$$

## （二）计算综合参数

未考虑到轴向变形影响的整体参数（梁墙刚度比），按公式（3-24）计算：

$$\alpha_1^2 = \frac{6H^2 \sum\limits_{i=1}^{k} D_i}{h \sum\limits_{i=1}^{k+1} I_i} \tag{3-24}$$

轴向变形影响参数 $T$，对于双肢墙可按式（3-25）计算。

$$T = \frac{\sum A_i y_i^2}{I} = \frac{A_1 y_1^2 + A_2 y_2^2}{I_1 + I_2 + A_1 y_1^2 + A_2 y_2^2} \tag{3-25}$$

考虑轴向变形的整体系数，按公式（3-26）计算：

$$\alpha^2 = \frac{\alpha_1^2}{T} \tag{3-26}$$

对墙肢少、层数多、$\dfrac{H}{B} \cdots 4$ 时，可不考虑墙肢剪切变形的影响，取 $\gamma^2 = 0$。等效刚度 $I_{ep}$：供水平力分配及求顶点位移用，其计算如下：

$$I_{eq} = \begin{cases} \sum I_i / \left[(1-T) + T\psi_\alpha + 3.64\gamma^2\right] （倒三角形荷载） \\ \sum I_i / \left[(1-T) + T\psi_\alpha + 4\gamma^2\right] （均布荷载） \\ \sum I_i / \left[(1-T) + T\psi_\alpha + 3\gamma^2\right] （顶部集中力） \end{cases} \tag{3-27}$$

## （三）内力计算

（1）各列连梁约束弯矩分配系数，按公式（3-28）计算：

$$\eta_i = \frac{D_i\varphi_i}{\sum\limits_{i=1}^{k}D_i\varphi_i} \quad \text{i-1} \tag{3-28}$$

（2）连梁的剪力和弯矩为：

$$V_{1,ij} = \frac{\eta_i}{2c_i}ThV_0\varphi(\xi) \tag{3-29}$$

$$M_{L,ij} = V_{L,ij}a_{i0} \tag{3-29}$$

式中：$V_0$——底部总剪力。

（3）墙肢轴力

$$N_{1j} = \sum_{s=j}^{n}V_{L,1s} \quad （第 1 肢） \tag{3-30a}$$

$$N_{ij} = \sum_{s=j}^{n}\left(V_{L,is} - V_{L,(i-1)s}\right) \quad （第 2 到第 k 肢） \tag{3-30b}$$

$$N_{k+1,j} = \sum_{s=j}^{n}V_{L,ks} \quad （第 k+1 肢） \tag{3-30C}$$

（4）墙肢的弯矩和剪力

第 $j$ 层第 $i$ 肢的弯矩按弯曲刚度来分配，剪力按折算刚度来分配：

$$M_{ij} = \frac{I_i}{\sum I_i}\left(M_{pj} - \sum_{s=j}^{n}m_s\right) \tag{3-31}$$

$$V_{ij} = \frac{\tilde{I}_i}{\sum \tilde{I}_i}V_{pj} \tag{3-32}$$

式中：$\tilde{I}_i = \dfrac{I_i}{1+\dfrac{12\mu EI_i}{GA_ih^2}}$ ；

$M_{pj}$, $V_{pj}$——第 $j$ 层由外荷载产生的弯矩与轴力；

$m_s$——第 $s$ 层（$s...j$）的总约束弯矩：

$$m_s = ThV_0\varphi(\xi) \tag{3-33a}$$

总约束弯矩为

$$m(\xi) = TV_0\varphi(\xi) \tag{3-33b}$$

## （四）位移计算

顶部位移：

$$\Delta = \begin{cases} \dfrac{11}{60}\dfrac{V_0 H^3}{EI_{eq}} & \text{(倒三角形荷载)} \\[2mm] \dfrac{1}{8}\dfrac{V_0 H^3}{EI_{eq}} & \text{(均布荷载)} \\[2mm] \dfrac{1}{3}\dfrac{V_0 H^3}{EI_{eq}} & \text{(顶部集中力)} \end{cases} \qquad (3\text{-}34)$$

# 第三节　剪力墙结构的延性设计

## 一、剪力墙延性设计的原则

钢筋混凝土房屋建筑结构中，除了框架结构外，其他结构体系都有剪力墙。剪力墙的优点有：刚度大，容易满足风或小震作用下层间位移角的限值及风作用下的舒适度的要求；承载能力大；合理设计的剪力墙具有良好的延性和耗能能力。

和框架结构一样，在剪力墙结构的抗震设计中，应尽量做到延性设计，保证剪力墙符合：

（1）强墙弱梁。连梁屈服先于墙肢屈服，使塑性铰变形和耗能分散连梁中，避免因墙肢过早屈服使塑性变形集中在某一层而形成软弱层或薄弱层。

（2）强剪弱弯。侧向力作用下变形曲线为弯曲形和弯剪形的剪力墙，一般会在墙肢底部一定高度内屈服形成塑性铰，通过适当提高塑性铰范围及其以上相邻范围的抗剪承载力，实现墙肢强剪弱弯，避免墙肢剪切破坏。对连梁，与框架梁相同，通过剪力增大系数调整剪力设计值，实现强剪弱弯。

（3）强锚固。墙肢和连梁的连接等部位仍然应满足强锚固的要求，以防止在地震作用下，节点部位的破坏。

（4）同时还应在结构布置、抗震构造中满足相关要求，从而达到延性设计的目的。

### （一）悬臂剪力墙的破坏形态和设计要求

悬臂剪力墙是剪力墙中的基本形式，是只有一个墙肢的构件，其设计方法也是其他各类剪力墙设计的基础。因此可通过对悬臂剪力墙延性设计的研究，得出剪力墙结构延性设计的原则。

悬臂剪力墙可能出现弯曲、剪切和滑移（剪切滑移或施工缝滑移）等多种破坏形态。

在正常使用及风荷载作用下，剪力墙应当处于弹性工作阶段，不出现裂缝或仅有微小裂缝。因此，抗风设计的基本方法是：按弹性方法计算内力及位移，限制结构位移并按极限状态方法计算截面配筋，满足了各种构造要求。

在地震作用下，先以小震作用按弹性方法计算内力及位移，进行截面设计。在中等地震作用下，剪力墙将进入塑性阶段，剪力墙应当具有延性和耗散地震能量的能力。因此，应当按照抗震等级进行剪力墙构造和截面验算，满足延性剪力墙的要求，以实现中震可修、大震不倒的设防目标。

悬臂剪力墙是静定结构，只要有一个截面达到极限承载力，构件就丧失承载能力。在水平荷载作用下，剪力墙的弯矩和剪力都在基底部位最大。因而，基底截面是设计的控制截面。沿高度方向，在剪力墙断面尺寸改变或配筋变化的地方，也是控制截面，均应进行正截面抗弯和斜截面抗剪承载力计算。

## （二）开洞剪力墙的破坏形态和设计要求

开洞剪力墙，或称为联肢剪力墙，简称联肢墙，是指由连梁和墙肢构件组成的开有较大规则洞口的剪力墙。

开洞剪力墙在水平荷载作用下的破坏形态与开洞大小、连梁与墙肢的刚度及承载力等有很大的关系。

当连梁的刚度及抗弯承载力远小于墙肢的刚度和抗弯承载力，且连梁具有足够的延性时，则塑性铰在连梁端部出现，待墙肢底部出现塑性铰以后，才能形成图3-3（a）所示的机构。数量众多的连梁端部塑性铰在形成过程中既能吸收地震能量，又能继续传递弯矩与剪力，对于墙肢形成的约束弯矩使剪力墙保持足够的刚度与承载力，墙肢底部的塑性铰亦具有延性。这样的开洞剪力墙延性最好。

当连梁的刚度及承载力很大时，连梁不会屈服，这时开洞墙与整体悬臂墙类似，要靠底层出现塑性铰，如图3-3（b）所示，然后才破坏。只要墙肢不过早剪坏，则这种破坏仍然属于有延性的弯曲破坏，但与图3-3（a）相比，耗能集中在底层少数几个铰上。这样的破坏远不如前面的多铰机构的抗震性能。

当连梁的抗剪承载力很小，首先受到剪切破坏时，会使墙肢失去约束而形成单独、墙肢，如图3-3（c）所示。与连梁不破坏的墙相比，墙肢中轴力减小，弯矩增大，墙的侧向刚度大大降低，但是，如果能保持墙肢处于良好的工作状态，那么结构仍可承载，直到墙肢截面屈服才会形成机构。只要墙肢塑性铰具有延性，这种破坏也是属于延性的弯曲破坏。

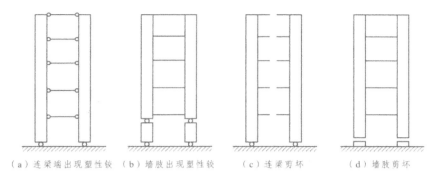

（a）连梁端出现塑性铰　（b）墙肢出现塑性铰　（c）连梁剪坏　　（d）墙肢剪坏

**图 3-3　开洞剪力墙的破坏机构**

墙肢剪坏是一种脆性破坏，因而没有延性或延性很小，如图 3-3（d）所示。值得引起注意的是由于连梁过强而引起的墙肢破坏。当连梁刚度和屈服弯矩较大时，水平荷载作用下的墙肢内的轴力很大，造成两个墙肢轴力相差悬殊，在受拉墙肢出现水平裂缝或屈服后，塑性内力重分配使受压墙肢承担大部分剪力。如设计时未充分考虑这一因素，将会使该墙肢过早剪坏，延性降低。

从上面的破坏形态分析可知，按照"强墙弱梁"原则设计开洞剪力墙，并按照"强剪弱弯"要求设计墙肢及连梁构件，可以得到较为理想的延性剪力墙结构，它比悬臂剪力墙更为合理。如果连梁较强而形成整体墙，则要注意与悬臂墙相类似的塑性铰区的加强设计。如果连梁跨高比较大而可能出现剪切破坏，则要按照抗震结构"多道设防"的原则，即考虑连梁破坏后，退出了工作，按照几个独立墙肢单独抵抗地震作用的情况设计墙肢。

开洞剪力墙在风荷载以及小震作用下，按照弹性计算内力进行荷载组合后，再进行连梁及墙肢的截面配筋计算。

应当注意，沿房屋高度方向，内力最大的连梁不在底层。应选择内力最大的连梁进行截面和配筋计算；或沿高度方向分成几段，选择每段中内力最大的梁进行截面和配筋计算。沿高度方向，墙肢截面、配筋也可以改变，由底层向上逐渐减小，分成几段分别进行截面、配筋计算。开洞剪力墙的截面尺寸、混凝土等级、正截面抗弯计算，以及斜截面抗剪计算和配筋构造要求等都与悬臂墙相同。

## （三）剪力墙结构平面布置

剪力墙结构中，剪力墙宜沿主轴方向或其他方向双向布置；一般情况下，采用了矩形、L 形、T 形平面时，剪力墙沿纵、横两个方向布置；当平面为三角形、Y 形时，剪力墙可沿三个方向布置；当平面为多边形、圆形和弧形平面时，则可沿环向和径向布置。剪力墙应尽量布置得规则、拉通、对直。

抗震设计的剪力墙结构，应避免仅单向有墙的结构布置形式。剪力墙墙肢截面宜简单、规则。剪力墙结构的侧向刚度不宜过大，否则将使结构周期过短，地震作用大，很不经济。此外，长度过大的剪力墙，易形成中高墙或矮墙，由受剪承载力控制破坏形态，延性变形能力减弱，不利于抗震。

剪力墙的门窗洞口宜上下对齐、成列布置，形成明确的墙肢和连梁，宜避免使墙肢刚度相差悬殊的洞口设置。抗震设计时，一、二、三级抗震等级剪力墙的底部和加强部位不宜采用错洞墙；一、二、三级抗震等级的剪力墙均不宜采用叠合错洞墙。

同一轴线上的连续剪力墙过长时，可用细弱的连梁将长墙分成若干个墙段，每一个墙段相当于一片独立剪力墙，墙段的高宽比不应小于2。每一墙肢的宽度不宜大于8m，以保证墙肢也是受弯承载力控制，且靠近中和轴的竖向分布钢筋在破坏时能充分发挥强度。

剪力墙结构中，如果剪力墙的数量太多，会使结构的刚度和重量都很大，不仅材料用量增加而且地震力也增大，使上部结构和基础设计都变得困难。一般来说，采用大开间剪力墙（间距6.0～7.2m）比小开间剪力墙（间距3～3.9m）的效果更好。以高层住宅为例，小开间剪力墙的墙截面面积一般占楼面面积的8%～10%，而大开间剪力墙可降至6%～7%，可有效降低材料用量，并且建筑使用面积增大。

可通过结构基本自振周期来判断剪力墙结构合理刚度，宜使剪力墙结构的基本自振周期控制在（0.05～0.06）N（N为层数）。

当周期过短、地震力过大时，宜加以调整。调整剪力墙结构刚度的方法有：

（1）适当减小剪力墙的厚度。

（2）降低连梁的高度。

（3）增大门窗洞口宽度。

（4）对较长的墙肢设置施工洞，分为两个墙肢。墙肢长度超过8m时，一般应由施工洞口划分为小墙肢。墙肢由施工洞分开后，如果建筑上不需要，可用砖墙填充。

## （四）剪力墙结构竖向布置

普通剪力墙结构的剪力墙应在整个建筑竖向连续，上应到顶，下要到底，中间楼层不要中断。剪力墙不连续会使结构刚度突变，对抗震非常不利。当顶层取消部分剪力墙而设置大房间时，其余的剪力墙应在构造上予以加强；当底层取消部分剪力墙时，应设置转换楼层，并按专门规定进行结构设计。

为了避免刚度突变，剪力墙的厚度应逐渐改变，每次厚度减小50～100mm为宜，以使剪力墙刚度均匀连续改变。同时，厚度改变和混凝土强度等级改变宜按楼层错开。

为减小上、下剪力墙结构的偏心，一般情况下，剪力墙厚度宜两侧同时内收。为保持外墙面平整，可只在内侧单面内收；电梯井因安装要求，可只在外侧单面内收。

剪力墙相邻洞口之间以及洞口与墙边缘之间要避免小墙肢（见图 3-4）。试验结果表明，墙肢宽度和厚度之比小于 3 的小墙肢在反复荷载作用下，比大墙肢开裂早、破坏早，即使加强配筋，也难以防止小墙肢的早期破坏。在设计剪力墙时，墙肢宽度不宜小于 $3b_w$（$b_w$ 为墙厚），且不应小于 500mm。

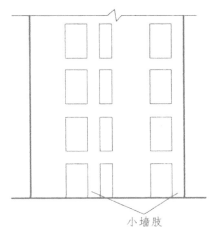

小墙肢

图 3-4　小墙肢

## （五）剪力墙延性设计的其他构造措施

此外，要实现剪力墙的延性设计还应满足其他一些构造措施，比如设置翼缘或端柱、控制轴压比、设置边缘构件等。

## 二、墙肢设计

### （一）内力设计值

非抗震和抗震设计的剪力墙应分别按无地震作用和有地震作用进行荷载效应组合，取控制截面的最不利组合内力或对其调整后的内力（统称为内力设计值）进行配筋设计。墙肢的控制截面一般取墙底截面以及改变墙厚、改变了混凝土强度等级、改变配筋量的截面。

#### 1. 弯矩设计值

一级抗震墙的底部加强部位以上部位，墙肢的组合弯矩设计值应乘以增大系数，其值可采用 1.2；剪力做相应的调整。

双肢抗震墙中，墙肢不宜出现小偏心受拉，因为此时混凝土开裂贯通整个截面高度，可以通过调整剪力墙的长度或连梁的尺寸避免出现小偏心受拉的墙肢。剪力墙很长时，边墙肢拉（压）力很大，可人为加大洞口或人为开洞口，减小连梁高度而形成对墙肢约束弯矩很小的连梁，地震时，该连梁两端比较容易屈服形成塑性铰，从而将长墙分成长度较小的墙。在工程中，一般宜使墙的长度不超过 8m。另外，减小连梁高度也可以减小墙肢轴力。

当任一墙肢为大偏心受拉时，另一墙肢的剪力设计值、弯矩设计值应乘以增大系数 1.25。因为当一个墙肢出现水平裂缝时，刚度降低，由于内力重分布而剪力向无裂缝的另一个墙肢转移，使另一个墙肢内力增大。

部分框支剪力墙结构的落地抗震墙墙肢不应出现小偏心受拉。

### 2. 剪力设计值

为实现"强剪弱剪"的延性设计，一、二、三级的抗震墙底部加强部位，其截面组合的剪力设计值应按下式调整：

$$V = \eta_{vw} V_w \tag{3-35a}$$

9 度的一级抗震墙可不按上式调整，但应符合下式要求：

$$V = 1.1 \frac{M_{wua}}{M_w} V_w \tag{3-35b}$$

式中 $V$——抗震墙底部加强部位截面组合的剪力设计值；

$V_w$——抗震墙底部加强部位截面组合的剪力计算值；

$M_{wua}$——抗震墙底部截面按实配纵向钢筋面积与材料强度标准值和轴力等计算的抗震受弯承载力所对应的弯矩值（有翼墙时，应计入墙两侧各一倍翼墙厚度范围内的纵向钢筋）；

$M_w$——墙肢底部截面最不利组合的弯矩计算值；

$\eta_{vw}$——抗震墙剪力增大系数，一级可取 1.6，二级可取 1.4，三级可取 1.2。

## （二）正截面抗弯承载力计算

剪力墙属于偏心受压或偏心受拉构件。它的特点是：截面呈片状（截面高度如远大于截面墙板厚度 M）；墙板内配有均匀的竖向分布钢筋。通过试验可见，这些分布钢筋都能参加受力，对于抵抗弯矩有一定作用，计算中应加以考虑。但是，由于竖向分布钢筋都比较细（多数在 ∅ 12 以下），容易产生压屈现象，所以计算时忽略受压区分布钢筋作用，可使设计偏于安全。如果有可靠措施防止分布筋压屈，也可在计算中计入其受压作用。

和柱一样，墙肢也可根据破坏形态不同分为大偏压、小偏压、大偏拉和小偏拉等四种情况。根据平截面假定及极限状态下截面应力分布假定，并进行简化后得到截面计算公式。

**1. 大偏心受压承载力计算**（$\xi_i$，$\xi_b$）。

此时，在极限状态下，当墙肢截面相对受压区高度不大于其相对界限受压区高度时，为大偏心受压破坏。

采用以下假定建立墙肢截面大偏心受压承载力计算公式：

①截面变形符合平截面假定。

②不考虑受拉混凝土的作用。

③受压区混凝土的应力图用等效矩形应力图替换，应力达到了 $\alpha_1 f_c$（$f_c$ 为混凝土轴心抗压强度，$\alpha_1$ 为与混凝土等级有关的等效矩形应力图系数）。

④墙肢端部的纵向受拉、受压钢筋屈服。

⑤从受压区边缘算起，$1.5x$（为等效矩形应力图受压区高度）范围以外的受拉竖向分布钢筋全部屈服并参与受力计算；$1.5x$ 范围以内的竖向分布钢筋没有受拉屈服或为受压，不参与受力的计算。

基于上述假定，极限状态下矩形墙肢截面的应力，根据 $\Sigma N = 0$ 和 $\Sigma M = 0$ 两个平衡条件，建立方程。

对称配筋时，$A_s = A_s'$，由 $\Sigma N = 0$ 计算等效矩形应力图受压区高度 $x$：

$$N = \alpha_1 f_c b_w x - f_{yw} \frac{A_{sw}}{h_{w0}} \left( h_{w0} - 1.5x \right) \tag{3-36a}$$

得

$$x = \frac{N + f_{yw} A_{sw}}{\alpha_1 f_c b_w + 1.5 f_{yw} \dfrac{A_{sw}}{h_{w0}}} \tag{3-36b}$$

式中，系数 $\alpha_1$，当混凝土强度等级不超过 C50 时，取 1.0；当混凝土强度等级为 C80 时，取 0.94；当混凝土强度等级在 C50 和 C80 之间时，按线性内插取值。

对于受压区中心取矩，由 $\Sigma M = 0$ 可得

$$M = f_{yw} \frac{A_{sw}}{h_{w0}} \left( h_{w0} - 1.5x \right) \left( \frac{h_{w0}}{2} + \frac{x}{4} \right) + N \left( \frac{h_{w0}}{2} - \frac{x}{2} \right) + f_y A_s \left( h_{w0} - a' \right) \tag{3-37a}$$

忽略式中 $x^2$ 项，化简后得

$$M = \frac{f_{yw} A_{sw}}{2} h_{w0} \left( 1 - \frac{x}{h_{w0}} \right) \left( 1 + \frac{N}{f_{yw} h_{w0}} \right) + f_y A_s \left( h_{w0} - a' \right) \tag{3-37b}$$

上式第一项是竖向分布钢筋抵抗的弯矩，第二项是端部钢筋抵抗的弯矩，分别为

$$M_{sw} = \frac{f_{yw} A_{sw}}{2} h_{w0} \left( 1 - \frac{x}{h_{w0}} \right) \left( 1 + \frac{N}{f_{yw} h_{w0}} \right) \tag{3-38a}$$

$$M_0 = f_y A_s \left( h_{w0} - a' \right) \tag{3-38b}$$

截面承载力验算要求：

$$M_n M_0 + M_{sw} \tag{3-39}$$

式中，$M$ 为墙肢的弯矩设计值。

工程设计中，先给定竖向分布钢筋的截面面积 $A_{sw}$，由式（3-36b）计算 $x$ 值，代入（3-38a）求出 $M_{sw}$，然后按下式计算端部钢筋面积：

$$A_s = \frac{M - M_{sw}}{f_y \left( h_{w0} - a' \right)} \tag{3-40}$$

不对称配筋时，$A_s \neq A_s'$，此时要先给定竖向分布钢筋 $A_{sw}$，并且给定一端的端部钢筋面积 $A_s$ 或 $A_s'$，求另一端钢筋面积，由 $\Sigma N = 0$，得

$$N = \alpha_1 f_c b_w x + f_y A_s' - f_y A_s - f_{yw} \frac{A_{sw}}{h_{w0}} \left( h_{w0} - 1.5x \right) \tag{3-41a}$$

当已知受拉钢筋面积时，对受压钢筋重心取矩：

$$M_n f_{yw} \frac{A_{sw}}{h_{w0}} \left( h_{w0} - 1.5x \right) \left( \frac{h_{w0}}{2} + \frac{3x}{4} - a' \right) - \alpha_1 f_c b_w x \left( \frac{x}{2} - a' \right) + N \left( c - a' \right) + f_y A_s \left( h_{w0} - a' \right)$$

$$\tag{3-41b}$$

当已知受压钢筋面积时，对受拉钢筋重心取矩：

$$M_n f_{yw} \frac{A_{sw}}{h_{w0}} \left( h_{w0} - 1.5x \right) \left( \frac{h_{w0}}{2} - \frac{3x}{4} - a \right) - \alpha_1 f_c b_w x \left( h_{w0} - \frac{x}{2} \right) + N \left( h_{w0} - c - a \right) - f_y A_s' \left( h_{w0} - a' \right)$$

$$\tag{3-41c}$$

由式（3-41b）或式（3-41c）可求得 $x$，再由式（3-41a）求另一端的端部钢筋面积。

当墙肢截面为 T 形或 I 形时，可参照 T 形或 I 形截面柱的偏心受压承载力计算方法计算配筋。计算时，首先判断中和轴的位置，然后计算钢筋面积，计算中仍然按上述原则考虑竖向分布钢筋的作用。

注意：必须验算是否 $\xi = \frac{x}{h_w}$，$\xi_b$，否则应按小偏心受压计算配筋；混凝土受压高度应符合 $x \dots 2a'$ 的条件，否则按 $x=2a'$ 计算。

**2. 小偏心受压承载力计算（$\xi > \xi_b$）。**

在小偏心受压时，截面全部受压或大部分受压，受拉部分的钢筋未达到屈服应力，因此所有分布钢筋都不计入抗弯，这时，剪力墙截面的抗弯承载力计算与柱子相同。

当采用了对称配筋时，可用迭代法近似求解混凝土相对受压区高度 $\xi$，进而求出所需端部受力钢筋面积；非对称配筋时，可先按端部构造配筋要求给定 $A_s$，然后由 $\Sigma N =$

0 和 $\Sigma M = 0$ 两个平衡方程，分别求解 $\xi$ 及 $A_s^{'}$。如果 $\xi \ldots h_w/h_{w0}$，为了全截面受压，取 $x = h_w$，$A_s^{'}$ 可由下式求得

$$A_s^{'} = \frac{Ne - \alpha_1 f_c b_w h_w \left( h_{w0} - \dfrac{h_w}{2} \right)}{f_y \left( h_{w0} - a^{'} \right)} \tag{3-42}$$

式中，$e = e_0 + e_a + \dfrac{h_w}{2} - a, e_0 = \dfrac{M}{N}$（其中，$e_a$ 为附加偏心距）。

墙腹板中的竖向分布钢筋按构造要求配置。

注意：在小偏心受压时，应验算剪力墙平面外的稳定，此时按轴心受压构件计算。

### 3. 偏心受拉承载力计算

当墙肢截面承受拉力时，由偏心距大小判别其属于大偏心受拉或小偏心受拉。

当 $e_0 \ldots \dfrac{h_w}{2} - a$ 时，为大偏心受拉；$e_0 < \dfrac{h_w}{2} - a$ 时，为小偏心受拉。

在大偏心受拉的情况下，截面小部分受压，极限状态下的截面应力分布与大偏心受压相同，忽略压区及中和轴附近分布钢筋作用的假定也相同。因而其基本计算公式与大偏心受压相似，仅仅轴力的符号不同。

矩形截面对称配筋时，压区高度 $x$ 可由下式确定：

$$x = \frac{f_{yw} A_{sw} - N}{\alpha_1 f_c b_w + 1.5 f_{yw} \dfrac{A_{sw}}{h_{w0}}} \tag{3-43}$$

与大偏压承载力公式类似，可得到竖向分布钢筋抵抗的弯矩为

$$M_{sw} = \frac{f_{yw} A_{sw}}{2} h_{w0} \left( 1 - \frac{x}{h_{w0}} \right) \left( 1 - \frac{N}{f_{yw} h_{w0}} \right) \tag{3-44a}$$

端部钢筋抵抗的弯矩为

$$M_0 = f_y A_s \left( h_{w0} - a^{'} \right) \tag{3-44b}$$

与大偏心受压相同，应先给定竖向分布钢筋面积 $A_{sw}$，为了保证截面有受压区，即要求 $x > 0$，由式（3-44）得竖向分布钢筋面积应符合：

$$A_{sw} \ldots \frac{N}{f_{vv}} \tag{3-45}$$

同时，分布钢筋应满足最小配筋率的要求，在两者中选择较大的 %，然后按下式计算端部钢筋面积：

$$A_s \ldots \frac{M - M_{sw}}{f_y \left( h_{w0} - a^{'} \right)} \tag{3-46}$$

小偏心受拉时，或大偏心受拉而混凝土压区很小（$x_n$，$2a'$）时，按全截面受拉假定计算配筋。对称配筋时，用下面的近似公式校核承载力：

$$N_n \quad \cfrac{1}{\cfrac{1}{N_{0u}} + \cfrac{e_0}{M_{wu}}} \tag{3-47}$$

式中，$N_{0u} = 2A_s f_y + A_{sw} f_{yw}$ （3-48）

$$M_{wu} = A_s f_y (h_{w0} - a') + 0.5 h_{w0} A_{sw} f_{yw} \tag{3-49}$$

考虑地震作用或不考虑地震作用时，正截面抗弯承载力的计算公式都是相同的。但必须注意，在考虑地震作用时，承载力公式要用承载力抗震调整系数，即各类情况下的承载力计算公式右边都要乘以 $\dfrac{1}{\gamma_{RE}}$。

## （三）斜截面抗剪承载力计算

剪力墙受剪产生的斜裂缝有两种情况：一是由弯曲受拉边缘先出现水平裂缝，然后向倾斜方向发展成为斜裂缝；另一种是因腹板中部主拉应力过大，产生斜向裂缝，然后向两边缘发展，墙肢的斜截面剪切破坏一般有三种形态：

（1）剪拉破坏。剪跨比较大、无横向钢筋或横向钢筋很少的墙肢，可能发生剪拉破坏。斜裂缝出现后即形成一条主要的斜裂缝，并延伸至受压区边缘，使墙肢劈裂为两部分而破坏。竖向钢筋锚固不好时，也会发生类似的破坏。剪拉破坏属于脆性破坏，应当避免。避免这类破坏的主要措施是配置必需的横向钢筋。

（2）斜压破坏。斜裂缝将墙肢分割为许多斜的受压柱体，混凝土被压碎而破坏。斜压破坏发生在截面尺寸小、剪压比过大的墙肢。为了防止斜压破坏，应加大墙肢截面尺寸或提高混凝土等级，以限制截面的剪压比。

（3）剪压破坏。这是最常见的墙肢剪切破坏形态。实体墙在竖向力和水平力共同作用下，首先出现水平裂缝或细的倾斜裂缝。水平力增大，出现一条主要斜裂缝，并延伸扩展，混凝土受压区减小，最后斜裂缝尽端的受压区混凝土在剪应力与压应力共同作用下破坏，横向钢筋屈服。

墙肢斜截面受剪承载力计算公式主要是建立在剪压破坏的基础上。受剪承载力由两部分组成：横向钢筋的受剪承载力和混凝土的受剪承载力。作用在墙肢上的轴向压力使截面的受压区增大，结构受剪承载力提高；轴向拉力则对抗剪不利，使结构受剪承载力降低。计算墙肢斜截面受剪承载力时，应计入轴力的有利或者不利影响。

**（1）偏心受压斜截面受剪承载力。**

在轴压力和水平力共同作用下，剪跨比不大于1.5的墙肢以剪切变形为主，首先在腹部出现斜裂缝，形成腹剪斜裂缝，裂缝部分的混凝土即退出工作。取混凝土出现腹剪斜裂缝时的剪力作为混凝土部分的受剪承载力，是偏于安全的。剪跨比大于1.5的墙肢在轴压力和水平力共同作用下，在截面边缘出现的水平裂缝向弯矩增大方向倾斜，形成弯剪裂缝，可能导致斜截面剪切破坏。将出现弯剪裂缝时混凝土所承担的剪力作为混凝土受剪承载力是偏于安全的，即只考虑剪力墙腹板部分混凝土的抗剪作用。

试验结果表明，斜裂缝出现后，穿过了斜裂缝的横向钢筋拉应力突然增大，说明了横向钢筋与混凝土共同抗剪。

在地震的反复作用下，抗剪承载力降低。

综上，偏心受压墙肢的受剪承载力计算公式如下：

无地震作用组合时：

$$V_{"} \quad \frac{1}{\lambda - 0.5}\left( 0.5 f_t b_w h_{w0} + 0.13 N \frac{A_w}{A} \right) + f_{yh} \frac{A_{sh}}{S} h_{w0} \tag{3-50a}$$

有地震作用组合时：

$$V_{"} \quad \frac{1}{\gamma_{RE}}\left[ \frac{1}{\lambda - 0.5}\left( 0.4 f_t b_w h_{w0} + 0.1 N \frac{A_w}{A} \right) + 0.8 f_{yt} \frac{A_{sh}}{S} h_{w0} \right] \tag{3-50b}$$

式中：$b_w$，$b_{w0}$——墙肢截面腹板厚度和有效高度；

$A$，$A_w$——墙肢全截面面积和墙肢的腹板面积，矩形截面 $A_w = A$；

$N$——墙肢的轴向压力设计值（抗震设计时，应考虑地震作用效应组合；当 $N > 0.2 f_c b_w h_w$ 时，取 $N = 0.2 f_c b_w h_w$）；

$f_{yt}$——横向分布钢筋抗拉强度设计值；

$S$，$A_{sh}$——横向分布钢筋间距以及配置在同一截面内的横向钢筋面积之和；

$\lambda$——计算截面的剪跨比，$\lambda = M / V h_w$（$\lambda < 1.5$ 时取1.5，$\lambda > 2.2$ 时取2.2；当计算截面与墙肢底截面之间的距离小于 $0.5 h_{w0}$ 时，$\lambda$ 取距墙肢底截面 $0.5 h_{w0}$ 处的值）。

（2）偏心受拉斜截面受剪承载力计算。

大偏心受拉时，墙肢截面还有部分受压区，混凝土仍可以抗剪，但是轴向拉力对抗剪不利。其计算公式如下：

无地震作用组合时：

$$V_{"} \quad \frac{1}{\lambda - 0.5}\left( 0.5 f_t b_w h_{w0} - 0.13 N \frac{A_w}{A} \right) + f_{ytt} \frac{A_{sh}}{S} h_{w0} \tag{3-51a}$$

有地震作用组合时：

$$V_{"} \quad \frac{1}{\gamma_{RE}}\left[ \frac{1}{\lambda - 0.5}\left( 0.4 f_t b_w h_{w0} - 0.1 N \frac{A_w}{A} \right) + 0.8 f_{yh} \frac{A_{sh}}{S} h_{w0} \right] \tag{3-51b}$$

式（3-51a）右端的计算值小于为 $f_{yh} \frac{A_{sh}}{S} h_{w0}$ 时，取 $f_{yh} \frac{A_{sh}}{S} h_{w0}$；式（3-51b）右端

方括号内的计算值小于 $0.8f_{yh}\dfrac{A_{sh}}{S}h_{w0}$ 时，取 $0.8f_{yh}\dfrac{A_{sh}}{S}h_{w0}$。

## （四）水平施工缝的抗滑移验算

由于施工工艺要求，在各层楼板标高处都存在施工缝，施工缝可能形成薄弱部位，出现剪切滑移。抗震等级为一级的剪力墙，应防止水平施工缝处发生滑移。考虑了摩擦力有利影响后，要验算通过水平施工缝的竖向钢筋是否足以抵抗水平剪力。当已配置的端部和分布竖向钢筋不够时，可以设置附加插筋，附加插筋在上、下层剪力墙中都要有足够的锚固长度，其面积可计入义。水平施工缝处的抗滑移应符合下式要求：

$$V_{wj}, \frac{1}{\gamma_{RE}}\left(0.6f_yA_s + 0.8N\right) \tag{3-52}$$

式中：$V_{wj}$——剪力墙水平施工缝处剪力设计值；

$A_s$——水平施工缝处剪力墙腹部内竖向分布钢筋和边缘构件中的竖向钢筋总面积（不包括两侧翼墙），以及在墙体中有足够锚固长度的附加竖向插筋面积；

$f_y$——竖向钢筋抗拉强度设计值；

$N$——水平施工缝处考虑地震作用组合的轴向力设计值，压力取正值，拉力取负值。

## （五）墙肢构造要求

### 1. 最小截面尺寸

墙肢的截面尺寸应满足承载力要求，同时还应满足最小墙厚的要求和剪压比限值的要求。

为了保证剪力墙在轴力和侧向力作用下的平面外稳定，防止了平面外失稳破坏以及有利于混凝土的浇筑质量。

试验结果表明，墙肢截面的剪压比超过一定值时，将过早出现斜裂缝，即使增加横向钢筋也不能提高其受剪承载力，且很可能在横向钢筋未屈服时，墙肢混凝土发生斜压破坏。为了避免出现这种破坏，应限制墙肢截面的平均剪应力与混凝土轴心抗压强度之比，即限制剪压比。

### 2. 分布钢筋

剪力墙内竖向和水平分布钢筋有单排配筋及多排配筋两种形式。

单排筋施工方便，因为在同样含钢率的情况下，钢筋直径较粗。但当墙厚较大时，表面容易出现温度收缩裂缝；另外，在山墙及楼电梯间墙上，仅一侧有楼板，竖向力产生平面外偏心受压，在水平力作用下，垂直于力作用方向的剪力墙也会产生平面外弯矩。因此，在高层剪力墙中，不允许采用单排配筋。当抗震墙厚度大于140mm，且不大于400mm时，其竖向和横向分布钢筋应双排布置；当抗震墙厚度大于400mm，且不大于 700mm 时，其竖向和横向分布钢筋宜采用三排布置；当抗震墙厚度大于 700mm 时，其竖向和横向分布钢筋宜采用四排布置。竖向和横向分布钢筋的间距不宜大于 300mm，部分框支剪力墙结构的落地剪力墙底部加强部位，竖向和横向分布钢筋的间距不宜大于 200mm。竖向和横向分布钢筋的直径均不宜大于墙厚的 1/10 且不应小于 8mm，竖向钢筋直径不宜小于 10mm。

一、二、三级抗震等级的剪力墙中竖向和横向分布钢筋的最小配筋率均不应小于 0.25%，四级抗震等级的剪力墙中分布钢筋的最小配筋率不应小于 0.20%。对于高度小于 24m 且剪压比很小的四级抗震墙，其竖向分布钢筋的最小配筋率允许采用 0.15%0 部分框支剪力墙结构的落地剪力墙底部加强部位，其竖向和横向分布钢筋配筋率均不应小于 0.30%。

分布钢筋间拉筋的间距不宜大于 600mm，直径不应小于 6mm，在底部加强部位，拉筋间距适当加密。

### 3. 轴压比限值

随着建筑高度的增加，剪力墙墙肢的轴压力也增加。与钢筋混凝土柱相同，轴压比是影响墙肢抗震性能的主要因素之一，轴压比大于一定值后，结构的延性很小或没有延性。所以，必须限制抗震剪力墙的轴压比。

### 4. 底部加强部位

悬臂剪力墙的塑性铰通常出现在底截面。因此，剪力墙下部 $h_w$ 高度范围内（$h_w$ 为截面高度）是塑性铰区，称为底部加强区。规范要求，底部加强区的高度从地下室顶板算起，房屋高度大于 24m 时，底部加强部位的高度可取底部两层和墙体总高度 1/10 中二者的较大值；房屋高度不大于 24m 时，底部加强部位可取底部一层（部分框支抗震墙结构的抗震墙，其底部加强部位的高度，可取框支层加框支层以上两层的高度及落地抗震墙总高度 1/10 中二者的较大值），当结构计算嵌固端位于地下一层底板或以下时，底板加强了部位宜延伸到计算嵌固端。

### 5. 边缘构件

剪力墙截面两端及洞口两侧设置边缘构件是提高墙肢端部混凝土极限压应变、改善剪力墙延性的重要措施。边缘构件分为约束边缘构件和构造边缘构件两类。约束边缘构件是指用箍筋约束的暗柱（矩形截面端部）、端柱和翼墙，其箍筋较多，对混凝土的约束较强，因而混凝土有比较大的变形能力；构造边缘构件的箍筋较少，对混凝土的约束程度稍差。

除要求设置约束边缘构件的各种情况外，在高层建筑中剪力墙墙肢两端要设置构造边缘构件。构造边缘构件的配筋应满足正截面受压（受拉）承载力的要求，并不小于构造要求。当端柱承受集中荷载时，其竖向钢筋、箍筋直径和间距应满足框架柱的相应要求。构造边缘构件中的箍筋和拉筋沿水平方向的肢距不宜大于 300mm，不应大于竖向钢筋间距的 2 倍。

### 6. 钢筋的锚固和连接

剪力墙内钢筋的锚固长度，非抗震设计时，剪力墙纵向钢筋最小锚固长度应取 $l_a$；抗震设计时，剪力墙纵向钢筋最小锚固长度取 $l_{aE}$。

剪力墙竖向及水平分布钢筋采用搭接连接时，接头位置应错开，同一截面连接的钢筋数量不宜超过总数量的 50%，错开净距不宜小于 500mm；其他情况剪力墙可在同一截面连接。分布钢筋的搭接长度，非抗震设计时不应小于 $1.2l_a$，抗震设计时不应小于 $1.2l_{aE}$。

# 三、连梁设计

剪力墙中的连梁通常跨度小而梁高较大，即跨高比较小。住宅、旅馆剪力墙结构中连梁的跨高比常常小于 2.0，甚至不大于 1.0，在侧向力作用下，连梁和墙肢相互作用产生的约束弯矩与剪力较大，且约束弯矩和剪力在梁两端方向相反，这种反弯作用使梁产生很大的剪切变形，容易出现斜裂缝而导致剪切破坏。

按照延性剪力墙强墙弱梁的要求，连梁屈服应先于墙肢屈服，即连梁首先形成塑性铰耗散地震能量；另外，连梁还应当强剪弱弯，避免剪切破坏；

一般剪力墙中，可采用降低连梁弯矩设计值的方法，按降低后的弯矩进行配筋，可使连梁先于墙肢屈服和实现弯曲屈服。由于连梁跨高比小，很难避免斜裂缝及剪切破坏，必须采取限制连梁名义剪应力等措施推迟连梁的剪切破坏。对延性要求高的核心筒连梁和框筒裙梁，可采用配置交叉斜筋、集中对角斜筋或对角暗撑等措施，改善连梁的受力性能。

# 第四章　钢筋混凝土楼盖结构设计

# 第一节　单向板肋梁楼盖设计

## 一、单向板肋梁楼盖结构的布置

钢筋混凝土单向板肋梁楼盖由板、次梁和主梁构成，楼盖则支承在柱、结构墙等竖向承重构件上。其结构布置主要是主梁、次梁的布置。两端支承于柱或结构墙体上的梁为主梁，两端或一端支承于主梁上的梁称之为次梁。其结构布置一般取决于建筑功能要求，一般在建筑设计阶段已确定了建筑物的柱网尺寸或结构墙体的布置。而柱网或结构墙的间距决定了主梁的跨度，主梁间距决定了次梁的跨度，次梁的跨度又决定 r 板的跨度在结构上应力求简单、整齐以及经济适用。柱网尽量布置成长方形或正方形。柱网布置应和梁格布置统一考虑柱网尺寸（即梁的跨度）过大，将使梁的截面过大而增加材料用量和工程造价；反之，柱网尺寸过小，又会使柱和基础的数量增多，有时也会使造价增加，并且将影响房屋的使用，

单向板肋梁楼盖结构平面布置方案通常有以下 3 种。

### （一）主梁横向布置，次梁纵向布置

这种布置其优点是抵抗水平荷载的侧向刚度较大，主、次梁和柱可构成刚性体系，

因而房屋整体刚度好。另外,由于主梁与外墙面垂直,可开较大的窗口,对室内采光有利。

## (二) 主梁纵向布置,次梁横向布置

这种布置适用于横向柱距大于纵向柱距较多时,或房屋有集中通风要求的情况,因主梁沿纵向布置,减小了主梁的截面高度,增加室内净高,可使房屋层高降低。但房屋横向刚度较差,而且常由于次梁支承在窗过梁上,而限制了窗洞的高度。

## (三) 只布置次梁,不设主梁

这种布置仅适用于有中间走廊的房屋,常可利用中间纵墙承重,这时可仅布置次梁而不设主梁。

从经济效果考虑,因次梁的间距决定了板的跨度,而楼盖中板的混凝土用量占整个楼盖混凝土用量的 50% ~ 70%。因此,为了尽可能减少板厚,一般板的跨度为 1.7 ~ 2.7m,次梁跨度为 4 ~ 7m,主梁跨度为 5 ~ 8m。

柱网及梁格的布置除考虑上述因素外,梁格布置应尽可能是等跨的,且最好边跨比中间跨稍小(约在 10% 以内),因边跨弯矩较中间跨大些;在主梁跨间的次梁根数宜多于 1 根,以使主梁弯矩变化较为平缓,对梁的工作较为有利。

当楼面上有较大设备荷载或者需要砌筑墙体时,应在其相应位置布置承重梁。当楼面开有较大洞口时.也需在洞口四周布置边梁。

## 二、计算简图

单向板肋形楼盖的板、次梁、主梁和柱均整体浇筑在一起,形成一个复杂体系。但由于板的刚度很小,次梁的刚度又比主梁的刚度小很多,因此,可以认为板简单支承在次梁上,次梁简单支承在主梁上,将整个楼盖体系分解为板、次梁和主梁几类构件单独进行计算。作用在板面上的荷载传递路线为:荷载→板→次梁→主梁→柱或墙,板和主、次梁可视为多跨连续板(梁),其计算简图应表示出梁(板)的跨数,计算跨度,支座的特点及荷载的形式、位置及大小等。

## (一) 支座的特点

在肋梁楼盖中,当板或梁支承在砖墙(或砖柱)上时,由于其嵌固作用较小,可假定为铰支座,其嵌固的影响可在构造设计中加以考虑。

当板支承在次梁上,次梁支承在主梁上时,次梁对板、主梁对于次梁都将有一定的嵌固作用。为简化计算,通常也假定为铰支座,由此引起的误差将在内力计算时加以调整。

当主梁支承在混凝土柱上时,其计算简图应根据梁、柱的抗弯刚度比确定:如果

梁的抗弯刚度比柱的抗弯刚度大很多（通常认为主梁与柱的线刚度比大于 3～4），则可将主梁视为铰支于柱上的连续梁进行计算；否则，应按框架梁设计。

## （二）计算跨数

连续梁任何一个截面的内力值，与其跨数、各跨跨度、刚度以及荷载等因素有关。但对某一跨来说，相隔两跨以上的上述因素，对该跨内力的影响很小。因此，为简化计算，对于跨数多于五跨的等跨度（或跨度相差不超过10%）、等刚度、等荷载的连续梁（板），可近似地按五跨计算。

## （三）计算跨度

梁、板的计算跨度是指在内力计算时所应采用的跨间长度，其值与支座反力分布有关，即与构件本身的刚度和支承条件有关。

## （四）荷载取值

楼盖上的荷载有恒荷载和活荷载两种。恒荷载一般为均布荷载，它主要包括结构自重、各构造层自重、永久设备自重等；活荷载的分布通常是不规则的，一般均折合成等效均布荷载计算，主要包括了楼面活荷载（如使用人群、家具及一般设备的重力）、屋面活荷载和雪荷载等。

楼盖恒荷载的标准值按结构实际构造情况通过计算确定，楼盖活荷载的标准值按《建筑结构荷载规范》（GB 50009—2012）确定。在设计民用房屋楼盖时，应考虑楼面活荷载的折减问题，因为当梁的负荷面积较大时，全部满载的可能性较小，故应对活荷载标准值按规范进行折减。其折减系数依据房屋类别和楼面梁的负荷范围，取0.55～1.0 不等。

当楼面板承受均布荷载时，通常取宽度为1m 的板带进行计算。在确定板传递给次梁的荷载和次梁传递给主梁的荷载时，通常均忽略结构的连续性而按简单支承进行计算。所以，对次梁取相邻板跨中线所分割出来的面积作为它的受荷面积；次梁所承受荷载为次梁自重及其受荷面积上板传来的荷载；主梁承受主梁自重以及由次梁传来的几种荷载，但由于主梁自重与次梁传来的荷载相比较小，故为了简化计算，一般可将主梁的均布自重荷载折算为若干集中荷载一并计算。

如前所述，在计算梁（板）的内力时，假设梁（板）的支座为铰接，这对于等跨连续梁（板）当活荷载沿各跨均为满布时是可行的。因为，此时梁（板）在中间支座发生的转角很小，按简支计算与实际情况相差甚微。但，当活荷载隔跨布置时情况则不同。当按铰支座计算时，板绕支座的转角值较大。而实际上，由于板与次梁整体现浇在一起，当板受荷载弯曲，在支座发生转动时，将带动次梁（支座）一同转动。同时，次梁因具有一定的抗扭刚度且两端受主梁的约束，将阻止板的自由转动，最终只能产生两者变形协调的约束转角。

## 三、单向板肋梁楼盖的截面设计与构造

### （一）板的计算和构造要求

#### 1. 板的计算要点

板的内力可按塑性理论方法计算；在求得单向板的内力后，可以根据正截面抗弯承载力计算，确定各跨跨中及各支座截面的配筋；板在一般情况下均能满足斜截面受剪承载力要求，设计时可不进行受剪承载力计算；连续板跨中由于正弯矩作用引起截面下部开裂，支座由于负弯矩作用引起截面上部开裂，这就使板的实际轴线成拱形。如果板的四周存在有足够刚度的梁，即板的支座不能自由移动时，则作用于板上的一部分荷载将通过拱的作用直接传给边梁，而使板的最终弯矩降低。考虑到这一有利作用，可对周边与梁整体连接的单向板中间跨跨中截面及中间支座截面的计算弯矩折减20%。但对于边跨的跨中截面及第二支座截面，因为边梁侧向刚度不大（或无边梁），难以提供足够的水平推力，因此，其计算弯矩不予降低。

#### 2. 板的构造要求

单向板的构造要求主要为板的尺寸与配筋两方面。

（1）板的跨度一般在梁格布置时已确定

因板的厚度直接关系到混凝土的用量和配筋，故在取用时，除应满足建筑功能的要求外，主要还应考虑板的跨度及其所受的荷载。从刚度要求出发，根据设计经验，单向板的最小厚度不应小于跨度的 1/40（连续板）、1/30（简支板）及 1/10（悬臂板）。同时，单向板的最小厚度还不应小于表 8.4 规定的数值。板的配筋率一般为 0.3%～0.8%。

（2）在现浇钢筋混凝土单向板的钢筋，分受力钢筋和构造钢筋两种

布设时应分别满足以下要求。

①单向板中的受力钢筋应沿板的短跨方向在截面受拉一侧布置，其截面面积由计算确定。板中受力钢筋一般采用 HPB300 级钢筋，在一般厚度的板中，钢筋的常用直径为 $\varnothing 6$、$\varnothing 8$、$\varnothing 10$、$\varnothing 12$ 等。对支座处钢筋，为便于施工，其直径一般不小于 $\varnothing 8$。对于绑扎钢筋，当板厚 $h \leqslant 150mm$ 时，间距不宜大于 200mm；当板厚 $h > 150mm$ 时，间距不宜大于 1.5h，且不宜大于 250mm。简支板或连续板下部纵向受力钢筋伸入支座的锚固长度不应小于 5d（d 为下部纵向受力钢筋直径）。当连续板内温度、收缩应力较大时，伸入支座的锚固长度宜适当增加。

连续板受力钢筋的配筋方式有弯起式和分离式两种。前者是将跨中正弯矩钢筋在支座附近弯起一部分以承受支座负弯矩。这种配筋方式锚固较好，并可节省钢筋，但施工复杂；后者是将跨中正弯矩钢筋和支座负弯矩钢筋分别设置。这种方式配筋施工方便，但钢筋用量较大且锚固较差，故不宜用承受动荷载的板中。当板厚 h ≤ 120mm，且所受动荷载不大时，也可采用分离式配筋。跨中正弯矩钢筋采用分离式配筋时，宜全部伸入支座，支座负弯矩钢筋向跨内的延伸长度应满足覆盖负弯矩图和钢筋锚固的要求；当采用弯起式配筋时，可先按跨中正弯矩确定其钢筋直径和间距；然后，在支座附近将跨中钢筋按需要弯起 1/2（隔一弯一）以承受负弯矩，但最多不超过 2/3（隔一弯二）。如弯起钢筋的截面面积不够，可另加直钢筋。弯起钢筋弯起的角度一般采用 30°；当板厚 h ≥ 120mm 时，宜采用 45°。

②在单向板中除了按计算配置受力钢筋外，通常还按要求设置以下四种构造钢筋：

分布钢筋：垂直于板的受力钢筋方向，并在受力钢筋内侧按构造要求配置。其作用除固定受力钢筋位置外，主要承受混凝土收缩和温度变化所产生的应力，控制温度裂缝的开展；同时，还可将局部板面荷载更均匀地传给受力钢筋，并承受在计算中未计但实际存在的长跨方向的弯矩。分布钢筋的截面面积应不小于受力钢筋的 15%，并且不宜小于板面截面面积的 0.15%。分布钢筋间距不宜大于 250mm（当集中荷载较大时，间距不宜大于 200mm），直径不宜小于 6mm；在受力钢筋的弯折处，也应设置分布钢筋。

与主梁垂直的上部构造钢筋：单向板上荷载将主要沿短边方向传到次梁，此时，板的受力钢筋与主梁平行，由于板将产生一定大于与主梁方向垂直的负弯矩，为承受这一弯矩和防止产生过宽的裂缝，应配置和主梁垂直的上部构造钢筋。其数量不宜少于板中受力钢筋的 1/3，且不少于每米 5∅8，伸出主梁边缘的长度不宜小于 $l_0/4$。

嵌固在墙内或钢筋混凝土梁整体连接的板端上部构造钢筋：嵌固在承重砖墙内的单向板，计算时按简支考虑，但是实际上由于墙的约束有部分嵌固作用，而将产生局部负弯矩，因此，对嵌固在承重砖墙内的现浇板，在板的上部应设置与板垂直的不少于每米 5∅8 的构造钢筋，其伸出墙边的长度不宜小于 $l_0/7$（$l_0$ 为板短跨计算跨度）；当现浇板的周边与混凝土梁或混凝土墙整体连接时，也应在板边上部设置与其垂直的构造钢筋，其数量不宜小于相应方向跨中纵筋截面面积的 1/3；其伸出梁边或墙边的长度不宜小于 $l_0/5$；在双向板中不宜小于 $l_0/4$。

板脚构造钢筋：对两边均嵌固在墙内的板角部分，当受到墙体约束时，也将产生负弯矩，在板顶引起了圆弧形裂缝，因此，应在板的上部双向配置构造钢筋，以承受负弯矩和防止裂缝的扩展，其数量不宜小于该方向跨中受力钢筋的 1/3，其由墙边伸出到板内的长度不宜小于 $l_0/4$。

在温度、收缩应力较大的现浇板区域内，钢筋间距宜取为 150 ～ 200 mm，并应在板的未配筋表面布置温度收缩钢筋。板的上、下表面沿纵、横两个方向的配筋率均不宜小于 0.11%。温度收缩钢筋可利用原有钢筋贯通布置，也可另行设置构造钢筋网，并与原有钢筋按受拉钢筋的要求搭接，或在周边构件中锚固。

## （二）次梁的计算和构造要求

### 1. 次梁的计算要点

连续次梁在进行正截面承载力计算时，由于板和次梁整体连接，板可作为梁的翼缘参加工作。在跨中正弯矩作用区段，板处在次梁的受压区，次梁应按 T 形截面计算，其翼缘计算宽度 $b_f'$ 可按有关规定确定。在支座附近（或跨中）的负弯矩作用区段，由于板处在次梁的受拉区，此时，次梁应按矩形截面计算。

次梁的跨度一般为 4 ～ 6 m，梁高为跨度的 1/18 ～ 1/12，梁宽为梁高的 1/3 ～ 1/2。纵向配筋的配筋率为 0.6% ～ 1.5%。

次梁的内力可按塑性理论方法计算。

### 2. 主梁的计算和构造要求

#### （1）主梁的计算要点

主梁的正截面抗弯承载力计算与次梁相同，一般跨中按 T 形截面计算，支座按矩形截面计算。当跨中出现负弯矩时，跨中也应按矩形截面计算。

主梁的跨度一般在 5 ～ 8m 为宜，常取梁高为跨度的 1/15 ～ 1/10，梁宽为梁高的 1/3 ～ 1/2。

主梁除承受自重和直接作用在主梁上的荷载外，主要是承受次梁传来的集中荷载。为计算方便，可将主梁的自重等效简化成若干集中荷载，并且作用于次梁位置处。

由于在主梁支座处，次梁与主梁负弯矩钢筋相互交叉重叠，而主梁负筋位于次梁和板的负筋之下，故截面有效高度在支座处有所减小。其具体取值为（对一类环境）：当受力钢筋单排布置时，$h_0 = h - （60 ～ 70）$ mm；当钢筋双排布置时，$h_0 = h - （80 ～ 90）$ mm。

主梁的内力通常按弹性理论方法计算，不考虑塑性内力重分布。

#### （2）主梁的构造要求

主梁伸入墙内的长度一般应不小于 370mm。

对于主梁及其他不等跨次梁，其纵向受力钢筋的弯起与切断，应在弯矩包络图上作材料图，确定纵向钢筋的切断和弯起位置，并应满足有关构造要求。

在次梁与主梁相交处，次梁顶部在负弯矩作用下将产生裂缝。因此，次梁传来的集中荷载将通过其受压区的剪切面传至主梁截面高度的中、下部，使其下部混凝土可能产生斜裂缝而引起局部破坏。因此，需设置附加的横向钢筋（吊筋或箍筋），以使次梁传来的集中力传至主梁上部的承压区。附加横向钢筋宜采用箍筋，并应布置在长度为 s 的范围内，此处 s=2h₁+3b；当采用吊筋时，其弯起段应伸至梁上边缘，且末端水平段长度在受拉区不应小于 20d，受压区不应小于 10d（d 为弯起钢筋的直径）。

附加横向钢筋所需总截面面积应符合下列规定：

$$A_{sv} \cdot \cdot \frac{P}{f_{yv} \sin \alpha} \tag{4-1}$$

式中：$A_{sv}$——附加横向钢筋总截面面积；

$P$——作用在梁下部或梁截面高度范围内的集中荷载设计值；

$\alpha$——附加横向钢筋与梁轴线的夹角。

# 第二节 双向板肋梁楼盖设计

在肋梁楼盖中，如梁格布置使各区格板的长边与短边之比 $l_2 / l_1$,, 2，应按双向板肋设计；当 $2 < l_2 / l_1 < 3$ 时，宜按双向板设计。

双向板肋梁楼盖受力性能较好，可以跨越较大跨度，梁格的布置可使顶棚整齐、美观，常用于民用及公共建筑房屋跨度较大的房屋以及门厅等处。当梁格尺寸及使用荷载较大时，双向板肋梁楼盖比单向板肋梁楼盖经济，所以，也常用于工业建筑楼盖中。

## 一、双向板的受力特点

双向板的受力特征不同于单向板，它在两个方向的横截面上都作用有弯矩和剪力。另外，其还有扭矩；而单向板则只是在一个方向上作用有弯矩和剪力，在另一个方向上基本不传递荷载。双向板中因有扭矩的存在，受力后使板的四周有上翘的趋势。受到墙的约束后，使板的跨中弯矩减少，而显得刚度较大，所以，双向板的受力性能比单向板优越。双向板的受力情况较为复杂，其内敛的分布取决于双向板四边的支承条件（简支、嵌固以及自由等）、几何条件（板边长的比值）以及作用于板上荷载的性质（集中力、均布荷载）等因素。

试验研究表明：在承受均布荷载作用的四边简支正方形板中，随着荷载的增加，第一批裂缝首先出现在板底中央，随后沿对角线 45° 向四角扩展，在接近破坏时，在板的顶面四角附近出现了垂直于对角线方向的圆弧形裂缝，它促使了板底对角线方向裂缝进一步扩展，最终由于跨中钢筋屈服导致板的破坏。

在承受均布荷载的四边简支矩形板中，第一批裂缝出现在板底中央且平行于长边方向；当荷载继续增加时，这些裂缝逐渐延伸，并沿 45° 方向向四周扩展；然后，板顶四角也出现圆弧形裂缝；最后导致板的破坏。

## 二、双向板按弹性理论的内力计算

和单向板的一样，双向板在荷载作用下的内力分析也有弹性理论和塑性理论两种方法。

### （一）单跨双向板的计算

双向板按弹性理论方法计算属于弹性理论小挠度薄板的弯曲问题，由于这种方法需考虑边界条件，内力分析比较复杂，为了便于工程设计计算，可采用简化的计算方法，通常是直接应用根据弹性理论编制的计算用表进行内力计算。在该附表中，按边界条件选列了 6 种计算简图。板的计算可按下式进行：

$$M = 表中弯矩系数 \times (g + q)l^2 \tag{4-2}$$

式中：$M$——跨内或支座弯矩设计值；

$g \cdot q$——均布恒荷载和活荷载设计值；

$l$——取用 $l_x$ 和 $l_y$ 中较小者。

### （二）多跨连续板的计算

多跨连续板内力的精确计算更为复杂，在设计中一般采用了实用的简化计算方法，即通过对双向板上活荷载的最不利布置以及支承情况等的合理简化，将多跨连续板转化为单跨双向板进行计算。该方法假定其支承梁抗弯刚度很大，梁的竖向变形可忽略不计且不受扭。同时规定，当在同一方向的相邻最大与最小跨度之差小于 20% 时，可按下述方法计算。

#### 1. 跨中最大正弯矩

在计算多跨连续双向板某跨跨中的最大弯矩时，和多跨连续单向板类似，也需要考虑活荷载的最不利布置。其活荷载的布置方式，即当求某区格板跨中最大弯矩时，应在该区格布置活荷载；然后，在其左右、前后分别隔跨布置活荷载（棋盘式布置）。此时，在活荷载作用的区格内，将产生跨中最大弯矩。

在荷载作用下，任一区格板的边界条件为既非完全固定又非理想简支的情况。为了能利用单跨双向板的内力计算系数表来计算连续双向板，可采用下列近似方法：把棋盘式布置的荷载分解为各跨满布的对称荷载和各跨向上向下相间作用的反对称荷载。此时

对称荷载

$$g' = g + \frac{q}{2} \tag{4-3}$$

反对称荷载

$$q' = \pm \frac{q}{2} \tag{4-4}$$

在对称荷载 $g' = g + \frac{q}{2}$ 作用下，所有中间支座两侧荷载相同，则支座的转动变形很小，若忽略远跨荷载的影响，可以近似地认为支座截面处转角为零，这样就可将所有中间支座均视为固定支座，从而所有中间区格板均可视为四边固定双向板；对其他的边、角区格板，根据其外边界条件按实际情况确定，可分为三边固定、一边简支和两边固定、两边简支以及四边固定等。这样，根据各区格板的四边支承情况，即可分别求出在对称荷载 $g' = g + \frac{q}{2}$ 作用下的跨中弯矩。

在反对称荷载 $q' = \pm \frac{q}{2}$ 作用下，在中间支座处相邻区格板的转角方向是一致的，大小基本相同，即相互没有约束影响。若忽略梁的扭转作用，则可近似地认为支座截面弯矩为零，即可将所有中间支座均视为简支支座。因而，在反对称荷载 $q' = \pm \frac{q}{2}$ 作用下，各区格板的跨中弯矩可按单跨四边简支双向板来计算。

最后，将各区格板在上述两种荷载作用下的跨中弯矩相叠加，即得到各区格板的跨中最大弯矩。

**2. 支座最大负弯矩**

考虑到隔跨活荷载对计算跨弯矩的影响很小，可近似认为恒荷载与活荷载皆满布在连续双向板所有区格时支座产生最大负弯矩。此时，可按前述在对称荷载作用下的原则，即各中间支座均视为固定，各周边支座根据其外边边界条件按实际情况确定。对某些中间支座，若由相邻两个区格板求得的同一支座弯矩不相等，则可近似地取其平均值作为该支座最大负弯矩。

## 三、双向板按塑性铰线法的内力计算

当楼面承受较大均布荷载之后，四边支承的双向板首先在板底出现平行于长边的裂缝。随着荷载的增加，裂缝逐渐延伸，与板边大致呈 45°，向四角发展。当短跨跨度截面受力钢筋屈服后，裂缝宽度明显增大，形成塑性铰，这些截面所承受的弯矩不再增加。荷载继续增加，板内产生内力重分布，其他裂缝处截面的钢筋达到屈服，板底主裂缝线明显地将整块板划分为四个板块。对四周与梁浇筑的双向板，由于四周约束的存在而产生负弯矩，在板顶出现沿支承边的裂缝。随着荷载的增加，沿支承边的板截面也陆续出现塑性铰。

将板上连续出现的塑性铰连在一起而形成的连线，称为塑性铰线，也称屈服线。正弯矩引起正塑性铰线，负弯矩引起负塑性铰线。塑性铰线的基本性能与塑性铰相同。

板内塑性铰线的分布与板的形状、边界条件、荷载形式及板内配筋等因素有关。

当板内出现足够多的塑性铰线后，板就会成为几何可变体系而破坏，此时板所能承受的荷载为板的极限荷载。

对结构的极限承载能力进行分析时，需要满足三个条件，即极限条件、机动条件和平衡条件。当三个条件都能够满足时，结构分析得到的解就是结构的真实极限荷载。但对于复杂的结构，一般很难同时满足三个条件，通常采用了近似的求解方法，使其至少满足两个条件。满足机动条件和平衡条件的解称为上限解，上限解求得的荷载值大于真实解，使用的方法通常为机动方法和极限平衡方法；满足极限条件和平衡条件的解称为下限解，下限解求得的荷载值小于真实解，使用的方法通常为板条法。

# 四、双向板的构造

## （一）截面设计

### 1. 双向板的厚度

双向板的厚度一般不应小于 80mm，也不宜大于 160mm，且应满足规定。双向板一般可不做变形和裂缝验算，因此，要求双向板应具有足够的刚度。对简支情况的板，其板厚 $h...l_0/40$；对于连续板，$h...l_0/50$（$l_0$ 为板短跨方向上的计算跨度）。

### 2. 板的截面有效高度

由于双向板跨中弯矩，短板方向比长跨方向大，因此，短板方向的受力钢筋应放在长跨方向受力钢筋的外侧，以充分利用板的有效高度。如对一类环境，短板方向，板的截面有效高度 $h_0 = h - 20mm$；长跨方向，$h_0 = h - 30$。

在截面配筋计算时，可取截面内力臂系数 $\gamma_s = （0.90\sim0.95）$。

### 3. 弯矩折减

对周边与梁整体连接的双向板，由于在两个方向受到支承构件的变形约束，整体板内存在着顶作用，使板内弯矩大为减小。

## （二）构造要求

双向板宜采用 HRB400、HRB500、HRBF400、HRBF500 级钢筋，也可采用 HPB300、RRB400 级钢筋，其配筋方式类似于单向板，也分为弯起式配筋和分离式配筋两种。为方便施工，实际工程中多采用分离式配筋。

按弹性理论计算时，板底钢筋数量是根据跨中最大弯矩求得的，而跨中弯矩沿板宽向两边逐渐减小，故配筋也可逐渐减少。考虑到施工方便，可将板在两个方向各划分成三个板带，边缘板带的宽度为较小跨度的 1/4，其余为中间板带。在中间板带内按跨中最大弯矩配筋，而两边板带配筋为其相应中间板带的一半；连续板的支座负弯矩钢筋，是按各支座的最大负弯矩分别求得，故应当沿全支座均匀布置而不在边缘板带内减少。但在任何情况下，每米宽度内的钢筋都不得少于 3 根。

## 五、双向板支承梁

作用在双向板上的荷载是由两个方向传到四边的支承梁上的。通常采用近似方法（45°线法），将板上的荷载就近传递到四周梁上。这样，长边的梁上由板传的荷载呈梯形分布；短边梁上的荷载则呈三角形分布。先将梯形和三角形荷载折算成等效均布荷载 $q'$，利用了前述的方法求出最不利情况下的各支座弯矩，再根据所得的支座弯矩和梁上的实际荷载，利用静力平衡关系，分别求出跨中弯矩和支座剪力。

梁的截面设计和构造要求等均与支承单向板的梁相同。

三角形荷载：$q' = \dfrac{5}{8} q$；

梯形荷载：$q' = \left(1 - 2a^2 + a^3\right) q \left(其中, a = a / l_0\right)$。

# 第三节　楼梯结构设计

钢筋混凝土梁板结构应用非常广泛，除了大量用于前面所述的楼盖、屋盖外，工业民用建筑中的楼梯、挑檐、雨篷、阳台等也是梁板结构的各种组合，只是这些构件的形式较特殊，其工作条件也有所不同，因而在计算中各具有其特点，本节着重分析以受弯为主的楼梯计算以及构造特点。

楼梯是多层及高层房屋的竖向通道，是房屋的重要组成部分。钢筋混凝土楼梯由于经济耐用，耐火性能好，因而在多层和高层房屋中得到广泛的应用。

## 一、楼梯的结构选型

### （一）建筑类型

根据使用要求和建筑特点，楼梯可以分成下列不同的建筑类型。

#### 1. 直跑楼梯

直跑楼梯适用于平面狭长的楼梯间和人流较少的次要楼梯。在房屋层高较小时，直跑楼梯中部可不设休息平台；层高较大、步数超过 17 步时，宜在中部设置休息平台。

### 2. 两跑楼梯

两跑楼梯应用最为广泛，适用于层高不太大的一般多层建筑这种楼梯的平面形式多样。

### 3. 三跑楼梯

当建筑层高较大时，一般采用三跑楼梯，层间设置两个休息平台，楼梯间一般为方形或接近方形的平面。

### 4. 剪刀式楼梯

剪刀式楼梯交通方便，适在人流较多的公共建筑中采用。

### 5. 螺旋形楼梯

螺旋形楼梯也称圆形楼梯，它的形式比较美观，常在公共建筑的门厅或室外采用，而且往往设置在显著的位置上，以增加建筑空间的艺术效果。它的另一个优点是楼梯间常可设计成圆形或方形，占用的建筑面积较小，所以在一般建筑中也可采用。

### 6. 悬挑板式楼梯

钢筋混凝土悬挑板式楼梯的挑出部分没有梁和柱，形式新颖以及轻巧，有很好的建筑艺术效果。这种楼梯在 20 世纪 50 年代国际上就已经用得很广泛了。

## （二）结构类型

钢筋混凝土楼梯可以是现浇的或预制装配的。钢筋混凝土现浇楼梯按其结构型式和受力特点大致可分为板式楼梯和梁式楼梯两种基本型式。

板式楼梯由梯段板、平台板和平台梁组成。梯段板是一块带有踏步的斜板，两端支承在上、下平台梁上。其优点是下表面平整，支模施工方便，外观也较轻巧。其缺点是梯段跨度较大时，斜板较厚，材料用量较多。所以，当活荷载较小，梯段跨度不大于 3m 时，宜采用板式楼梯。

梁式楼梯由踏步板、梯段梁、平台板和平台梁组成。踏步板支承在两边斜梁上；斜梁再支承在平台梁上，斜梁可设在踏步下面或上面，也可以用现浇拦板代替斜梁。当梯段跨度大于 3m 时，采用了梁式楼梯较为经济，但支模及施工比较复杂，而且外观也显得比较笨重。

选择楼梯的结构型式，应根据使用要求、材料供应、荷载大小、施工条件等因素以及适用、经济、美观的原则来选定。

## 二、楼梯的设计要点

发生强烈地震时，楼梯间是重要的紧急逃生竖向通道，楼梯间（包括楼梯板）的破坏会延误人员撤离及救援工作，从而造成严重伤亡。我国的《建筑抗震设计规范》（GB50011—2010）中2008年局部修订时增加了对楼梯间的抗震设计要求，第6.1.15条规定：楼梯间宜采用钢筋混凝土楼梯；对框架结构，楼梯间的布置不应导致结构平面特别不规则；楼梯构件与主体结构整浇时，应计入楼梯构件对地震作用及其效应的影响，应进行楼梯构件的抗震承载力验算；宜采取构造措施，减少楼梯构件对主体结构刚度的影响；楼梯间两侧填充墙与柱之间应加强拉结。条文说明中进一步指出：对于框架结构，楼梯构件与主体结构整浇时，梯板起到斜支撑的作用，对结构刚度、承载力、规则性的影响比较大，应参与抗震计算；当采取措施，如梯板滑动支承于平台板，楼梯构件对结构刚度等的影响较小，是否参与整体抗震计算差别不大对于楼梯间设置刚度足够大的抗震墙的结构，楼梯构件对于结构刚度的影响较小，也可不参与整体抗震计算。

## （一）板式楼梯

板式楼梯的设计内容包括梯段板、平台板和平台梁的设计。

板式楼梯是由一块斜放的板和平台梁组成。板端支承在平台梁上，荷载传递途径为：荷载作用于楼梯的踏步板，由踏步板直接传递给平台梁。

板式楼梯的优点是下表面平整，外观轻巧，施工简便；其缺点是斜板较厚。当承受的荷载或跨度较小时，选用板式楼梯较为合适，其一般应用住宅等建筑。

板式楼梯的计算如下：

### 1. 梯段板的计算

梯段斜板计算时，一般取1m斜向板带作为结构及荷载计算单元。梯段斜板支承于平台梁上，在进行内力分析时，通常将板带简化为斜向板简支板。承受荷载为梯段板自重及活荷载。考虑到平台梁对梯段板两端的嵌固作用，计算时，跨中弯矩可近似取 $\frac{1}{10}ql^2$。

梯段斜板按矩形截面计算，截面计算高度取垂直斜板的最小高度。

### 2. 平台梁的计算

板式楼梯中的平台梁承受梯段板和平台板传来的均布荷载，计算按承受均布荷载的简支梁计算内力，配筋计算按倒L形截面计算，截面翼缘仅仅考虑平台板，不考虑梯段斜板参加工作。

### 3. 构造要求

板式楼梯踏步板的厚度不应小于 $\left(\frac{1}{25}+\frac{1}{30}\right)l$（ $l$ 为板的跨度），一般取

$d=100 \sim 120mm$。踏步板内受力钢筋要求除计算确定外，每级踏步范围内需配置一根 $\phi 8$ 钢筋作为分布筋。考虑到支座连接处的整体性，为了防止板面出现裂缝，应在斜板上部布置适量的钢筋。

## （二）梁式楼梯

梁式楼梯由踏步板、斜梁、平台板和平台梁等组成。踏步板支承在斜梁上，斜梁再支承在平台梁上。荷载传递途径为：荷载作用于楼梯的踏步板，由踏步板传递给斜梁，再由斜梁传递给平台梁。

梁式楼梯的优点是传力路径明确，可承受较大荷载，跨度较大；其缺点是施工复杂。梁式楼梯广泛应用于办公楼、教学楼等建筑。

### 1. 踏步板的计算

梁式楼梯的踏步板可视为四边固定支承的斜放单向板，短向边支承在梯段的斜梁上，长向边支承在平台梁上。

计算单元的选取：取一个踏步板为计算单元，其截面形式为梯形。为简化计算，将其高度转化为矩形，折算高度为：$h=\dfrac{c}{2}+\dfrac{d}{\cos\alpha}$，其中，$c$ 为踏步高度，$d$ 为楼梯板厚。这样，踏步板可按截面宽度为 $b$、高度为 $h$ 的矩形板，进行内力和配筋计算。

### 2. 斜梁的计算

斜梁的两端支承在平台梁上，一般按简支梁计算。作用在斜梁上的荷载为踏步板传来的均布荷载，其中恒荷载按倾斜方向计算，活荷载按水平投影方向计算。通常，也将荷载恒载换算成水平投影长度方向的均布荷载。

斜梁是斜向搁置的受弯构件。在外荷载的作用之下，斜梁上将产生弯矩、剪力和轴力。其中，竖向荷载与斜梁垂直的分量使梁产生弯矩和剪力，与斜梁平行的分量使梁产生轴力。轴向力对梁的影响最小，通常可忽略不计。

若传递到斜梁上的竖向荷载为 $q$，斜梁长度为 $l_1$，斜梁的水平投影长度为 $l$，斜梁的倾角为 $\alpha$，则和斜梁垂直作用的均布荷载为 $ql\cos\alpha / l_1$，斜梁的跨中最大正弯矩为：

$$M_{max}=\frac{1}{8}\left(\frac{ql\cos\alpha}{l_1}\right)l_1^2=\frac{1}{8}ql^2 \tag{4-5}$$

支座剪力分别为：

$$V=\frac{1}{2}\left(\frac{ql\cos\alpha}{l_1}\right)l_1=\frac{1}{2}ql\cos\alpha \tag{4-6}$$

斜梁的截面计算高度应按垂直于斜梁纵轴线的最小梁高取用，按倒 L 形截面计算配筋。

### 3．平台板和平台梁的计算

平台板一般为支承在平台梁以及外墙上或钢筋混凝土过梁上，承受均布荷载的单向板。当平台板一端与平台梁整体连接，另一端支承在砖墙上时，跨中计算弯矩可近似取 $\frac{1}{8}ql^2$；当平台板外端与过梁整体连接时，考虑到平台梁和过梁对板的嵌固作用，跨中计算弯矩可近似取 $\frac{1}{10}ql^2$。

平台梁承受平台板传来的均布荷载以及上、下楼梯斜梁传来的集中荷载，一般按简支梁计算内力，按受弯构件计算来配筋。

### 4．构造要求

梁式楼梯踏步板的厚度一般取 $d = 30\sim40$mm，梯段梁和平台梁的高度应满足不需要进行变形验算的简支梁允许高跨比的要求，梯段梁应取 $h \ge \frac{1}{20}l$，平台梁应取 $h \ge \frac{1}{12}l$（$l$ 为梯段梁水平投影计算跨度或平台梁的计算跨度）。

踏步板内受力钢筋要求除了计算确定外，每级踏步范围内不少于 2 根 $\phi6$ 钢筋，且沿梯段方向布置 $\phi6@300$ 的分布钢筋。

# 第五章  钢筋混凝土单层厂房

# 第一节  单层厂房结构的组成及布置

## 一、单层厂房结构的组成

钢筋混凝土单层厂房结构通常是由下列各种结构构件所组成并连成一个整体。

### （一）屋盖结构

屋盖结构由屋面板、天沟板、天窗架、屋架（或屋面大梁）以及托架等组成，可分为无檩屋盖体系和有檩屋盖体系两类。凡大型屋面板直接支承在屋架上者，为无檩屋盖体系，其刚度和整体性好，目前采用很广泛。而小型屋面板支承在檩条上，檩条支承在屋架上，这样的结构体系称为有檩屋盖体系，这种屋盖由于构件种类多，荷载传递路线长，刚度和整体性较差，尤其是对保温屋面更为突出，所以除轻型不保温的厂房外，较少采用。屋面板起覆盖、围护作用；屋架又称为屋面承重结构，它除承受自重外，还承担屋面活荷载，并且将其传到排架柱。屋架（屋面大梁）承受屋盖的全部荷载，并将它们传给柱子。当柱间距大于屋架间距时（抽柱）用以支承屋架，并将屋架荷载传给柱子。天窗架也是一种屋面承重结构，主要用设置通风、采光天窗。

## （二） 吊车梁

吊车梁承担吊车竖向荷载及水平荷载，并将这些荷载传给排架结构。

## （三） 梁柱系统

梁柱系统由排架柱、抗风柱、吊车梁、基础梁、连系梁、过梁、圈梁构成。其中：屋架和横向柱列构成横向平面排架，是厂房的基本承重结构；由纵向柱列、连系梁、吊车梁和柱组成纵向平面排架，其主要作用是保证厂房结构纵向稳定和刚度，并承受相应的纵向吊车梁简支在柱牛腿上，承受吊车荷载，并将其传至横向或纵向平面排架。

圈梁将墙体同厂房排架柱、抗风柱等箍在一起，从而加强厂房的整体刚度，防止由于地基的不均匀沉降或较大振动荷载等引起对厂房的不利影响。连系梁联系纵向柱列、以增强厂房的纵向刚度并传递风荷载到纵向柱列，且将其上部墙体重量传给柱子。过梁承受门窗洞口上的荷载，并将它传到门窗两侧的墙体。基础梁承托围护墙体重量，并将其传给柱基础，而不另作墙基础。

排架柱承受屋盖、吊车梁、墙传来的竖向荷载和水平荷载，并把它们传给基础。抗风柱承受山墙传来的风荷载，并将其传给屋盖结构和基础。

## （四） 支撑系统

支撑系统包括屋盖支撑和柱间支撑。其中，屋盖支撑又分为上弦横向水平支撑、下弦横支撑、纵向水平支撑、垂直支撑以及系杆。支撑的主要作用是加强结构的空间刚度，承受并传递各种水平荷载，保证构件在安装和使用阶段的稳定和安全。

## （五） 基础

基础包含柱下独立基础和设备基础。柱下独立基础承受柱、基础梁传来的荷载，并且将其传给地基；设备基础承受设备传来的荷载。

## （六） 围护系统

围护结构体系，包括纵墙和山墙、墙梁、抗风柱（有时还有抗风梁或抗风桁架）、基础梁以及基础等构件。

围护结构的作用，除了承受墙体构件自重以及作用在墙面上的风荷载以外，主要起围护、采光、通风等作用。

围护结构的竖向荷载，除悬墙自重通过墙梁传给横向柱列或抗风柱外，墙梁以下的墙体及其围护构件（如门窗、圈梁等）自重，直接通过基础梁传给基础和地基。

## 二、单层厂房的荷载及传力途径

### （一）单层厂房的荷载

作用在单层厂房结构上的荷载有竖向荷载和水平荷载，竖向荷载主要由横向平面排架承担，水平荷载则由横向平面排架和纵向平面排架共同承担。

**1. 竖向荷载**

使用过程中的竖向荷载主要包括了构件和设备自重、吊车起吊重物时的荷载、雪荷载和积灰荷载、检修荷载。

**2. 水平荷载**

水平荷载主要包括风荷载、吊车水平制动荷载、水平地震作用，其中，风荷载包括迎风面的风压力和背风面的风吸力。

### （二）传力途径

在上述构件中，装配式钢筋混凝土单层厂房结构，根据荷载的传递途径和结构的工作特点又可分为：横向平面排架和纵向平面排架。

横向平面排架是由横梁（屋面梁或屋架）、横向柱列和基础所组成。由于梁跨度多大于纵向排架柱间距，各种荷载主要向短边传递，所以横向平面排架是单层厂房的主要承重结构，承受厂房的竖向荷载、横向水平荷载，并且将它们传给地基。因此，单层厂房设计中，一定要进行横向平面排架计算。

纵向平面排架是由连系梁、吊车梁、纵向柱列（包括柱间支撑）和基础所组成，主要承受作用于厂房纵向的各种水平力，并把它们传给地基，同时也承受因温度变化和收缩变形而产生的内力，起到保证厂房结构纵向稳定性和增强刚度的作用。由于厂房纵向长度较大，纵向柱列中柱子数量多，故当厂房设计不考虑抗震设防时，一般可不进行纵向平面排架计算。

纵向平面排架间和横向平面排架间主要依靠屋盖结构和支撑体系相连接，以保证厂房结构的整体性和稳定性。所以，屋盖结构和支撑体系也是厂房结构的重要组成部分。

## 三、承重结构构件的布置

### （一）柱网布置

厂房承重柱或承重墙的定位轴线在平面上构成的网络，称之为柱网。

柱网布置就是确定纵向定位轴线之间的尺寸（跨度）和横向定位轴线之间的尺寸（柱距）柱网布置既是确定柱的位置，也是确定屋面板、屋架和吊车梁等构件尺寸（跨度）

的依据，并涉及结构构件的布置。柱网布置恰当与否，将直接影响厂房结构的经济合理性和先进性，与生产使用也有密切关系。

为了保证构件标准化、定型化，主要尺寸和标高应符合统一模数。中华人民共和国国家标准《厂房建筑模数协调标准》（GB50006—2010）规定的统一协调模数制，以 100mm 为基本单位，用 M 表示，并且规定建筑的平面和竖向协调模数的基数值均应取扩大模数 3M，即 300mm。厂房建筑构件的截面尺寸，宜按 M/2（50mm）或 1M（100mm）进级。

当厂房的跨度不超过 18m 时，跨度应取 30M（3m）的倍数；当厂房的跨度超过 18m 时，跨度应取 60M（6m）的倍数；当工艺布置有明显的优越性时，跨度允许采用 21m、27m 和 33m。厂房的柱距一般取 6m 或 6m 的倍数，个别厂房也可以采用 9m 的柱距。但从经济指标、材料用量和施工条件等方面来衡量，一般厂房采用了 6m 柱距比 12m 柱距优越。

单层厂房自室内地坪至柱顶和牛腿面的高度应为扩大模数 3M（300mm）的整倍数柱网布置的原则一般为：①符合生产和使用要求；②建筑平面和结构方案经济合理；③在厂房结构形式和施工方法上具有先进性和合理性，适应生产发展和技术革新的要求，符合了《厂房建筑模数协调标准》（GB50006—2010）的模数规定。

## （二）变形缝

变形缝包括伸缩缝、沉降缝和防震缝。

### 1. 伸缩缝

如果厂房长度和跨度过大，当气温变化时，温度变形将使结构内部产生很大的温度应力，严重的可使墙面、屋面和构件等拉裂，影响使用。

为减少厂房结构中的温度应力，可设置伸缩缝将厂房结构分成若干温度区段。伸缩缝应从座础顶面开始，将两个温度区段的上部结构构件完全分开，并留出一定宽度的缝隙，使上部结构在气温有变化时，在水平方向可以自由地发生变形。《混凝土结构设计规范》（GB50010—2010）规定：对于排架结构，当有墙体封闭的室内结构，其伸缩缝最大间距不得超过 100m；而对无墙体封闭的露天结构，则不得超过 70m。

### 2. 沉降缝

在一般单层厂房排架结构中，通常可不设沉降缝，因为排架结构能适应地基的不均匀沉降，只有在特殊情况下才考虑设置。如厂房相邻两部分高度相差很大（如 10m 以上），两跨间吊车起重量相差悬殊，地基承载力或下卧层土质有极大差别，厂房各部分的施工时间先后相差很长，土壤压缩程度不同等。

沉降缝应将建筑物从屋顶到基础全部分开。

### 3. 防震缝

当厂房平、立面布置复杂时才考虑设防震缝。防震缝是为了减轻厂房地震灾害而采取的措施之一当厂房有抗震设防要求时，比如厂房平、立面布置复杂，结构高度或刚度相差悬殊时，应设置防震缝将相邻部分分开。

## 四、支撑的布置及作用

支撑可分屋盖支撑和柱间支撑两大类。在单层厂房中，支撑虽属非承重构件，但，却是联系主体结构，以使整个厂房形成整体的重要组成部分。支撑的主要作用是：增强厂房的空间刚度和整体稳定性，保证结构构件的稳定与正常工作；将纵向风荷载、吊车纵向水平荷载及水平地震作用传递给主要承重构件；保证在施工安装阶段结构构件的稳定工程实践表明，如果支撑布置不当，不仅会影响厂房的正常使用，还可能导致某些构件的局部破坏，乃至整个厂房的倒塌，支撑是联系屋架和柱等主要结构构件以构成空间骨架的重要组成部分，是保证了厂房安全可靠和正常使用的重要措施，应予以足够重视。

### （一）屋盖支撑

屋盖支撑通常包括上弦水平支撑、下弦水平支撑、垂直支撑、纵向水平系杆以及天窗架支撑等。这些支撑不一定在同一个厂房中全都设置。屋盖上、下弦水平支撑是布置在屋架上、下弦平面内以及天窗架上弦平面内的水平支撑，杆件一般采用十字交叉形式布置，倾角为 30°～60°。屋盖垂直支撑是指布置在屋架间和天窗架间的支撑，系杆分为刚性压杆和柔性拉杆两种。系杆设置在屋架上、下弦及天窗上弦平面内。

屋盖支撑的布置应考虑以下因素：厂房的跨度及高度；柱网布置及结构形式；厂房内起重设备的特征及工作等级；有无振动设备以及特殊的水平荷载。

#### 1. 屋架上弦横向水平支撑

屋架上弦横向水平支撑，系指厂房每个伸缩缝区段端部用交叉角钢、直腹杆和屋架上弦共同构成的，连接于屋架上弦部位的水平桁架。其作用是：在屋架上弦平面内构成刚性框，用以增强屋盖的整体刚度，保证屋架上弦平面外的稳定，同时将抗风柱传来的风荷载及地震作用传递到纵向排架柱顶。

其布置原则是：当屋盖采用有檩体系或无檩体系的大型屋面板和屋架无可靠连接时，在伸缩缝区段的两端（或在第二柱间、同时在第一柱间增设传力系杆）设置；当山墙风力通过抗风柱传至屋架上弦时，在厂房两端（或在第二柱间）设置；当有天窗时，在天窗两端柱间设置；地震区，尚应在有上、下柱间支撑的柱间设置。

### 2. 屋架下弦横向水平支撑

屋架下弦横向水平支撑，系指在屋架下弦平面内，由交叉角钢、直腹杆架下弦共同构成的水平桁架。其作用是：将山墙风荷载或吊车纵向水平荷载以及地震作用传至纵向列柱时防止屋架下弦的侧向振动。

其布置原则是：当山墙风力通过抗风柱传至屋架下弦时，宜在厂房两端（或第二柱间）设置；当屋架下弦有悬挂吊车且纵向制动力较大或厂房内有较大振动时，应在伸缩缝区段的两端（或在第二柱间）设置。

### 3. 屋架下弦纵向水平支撑

屋架下弦纵向水平支撑，系指由交叉角钢、直杆和屋架下弦第一节间组成的纵向水平桁架。其作用是：提高厂房的空间刚度，加强厂房的工作空间；直接增强屋盖的横向水平刚度，保证横向水平荷载的纵向分布；当设有托架时，将支撑在托架上的屋架所承担的横向水平风载传到相邻柱顶，并保证托架上翼缘的侧向稳定性。

其布置原则是：当厂房高度较大（如大于 15m）或吊车起重物较大（如大于 50t）时宜设置；当厂房内设有硬钩桥式吊车或设有大于 5t 悬挂吊，或设有较大振动的设备时宜设置；当厂房内因抽柱或柱距较大而需设置托架时宜设置。当厂房设有下弦横向水平支撑时，为了保证厂房空间刚度，纵向水平支撑应尽可能与横向水平支撑连接，以形成封闭的水平支撑体系。

### 4. 垂直支撑和水平系杆

垂直支撑由角钢杆件与屋架的直腹杆或天窗架的立柱组成垂直桁架，垂直支撑一般设置在伸缩缝区段两端的屋架端部或跨中。布置原则为：屋架端部（或天窗架）的高度（外包尺寸）大于 1.2m 时，屋架端部（或者天窗架）两端各设一道垂直支撑。

垂直支撑除保证屋盖系统的空间刚度和屋架安装时结构的安全以外，还将屋架上弦平面内的水平荷载传递到屋架下弦平面内。所以，垂直支撑应与屋架下弦横向水平支撑布置在同一柱间内。在有檩体系屋盖中，上弦纵向水平系杆则是用来保证屋架上弦或屋面梁受压翼缘的侧向稳定（防止局部失稳）及上弦杆的计算长度。

系杆是单根的连系杆件。既能承受拉力又能承受压力的系杆称之为刚件系杆，只能承受拉力的系杆称为柔性系杆。系杆一般沿通长布置，布置原则是：①有上弦横向水平支撑时，设上弦受压系杆。②有下弦横向水平支撑或纵向水平支撑时，设下弦受压系杆。③屋架中部有垂直支撑时，在垂直支撑同一铅垂面内设置通长的上弦受压系杆和通长的下弦受拉系杆；屋架端部有垂直支撑时，在垂直支撑同一铅垂面内设置通长的受压系杆。④当屋架横向水平支撑设置在端部第二柱间时，第一柱间的所有系杆均应为刚性系杆。

### 5. 天窗架支撑

天窗架间支撑包括天窗上弦水平支撑、天窗架间的垂直支撑和水平系杆，其作用是保证天窗上弦的侧向稳定和将天窗端壁上的风荷载传给屋架。

天窗架支撑的布置原则是：天窗架上弦横向水平支撑与垂直支撑一般均设置在天窗端部第一柱间内。当天窗区段较长时，还应在区段中部设有柱间支撑的柱间设置天窗垂直支撑。

垂直支撑一般设置在天窗的两侧，当天窗架跨度大于或等于 12m 时，还应在天窗中间竖平面内增设一道垂直支撑天窗有挡风板时，在挡风板立柱平面内也应设置垂直支撑，在未设置上弦横向水平支撑的大窗架间，应在上弦节点处设置柔性水平系杆。天窗垂直支撑除保证天窗架安装时的稳定外，还将天窗端壁上的风荷载传至屋架上弦水平支撑，所以，天窗架垂直支撑应与屋架上弦水平支撑布置在同一柱距内（在天窗端部的第一柱距内），且一般沿天窗的两侧设置。

## （二）柱间支撑

柱间支撑是由型钢和两相邻柱组成的竖向悬臂桁架，其作用是将山墙风荷载、吊车纵向水平荷载传至基础，增加厂房的纵向刚度。

对于有吊车的厂房，柱间支撑分上部和下部两种：前者位于吊车梁上部，用以承受作用在山墙上的风力并保证厂房上部的纵向刚度；后者位于吊车梁下部，承受上部支撑传来的力和吊车梁传来的吊车纵向制动力，并把它们传到基础。

非地震区的一般单层厂房，凡属下列情况之一者，均应设置柱间支撑。

（1）设有悬臂式吊车或 30kN 及以上的悬挂式吊车。

（2）设有重级工作制吊车，或设有中、轻级工作制吊车，其起重量在 100kN 和 100kN 以上。

（3）厂房的跨度在 18m 或 18m 以上，或者柱高在 8m 以上。

（4）厂房纵向柱的总数在 7 根以下。

（5）露天吊车栈桥的柱列。

柱间支撑应设置在伸缩缝区段中央柱间或临近中央的柱间：这样有利在温度变化或混凝土收缩时，厂房可向两端自由变形，而不致发生较大的温度或收缩应力。每一伸缩缝区段一般设置一道柱间支撑。

# 第二节　单层厂房结构的构件选型

单层厂房的结构构件和部件有屋面板、天窗架、支撑、屋架或屋面梁、托架、吊车梁、连系梁、基础梁、柱、基础等。这些构件和部件中，除柱和基础需要设计外，一般都可以根据工程的具体情况，从工业厂房结构构件标准图集中选用合适的标准构件。

工业厂房结构构件标准图有 3 类：①经国家建委审定的全国通用标准图集，诂用于全国各地；②经某地区或某工业部门审定的通用图集，适用该地区或该部门所属单位；③经某设计院审定的定型图集，适用于该设计院所设计的工程。图集中一般包括设计和施工、说明、构件选用表、结构布置图、连接大样图、模板图，配筋图、预埋件祥图、钢筋及钢材用量表等几个部分，根据图集即可对该类结构构件进行施工。

构件的选型需进行技术经济比较，尽可能节约材料，降低造价。从各部分构件的造价来看，屋盖结构费用最多，从材料用量来看，屋用板、屋架、吊车梁、柱的耗钢看较多，而屋面板和基础的混凝土用最较多因此，选型时要全面考虑厂房刚度、生产使用和建筑的工业化、现代化要求，根据具体设计、施工经济条件，选择较为合适的标准构件以及其截面形式与尺寸，这本身就是建筑和结构设计的一项重要工作。

## 一、屋面板、檩条

屋盖结构在整个厂房中造价最高和用料最多，而作为既起承重作用又起围护作用的屋面板义是屋盖结构体系中造价最高、用料最多的构件。常用的屋面板类型及适用条件可根据 G410、CG411 和 CG412 等图集选用，或者采用预应力混凝土单肋板、钢筋混凝土槽瓦以及石棉水泥瓦等屋面板。

檩条在有檩体系屋盖中起支承上部小型屋面板或瓦材，并将屋面荷载传给屋架（或屋面梁）的作用，同时还和屋盖支撑系统一起增强屋盖的总体刚度。根据厂房柱距的不同，檩条长度一般为 4m 或 6m，目前应用较多的是倒 L 形或者 T 形截面普通或预应力混凝土檩条；轻型瓦材屋面也常用轻钢组合桁架式檩条。

## 二、屋架、屋面梁

屋架（或屋面梁）是屋盖结构最主要的承重构件，它除承受屋面板传来的屋而荷载外，有时还要承受厂房中的悬挂吊车、高架管道等荷载。

屋面梁为梁式结构，它便于制作和安装，但由于自重大、费材料，所以一般只用于跨度较小的厂房。屋架则由于矢高大、受力合理、自重轻，适用于较大的跨度。

屋架的外形有三角形、梯形、拱形、折线形等几种。屋架的外形不同，其受力大小与合理性也不相同常用的钢筋混凝土屋架和屋面梁形式、特点和适用条件可以根据 G145、G215、G414、G310、G312 和 G314 等图集选用。

在单层厂房中，有时采用钢结构梯形屋架和平行弦屋架，尽管受力不够合理，但由于杆件内力与屋架高度成反比，所以适当增加屋架高度，杆件内力可相应减小，适用于跨度较大的情况；而钢结构折线形屋架，则由于节点复杂，制造困难，一般不用。

总之，屋架的选型，必须综合考虑建筑的使用要求、跨度和荷载的大小，以及材料供应、施工条件等因素，进行全面的技术经济分析。

## 三、天窗架、托架

天窗架随天窗跨度的不同而不同。目前用得最多的是三铰刚架式天窗架，两个三角形刚架在脊节点及下部与屋架的连接均为铰接。当厂房柱距为 12m，而采用了 6m 大型屋面板时，则需在沿纵向柱与柱之间设置托架，以支承屋架。

## 四、吊车梁

吊车梁是有吊车厂房的重要构件，它直接承受吊车传来的竖向荷载和纵、横向水平制动力，并将这些力传给厂房柱。因为吊车梁所承受的吊车荷载属于吊车起重、运行、制动时产半的往复移动荷载。所以，除了应满足一般梁的强度、抗裂度、刚度等要求外，尚须满足疲劳强度的要求同时，吊车梁还有传递厂房纵向荷载、保证厂房纵向刚度等作用。因此，对吊车梁的选型、设计和施工均应予以重视。

吊车梁的形式很多，钢筋混凝土吊车梁的形式可根据 G157、G158、G323、G234、G425、G426 和 CG427 等图集选用设计时可根据吊车起重能力、跨度和吊车工作制的不同酌情选用。其中鱼腹式吊车梁受力最合理，但施工麻烦，故多用于 12m 大柱距厂房。桁架式吊车梁结构轻巧，但是承载能力低，一般只用于小起重量吊车的轻型厂房，对于一般中型厂房目前多采用等高 T 形或工字形截面吊车梁。

## 五、排架柱

### （一）柱的形式选择

单层厂房排架柱常用的截面形式有矩形截面柱、工字形截面柱、双肢柱和管柱等。

在中小型厂房中，常用矩形截面柱和工字形截面柱。矩形截面柱的混凝土不能全部充分发挥作用，浪费材料，自重大，但构造简单，施工方便，主要用于截面高度 $h_{,,}$ 700mm 的小型柱。

工字形截面柱的截而形式合理，施工也较简单，应用较广泛。但当截面太大（如 $h_{...}$1600mm）时，重量大，吊装困难，因此，当截面高度 $h > 1600$mm 时，采用双肢柱。

### （二）柱截面尺寸的确定

柱截面尺寸不但应满足承载力，还必须保证具有足够的刚度，以保证厂房在正常使用过程中不致出现过大的变形，影响吊车正常运行，造成吊车轮与轨道磨损严重或造成墙体和屋盖开裂等情况。

## 六、基础

基础支承着厂房上部结构的全部重量，并将其传递到地基中去，起着承上传下的作用，也是厂房结构的重要构件之一。常用的基础形式有杯形基础、双杯形基础、条形基础、高杯基础以及桩基础等。

基础形式的选择，主要取决于上部结构荷载的大小和性质、工程地质条件等。在一般情况下，多采用杯形基础；当上部结构荷载较大，而地基承载力较小，如采用杯形基础则底面积过大，致使距相邻基础太近，或地基上质条件较差时，可采用条形基础；当地基的持力层较深时，可采用高杯基础或爆扩桩基础；当上部结构的荷载很大，且对地基的变形限制较严时，可考虑采用桩基础等。

随着基础形式的不断革新，还出现了薄壁的壳体基础，以及无钢筋倒圆台基础等。其共同的特点是受力性能较好，用料较省，但是施工比较复杂。

# 第三节 单层厂房结构排架内力分析

单层厂房结构是一个复杂的空间体系，为了简化，一般按纵、横向平面结构计算。纵向平面排架的柱较多，其纵向的刚度较大，每根柱子分到的内力较小，故对厂房纵向平面排架往往不必计算。仅仅当厂房特别短、柱较少、刚度较差时，或需要考虑地震作用或温度内力时才进行计算，本节主要介绍横向平面排架的计算。

# 一、计算单元与计算简图

## （一）计算单元

在进行横向排架内力分析时,首先沿厂房纵向选取出一个或几个有代表性的单元,称为计算单元。然后将此计算单元的屋架、柱和基础抽象为合理的计算简图,再在该单元全部荷载的作用下计算其内力。

除吊车等移动的荷载外,阴影范围内的荷载便作用在这榀排架上。对于厂房端部和伸缩缝处的排架,其负荷范围只有中间排架的一半,但为设计、施工的方便,通常不再另外单独分析,而按中间排架设计。当单层厂房因生产工艺要求各列柱距不等时,则应根据具体情况选取计算单元。如果屋盖结构刚度很大,或设有可靠的下弦纵向水平支撑,可认为厂房的纵向屋盖构件把各横向排架连接成一个空间整体,这样就有可能选取较宽的计算单元进行内力分析。此时可假定计算单元中同一柱列的柱顶水平位移相等,则计算单元内的两榀排架可以合并为一榀排架来进行内力分析,合并后排架柱的惯性矩应按合并考虑。需要注意,按上述计算简图求得内力后,应将内力向单根柱上再进行分配

## （二）计算假定和简图

为了简化计算,根据厂房结构的连接构造,对钢筋混凝土排架结构通常做如下假定:①由于屋架与柱顶靠预埋钢板焊接或螺栓连接,抵抗弯矩的能力很小,但可以有效地传递竖向力和水平力,故假定柱与屋架为铰接;②由于柱子插入基础杯口有一定深度,用细石混凝土嵌固,且一般不考虑基础的转动(有大面积堆载和地质条件很差时除外),故假定柱与基础为刚接;③由于屋架(或屋面梁)的轴向变形与柱顶侧移相比非常小(用钢拉杆作下弦的组合屋架除外),故假定屋架为刚性连杆。

这个假定对于采用钢筋混凝土屋架、预应力混凝土屋架或屋面梁作为横梁是接近实际的。

# 二、荷载计算

作用在厂房上的荷载有永久荷载和可变荷载两大类（偶然荷载,即地震作用在"结构抗震"课程中讲授）,前者包括屋盖、柱、吊车梁以及轨道等自重;后者包括屋盖活荷载、吊车荷载和风荷载等。

## （一）永久荷载

各种永久荷载可根据材料及构件的几何尺寸和容重计算,标准构件也可直接从标

准图上查出。

## （二）屋面活荷载

屋面活荷载包括屋面均布活荷载、屋面雪荷载和屋面积灰荷载三部分，它们均按屋面水平投影面积计算，其荷载分项系数均为 1.4。

## （三）吊车荷载

单层厂房中吊车荷载是对排架结构起控制作用的一种主要荷载。吊车荷载是随时间和平面位置不同而不断变动的，对于结构还有动力效应。桥式吊车由大车（桥架）和小车组成。大车在吊车梁轨道上沿厂房纵向行驶，小车在桥架（大车）上沿厂房横向运行，大车和小车运行时都可能产生制动刹车力。因此，吊车荷载有竖向荷载和横向荷载两种，而吊车水平荷载又分为纵向和横向两种。

厂房中的吊车以往是按吊车荷载达到其额定值的频繁程度分成 4 种工作制：

（1）轻级。在生产过程中不经常使用的吊车（吊车运行时间占全部生产时间不足15% 者），例如用于机器设备检修的吊车等。

（2)中级。当运行为中等频繁程度的吊车，比如机械加工车间和装配车间的吊车等。

（3)重级。当运行较为频繁的吊车(吊车运行时间占全部生产时间不少于40% 者)，例如用于冶炼车间的吊车等。

（4）超重级。当运行极为频繁的吊车，这在极个别的车间采用。

我国现行国家标准《起重机设计规范》为与国际有关规定相协调，参照国际标准《起重设备分级》的原则，按吊车在使用期内要求的总工作循环次数和荷载状态将吊车分为 8 个工作级别，作为吊车设计的依据。

吊车纵向水平荷载是大车启动或制动引起的水平惯性力，纵向水平荷载的作用点位于刹车轮与轨道的接触点，方向与轨道方向一致，由大车每侧的刹车轮传至轨顶，继而传至吊车梁，通过吊车梁传给纵向排架。

## （四）风荷载

作用在厂房上的风荷载，在迎风墙面上形成压力，在背风墙面上为吸力，对屋盖则视屋顶形式不同可出现压力或吸力，风荷载的大小与厂房的高度和外表体形有关。

# 三、等高排架的内力计算

作用在排架上的荷载种类很多，究竟在哪些荷载作用下哪个截面的内力最不利，很难一下判断出来。但是，我们可以把排架所受的荷载分解成单项荷载，先计算单项荷载作用下排架柱的截面内力，然后再把单项荷载作用下的计算结果综合起来，通过内力组合确定控制截面的最不利内力，以其作为设计依据。

单层厂房排架为超静定结构，它的超静定次数等于它的跨数。等高排架是指各柱的柱顶标高相等，或柱顶标高虽不相等，但在任意荷载作用下各柱柱顶侧移相等。由结构力学知道，等高排架不论跨数多少，因为等高排架柱顶水平位移全部相等的特点，时用比位移法更为简捷的"剪力分配法"来计算。这样超静定排架的内力计算问题就转变为静定悬臂柱在已知柱顶剪力和外荷载作用下的内力计算。任意荷载作用下等高排架的内力计算，需要首先求解单阶超静定柱在各种荷载作用下的柱顶反力。因此，下面先讨论单阶超静定柱的计算问题作用在对称排架上的荷载可分为对称和非对称两类，它们的内力计算方法有所不同，现分述如下。

## （一）对称荷载作用

对称排架在对称荷载作用之下，排架柱顶无侧移，排架简化为下端固定，上端不动铰的单阶变截面柱。这是一次超静定结构，用力法（或者其他方法）求出支座反力后，便可按竖向悬臂构件求得各个截面的内力。

如在变截面处作用一力矩 $M$ 时，设柱顶反力为 $R$，由力法方程可得

$$R\delta - \Delta_p = 0 \tag{5-1}$$

即

$$R = \Delta_p / \delta \tag{5-2}$$

式中：$\delta$ 为悬臂柱在柱顶单位水平力作用下柱顶处的侧移值，因其主要与柱的形状有关，故称为形常数；$\Delta_p$ 为悬臂柱在荷载作用下柱顶处的侧移值，因和荷载有关，故称为载常数，

由式（5-2）可见，柱顶不动铰支座反力 $R$ 等于柱顶处的载常数除以该处的形常数。令

$$\lambda = \frac{H_u}{H}, \quad n = \frac{I_u}{I_l} \tag{5-3}$$

根据结构力学中的图乘法可得

$$\begin{cases} \delta = \dfrac{H^3}{C_0 EI_l} \\ \Delta_p = \left( -\lambda^2 \right) \dfrac{H^2}{2EI_l} M \end{cases} \tag{5-4}$$

将式（5-3）代入式（5-2），得

$$R = C_M \frac{M}{H} \tag{5-5}$$

式中：$C_0$ —— 单阶变截面柱的柱顶位移系数，按下式计算：

$$C_0 = \frac{3}{1 + \lambda^3 \left( \dfrac{1}{n} - 1 \right)} \tag{5-6}$$

$C_M$ —— 单阶变截面柱在变阶处集中力矩作用下的柱顶反力系数，按下式计算：

$$C_M = \frac{3}{2} \cdot \frac{1 - \lambda^2}{1 + \lambda^3 \left( \dfrac{1}{n} - 1 \right)} \tag{5-7}$$

按照上述方法，可得到单阶变截面柱在各种荷载作用下的柱顶反力系数。

单跨厂房的屋盖恒荷载是对称荷载。屋面活荷载是非对称荷载。为简化计算，对于单跨厂房的排架可按对称荷载计算，即可不考虑活荷载在半跨范围内的布置情况，由此引起的计算误差很小。

## （二）非对称荷载作用

作用在单跨排架上的非对称荷载有风荷载、吊车竖向荷载和吊车横向水平荷载在非对称荷载作用下，无论结构是否对称，排架顶端均产生位移，此时可用材料力学中的力法等进行计算：对等高排架，用剪力分配法计算是很方便的。

### 1. 柱顶水平集中力作用下的内力分析

在柱顶水平集中力 $F$ 作用下，等高排架各柱顶将产生侧移动。由于假定横梁为无轴向变形的刚性连杆，故有下列变形条件：

$$\Delta_1 = \Delta_2 = \cdots \Delta_n = \Delta \tag{5-8}$$

若沿横梁与柱的连接处将各柱的柱顶切开，则在各柱顶的切口上作用有一对相应的剪力 $V_i$。如果取出横梁为脱离体，则有下列平衡条件：

$$F = V_1 + V_2 + \cdots + V_n = \sum_{i=1}^{n} V_i \tag{5-9}$$

另外，根据形常数 $\delta_i$ 的物理意义，可得下列物理条件：

$$V_i \delta_i = \Delta \tag{5-10}$$

求解联立方程（5-8）和（5-9），并利用式（5-10），可得

$$V_i = \frac{\dfrac{1}{\delta_i}}{\displaystyle\sum_{i=1}^{n} \dfrac{1}{\delta_i}} F = \eta_i F \tag{5-11}$$

式中：$1 / \delta_i$ 为第 $i$ 根排架柱的抗侧移刚度（或抗剪刚度），即悬臂柱柱顶产生单位侧移所需施加的水平力；$\eta_i$ 为第 $i$ 根排架柱的剪力分配系数，按下式计算：

$$\eta_i = \frac{\frac{1}{\delta_i}}{\sum\limits_{i=1}^{n}\frac{1}{\delta_i}} \tag{5-12}$$

显然，剪力分配系数 $\eta_i$ 与各柱的抗剪刚度 $1/\delta_i$ 成正比，抗剪刚度 $1/\delta_i$ 愈大，剪力分配系数也愈大，分配到的剪力也愈大。

按式（5-11）求得柱顶剪力 $V_i$ 后，用平衡条件可得排架柱各截面的弯矩和剪力。由式（5-12）可见：①当排架结构柱顶作用水平集中力 $F$ 时，各柱的剪力按其抗剪刚度与各柱抗剪刚度总和的比例关系进行分配，故称为剪力分配法；②剪力分配系数满足 $\Sigma\eta_i = 1$。③各柱的柱顶剪力 $V_i$ 仅和 $F$ 的大小有关，而与其作用在排架左侧或右侧柱顶处的位置无关，但 $F$ 的作用位置对横梁内力有影响。

### 2. 任意荷载作用下的等高排架内力分析

为了利用剪力分配法来求解这一问题，对任意荷载作用，必须把计算过程分为 3 个步骤：第一步先假想、在排架柱顶增设不动铰支座，由于不动铰支座的存在，排架将不产生柱顶水平侧移，而在不动铰支座中产生水平反力 $R$。由于实际上并没有不动铰支座。因此，第二步必须撤除不动铰支座，换言之，即加一个和 $R$ 数值相等而方向相反的水平集中力 $F$ 排架柱顶，以使排架恢复到实际情况，这时排架就转换成柱顶受水平集中力作用的情况，即可利用剪力分配法来计算。最后，将上面两步的计算结果进行叠加，即可求得排架的实际内力。

## 四、单层厂房的整体空间作用

单层厂房结构是由排架、屋盖系统、支撑系统和山墙等组成的一个空间结构，如果简化成按平面排架计算，虽然简化了计算，但却与实际情况有出入。

在恒载、屋面荷载、风载等沿厂房纵向均布的荷载作用下，除靠近山墙处的排架的水平位移稍小以外，其余排架的水平位移基本上是差别不大。因而各排架之间相互牵制作用不显著，按简化成平面排架来计算对排架内力影响很小，故在均布荷载作用下不考虑整体空间作用。

但是，吊车荷载（竖向和水平）是局部荷载，当吊车荷载局部作用于某几个排架时，其余排架以及两山墙都对承载的排架有牵制作用，如厂房跨数较多、屋盖刚度较大，则牵制作用也较大。这种排架与排架、排架与山墙之间相互关联和牵制的整体作用，即称为厂房的整体空间作用。

根据实测及理论分析，厂房的整体空间作用的大小主要和下列因素有关：①屋盖刚度：屋盖刚度越大，空间作用越显著，故无檩屋盖的整体空间作用大于有檩屋盖。②厂房两端有无山墙：山墙的横向刚度很大，能承担很大部分横向荷载。根据实测资料表明，两端有山墙与两端无山墙的厂房，其整体空间作用将相差几倍甚至十几倍。③厂房长度：厂房的长度长，空间作用就大。④排架本身刚度：排架本身的刚度越大，直接受力排架承担的荷载就越多，传给其他排架的荷载就越少，空间作用就相对减少。此外，还与屋架变形等因素有关。

对一般单层厂房，在恒载、屋面活荷载、雪荷载以及风荷载作用下，按平面排架结构分析内力时，可不考虑厂房的整体空间作用。而吊车荷载仅作用在几榀排架上，属于局部荷载，因此，《混凝土结构设计规范》规定，在吊车荷载作用下才考虑厂房的整体空间作用。

## 五、内力组合

所谓内力组合，就是将排架柱在各单项荷载作用下的内力，按照它们在使用过程中同时出现的可能性，求出在某些荷载共同作用下，柱控制截面可能产生的最不利的内力，作为柱和基础配筋计算的依据。

### （一）控制截面

控制截面是指对截面配筋起控制作用的截面。从排架内力分析中可知，排架柱内力沿柱高各个截面都不相同，故不可能（也没有必要）计算所有的截面，而是选择几个对柱内配筋起控制作用的截面进行计算。对单阶柱，为了便于施工，整个上柱截面配筋相同，整个下柱截面的配筋也相同。

对于上柱来说，上柱柱底弯矩和轴力最大，是控制截面，记为Ⅰ—Ⅰ截面。对下柱来说，下柱牛腿顶截面处在吊车荷载作用下弯矩最大，下柱底截面在吊车横向水平荷载和风荷载作用下弯矩最大，此两截面是下柱的控制截面，分别记为Ⅱ—Ⅱ截面和Ⅲ—Ⅲ面。所示。同时，柱下基础设计也需要Ⅲ—Ⅲ截面的内力值。

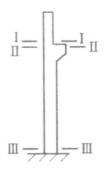

图 5-1　柱控制截面

## （二） 荷载组合原则

建筑结构荷载规范规定，荷载效应基本组合的效应设计值 $S_d$ 应从下列组合值中取最不利值来确定。

（1）由可变荷载效应控制的组合：

$$S_d = \sum_{j=1}^{m} \gamma_G S_{G_{j,k}} + \gamma_Q \gamma_{L_i} S_{Q_{j,k}} + \sum_{i=2}^{n} \gamma_Q \gamma_L \psi_{c_i} S_{Q,k} \qquad (5\text{-}13)$$

（2）由永久荷载效应控制的组合：

$$S_d = \sum_{j=1}^{m} \gamma_{G_j} S_{S_{G_{jk}}} + \sum_{i=1}^{n} \gamma_Q \gamma_{L_i} \psi_{c_i} S_{Q,k} \qquad (5\text{-}14)$$

式中：$S_{Gjk}$ 为按第 $j$ 个永久荷载标准值 $G_{jk}$ 计算的荷载效应值；$S_{Qik}$ 为按第 $i$ 个时变荷载标准值 $S_{Qik}$ 计算的荷载效应值，其中 $S_{Qik}$ 为诸可变荷载效应中起控制作用者；$\gamma_{Qi}$ 为第 $i$ 个可变荷载的分项系数，其中 $\gamma_{Q1}$ 为主导可变荷载 $Q_1$ 的分项系数，按规范选用；$\gamma_{Li}$ 为第 $i$ 个可变荷载考虑设计使用年限的调整系数，其中 $\gamma_{L1}$ 为主导可变荷载 $Q_1$ 考虑设计使用年限的调整系数；$\psi_{ci}$ 为第 $i$ 个可变荷载的组合值系数。

对正常使用极限状态，应根据不同的设计要求，采用荷载的标准组合、频遇组合或准永久组合；计算地基承载力时，应采用荷载效应的标准组合。

## （三） 内力组合

排架柱为偏心受压构件，各个截面都有弯矩、轴向力与剪力存在，它们的大小是设计柱的依据，同时也影响基础设计。

柱的配筋是根据控制截面最不利内力组合计算的。当按某一组内力计算时，柱内钢筋用量最多，则该组内力即为不利的内力组合。

# 第四节　单层厂房柱的设计

## 一、柱的截面设计及配筋构造要求

### （一） 柱截面承载力验算

单层厂房柱，根据排架分析求得的控制截面最不利组合的内力 M 和 N，按偏心受压构件进行正截面承载力计算以及按轴心受压构件进行弯矩作用平面外受压承载力验算。一般情况下，矩形、T 形截面实腹柱可按构造要求配置箍筋，不必进行斜截面受剪承载力计算因为柱截而上同时作用有弯矩和轴力，而且弯矩有正、负两种情况，所以一般采用对称配筋。

在对柱进行受压承载力计算及验算时，柱因弯矩增大系数及稳定系数均与柱的计算长度有关，而单层厂房排架柱的支承条件比较复杂，所以，柱的计算长度不能简单地按材料力学中几种理想支承情况来确定。

对单层厂房，不论它是单跨厂房还是多跨厂房，柱的下端插入基础杯口，杯口四周空隙用现浇混凝土将柱与基础连成一体，比较接近固定端；而柱的上端与屋架连接，既不是理想自由端，也不是理想的不动铰支承，实际上属于一种弹性支承情况。因此，柱的计算长度不能用丁一程力学中提出的各种理想支承情况来确定。对于无吊车的厂房柱，其计算长度显然介于上端为不动被支承与自由端两种情况之间。对于有吊车厂房的变截面柱，由于吊车桥架的影响，还需对上柱和下柱给出不同的计算长度。

## （二） 柱的裂缝宽度验算

《混凝土结构设计规范》规定，对 $e_0/h_0 > 0.55$ 的偏心受压构件，应进行裂缝宽度验算，验算要求：按荷载效应的标准组合并考虑长期作用影响计算的最大裂缝宽度 $\omega_{max}$，$\omega_{min}$ 最大裂缝宽度限值）。对 $e_0/h_0$, 0.55 的偏心受压构件，可不验算裂缝宽度。

## （三） 柱吊装阶段的承载力和裂缝宽度验算

预制柱一般在混凝土强度达到设计值的70%以上时，即可进行吊装就位。当柱中配筋能满足平吊时的承载力和裂缝宽度要求时，宜采用平吊，以简化施工。但是当平吊需较多地增加柱中配筋时，则应考虑改为翻身起吊，以节约钢筋用量。

吊装验算时的计算简图应根据吊装方法来确定，如采用一点起吊，吊点位置设在牛腿的下边缘处。当吊点刚离开地面时，柱子底端搁在地上，柱子成为带悬臂的外伸梁，计算时有动力作用，应将口重乘以动力系数1.5。同时考虑吊装时间短促，承载力验算时结构重要性系数应较其使用阶段降低一级采用。

为简化计算，吊装阶段的裂缝宽度不直接验算，可用控制钢筋应力和直径的办法来间接控制裂缝宽度，即钢筋应力 $\sigma_{ss}$ 应满足下式要求：

$$\sigma_{ss} = \frac{M_s}{0.87h_0A_s} , [\sigma_{ss}] \tag{5-15}$$

式中：$M_s$ 为吊装阶段截面上按荷载短期效应组合计算的弯矩值，需考虑动力系数（1.5）；$[\sigma_{ss}]$ 为不需验算裂缝宽度的钢筋最大允许应力，可在《混凝土结构设计原理》查得（由已知截面上钢筋直径 $d$ 及 $\rho_{te}$，查得不需作裂缝宽度验算的最大允许应力值）。

## （四）构造要求

柱的混凝土强度等级不宜低于 C20，纵向受力钢筋 $d \geq 12mm$。全部纵向钢筋的配筋率 $\rho_y$，5%。当柱的截面高度 $h...600mm$ 时，在侧面设置直径为 $10 \sim 16mm$ 的纵向构造筋，并且应设置附加箍筋或拉筋。柱内纵向钢筋的净距不应小于 50mm，对于水平浇筑的预制柱，其上部纵筋的最小净间距不应小于 30mm 和 1.5$d$；下部纵筋的净间距不应小于 25mm 和 $d$（$d$ 为柱内纵筋最大直径）。

柱中的箍筋应做成封闭式。箍筋的间距不大于 400mm、不大于 $b$ 且不大于 15$d$（对绑扎骨架）或不大于 20$d$（对焊接骨架），$d$ 为纵筋最大直径；当采用热轧钢筋时，箍筋直径不小于 $d/4$，且不大于 6mm；当柱中全部纵筋的配筋率超过 3% 时，箍筋直径不宜小于 8mm，间距不应大于 10$d$（$d$ 为纵筋最小直径），且不大于 200mm；当柱截面短边尺寸大于 400mm，且每边的纵向钢筋多于 3 根时（或当柱子短边尺寸不大于 400mm 但纵向钢筋多于 4 根时），应设置复合箍筋。

# 二、柱牛腿设计

在单层厂房中，通常采用柱侧伸出的短悬臂——"牛腿"来支承屋架、吊车梁及墙梁等构件。牛腿不是一个独立的构件，其作用就是将牛腿顶面的荷载传递给柱子。由于这些构件大多是负荷大或者有动力作用，所以牛腿虽小，却是一个重要部件。

根据牛腿所受竖向荷载 $F_v$ 作用点到牛腿下部与柱边缘交接点的水平距离 $a$ 与牛腿垂直截面的有效高度 $h_0$ 之比的大小，可把牛腿分成两类：① $a > h_0$ 时为长牛腿，按悬臂梁进行设计；②当 $a < h_0$ 时为短牛腿，是一个变截面短悬臂深梁单层厂房中遇到的一般为短牛腿。下面主要讨论短牛腿(以下简称牛腿)的应力状态、破坏形态和设计方法。

## （一）牛腿的应力状态和破坏形态

### 1. 牛腿的应力状态

牛腿上表面的拉应力，沿牛腿长度方向分布比较均向下倾斜。牛腿上表面的拉应力，沿牛腿长度方向分布比较均匀，在加载点外侧，拉应力迅速减少至零。

这样，可以把牛腿上部近似地假定为一个拉杆，且拉杆和牛腿上边缘平行。主压应力方向大致与加载点到牛腿下部转角的连线 AB 相平行，并且在一条不很宽的带状区域内主压应力迹线密集地分布，这一条带状区域可以看作传递主压应力的压杆。

### 2. 牛腿的破坏形态

对 $a / h_0 = 0.1 \approx 0.75$ 范围内的钢筋混凝土牛腿做试验，结果表明，牛腿混凝土的开裂以及最终破坏形态与上述光弹性模型试验所得的应力状态相一致。

牛腿的破坏形态主要取决于 $a/h_0$，有 5 种破坏形态，分别为弯压破坏、剪切破坏、斜压破坏、斜拉破坏和局压破坏。

（1）弯压破坏。当 $0.75 < a/h_0 < 1$ 或受拉纵筋配筋率较低时，它与一般受弯构件破坏特征相近，泞先受拉纵筋屈服，最后受压区混凝土压碎而破坏。

（2）剪切破坏。当 $a/h_0 \leqslant 0.1$ 时，或虽 $a/h_0$ 较大但牛腿的外边缘高度 $h_1$ 较小时，在牛腿和柱边交接面上出现一系列短而细的斜裂缝，最后牛腿沿此裂缝从柱上切下而破坏，破坏时牛腿的纵向钢筋应力较小。

（3）斜压破坏。当 $a/h_0$ 值在 0.1 ～ 0.75 范围内时，随着荷载增加，在斜裂缝外侧出现细而短小的斜裂缝，当这些斜裂缝逐渐贯通时，斜裂缝间的斜向主压应力超过混凝土的抗压强度，直到混凝土剥落崩出，牛腿即发生斜压破坏。有时，牛腿不出现斜裂缝，而是在加载垫板下突然出现一条通长斜裂缝而发生斜拉破坏，因为单层厂房的牛腿 $a/h_0$ 值一般在 0.1 ～ 0.75 范围内，故大部分牛腿均属斜压破坏。

（4）局压破坏。当加载垫板尺寸过小时，会导致加载板下混凝土局部压碎破坏。

为防止上述各种破坏，牛腿应有足够大的截面尺寸，配置足够的钢筋，垫板尺寸不能过小并满足一系列的构造要求。

## （二）牛腿的设计

牛腿设计内容包括 3 个方面的内容，分别为：①牛腿横面尺寸的确定；②牛腿承载力计算；③牛腿配筋构造。

### 1. 牛腿截面尺寸的确定

由于牛腿截面宽度与柱等宽，因此只需确定截面高度即可。牛腿是一重要部件，又考虑到出问题后又不易加固，因此截面高度一般以斜截面的抗裂度为控制条件，即以控制其在正常使用阶段不出现或仅出现微细裂缝为宜，设计时可以根据经验预先假定牛腿高度，然后按下列裂缝控制公式进行验算。

$$F_{vk} = \beta\left(1-0.5\frac{F_{hk}}{F_{vk}}\right)\frac{f_{tk}bh_0}{0.5+\dfrac{a}{h_0}} \tag{5-16}$$

即

$$h_0 \ldots \frac{0.5F_{vk}+\sqrt{0.25F_{vk}^2+4ab\beta\left(1-0.5F_{hk}/F_{vk}\right)F_{vk}f_{tk}}}{2b\beta\left(1-0.5F_{hk}/F_{vk}\right)f_{tk}}$$

当仅有竖向力作用时，（5-15）、（5-16）公式如下：

$$F_{vk} = \beta \frac{f_{tk} b h_0}{0.5 + \dfrac{a}{h_0}} \tag{5-17}$$

即

$$h_0 \therefore \frac{0.5 F_{vk} + \sqrt{0.25 F_{vk}^2 + 4ab\beta F_{vk} f_{tk}}}{2b\beta f_{tk}} \tag{5-18}$$

式中：$F_{vk}$ 为作用于牛腿顶部按荷载效应标准组合计算的竖向力值；$F_{hk}$ 为作用在牛腿顶部按荷载效应标准组合计算的水平拉力值；$\beta$ 为裂缝控制系数（对支承吊车梁的牛腿，$\beta=0.65$；对于其他牛腿，$\beta=0.80$）；$a$ 为竖向力的作用点至下柱边缘的水平距离，此时应考虑安装偏差 20mm，当 $a < 0$ 时，取 $a = 0$；$b$ 为牛腿宽度；$h_0$ 为牛腿与下柱交接处的垂直截面有效高度，取 $h_0 = h_1 - a_s + c\tan\alpha$，当 $\alpha > 45°$ 时，取 $\alpha = 45°$。

此外，牛腿的外边缘高度 $h_1$ 不应小于 $h/3$，且不应小于 200mm，牛腿外边缘至吊车梁外边缘的距离不宜小于 70mm，牛腿底边倾斜角 $\alpha$, 45°。否则会影响牛腿的局部承压力，并可能造成牛腿外线混凝土保护层剥落。

为了防止牛腿顶面加载垫板下混凝土的局部受压破坏，垫板下的局部压应力应满足

$$\sigma_c = \frac{F_{vk}}{A} \, '' \, 0.75 f_c \tag{5-19}$$

式中：$A$ 为局部受压面积，$A = a \cdot b$ 其中 $a,b$ 分别为垫板的长和宽；$f_c$ 为混凝土轴心抗压强度设计值。

当不满足式（5-319）要求时，应当采取加大垫板尺寸、提高混凝土强度等级或设置钢筋网等有效的加强措施。

**2. 牛腿承载力计算**

根据前述牛腿的试验结果指出，常见的斜压破坏形态的牛腿，在即将破坏时的工作状况可以近似看作以纵筋为水平拉杆，以混凝土压力带为斜压杆的三角形桁架。

（1）正截面承载力

通过三角形桁架拉杆的承载力计算来确定纵向受力钢筋用量，纵向受力钢筋由随竖向力所需的受拉钢筋与随水平拉力所需的水平锚筋组成。

（2）斜截面承载力

牛腿的斜截而承载力主要取决于混凝土和弯起钢筋，而水平箍筋对斜截而受剪承载力没有直接作用，但水平箍筋可有效地限制斜裂缝的开展，从而可间接提高斜截面承载力。根据试验分析及设计，只要牛腿截面尺寸满足要求，并且按构造要求配置水平箍筋和弯起钢筋，则斜截面承载力均可得到保证。

### 3. 牛腿配筋构造

在总结我国的工程设计经验和参考国外有关设计规范的基础上，《混凝土结构设计规范》规定：

（1）牛腿的几何尺寸应满足要求。

（2）牛腿内纵向受拉钢筋宜采用变形钢筋，应满足各项要求。

（3）牛腿内水平箍筋直径应取用 6～12mm，间距为 100～150mm，且在上部 $2h_0/3$ 范围内的水平箍筋总截面面积不应小于承受竖向力的受拉钢筋截面面积的 1/2，即水平箍筋总截面面积应符合下列要求：

$$A_{sh} \cdots \frac{F_v a}{1.7 f_y h_0} \qquad (5\text{-}20)$$

（4）试验表明，弯起钢筋虽然对牛腿抗裂的影响不大，但是对限制斜裂缝展开的效果较显著。试验还表明，当剪跨比 $a/h_0 \cdots 0.3$ 时，弯起钢筋可提高牛腿的承载力 10%-30%，剪跨比较小时，任牛腿内设置弯起钢筋不能充分发挥作用 c 因此，当牛腿的剪跨比 $a/h_0 \cdots 0.3$ 时，应当设置弯起钢筋，弯起钢筋亦宜采用变形钢筋，其截面积 $A_{sb}$ 不应少于承受竖向力的受拉钢筋面积的 1/2，其根数不应少于 2 根，直径不应小于 12mm，并应配置在牛腿上部 1/6～1/2 的范围内，其截面面积 $A_{sb}$ 应满足下列要求：

$$A_{sb} \cdots \frac{F_v a}{1.7 f_y h_0} \qquad 5\text{-}21)$$

## 三、抗风柱的设计要点

厂房两端山墙由于其面积较大，所承受的风荷载亦较大，故通常需设计成具有钢筋混凝土壁柱而外砌墙体的山墙，这样，使墙面所承受的部分风荷载通过该柱传到厂房的纵向柱列中去，这种柱子称之为抗风柱。抗风柱的作用是承受山墙风载或同时承受由连系梁传来的山墙重力荷载。

厂房山墙抗风柱的柱顶一般支承在屋架（或屋面梁）的上弦，其间多采用弹簧板相互连接，以便保证屋架（或屋面梁）可以自由地沉降，而又能够有效地将山墙的水平风荷载传递到屋盖上去。

为了避免抗风柱与端屋架相碰，应将抗风柱的上部截面高度适当减小，形成变截面柱。抗风柱的柱顶标高应低于屋架上弦中心线 50mm，以使柱顶对屋架施加的水平力可通过弹簧钢板传至屋架上弦中心线，不使屋架上弦杆受扭；同时抗风柱变阶处的标高应低于屋架下弦底边 200mm，从而防止屋架产生挠度时与抗风柱相碰。

上部支承点为屋架上弦杆或下弦杆，或同时与上下弦铰接，因此，在屋架上弦或下弦平面内的屋盖横向水平支撑承受山墙柱顶部传来的风载在设计时，抗风柱上端与屋盖连接可视为不动铰支座，下端插入基础杯口内可视为固定端，一般按变截面的超静定梁进行计算。

由于山墙的重量一般由基础梁承受，故抗风柱主要承受风荷载；若忽略抗风柱门重，则可按变截面受弯构件进行设计。当山墙处设有连系梁时，除了风荷载外，抗风柱还承受由连系梁传来的墙体重量，则抗风柱可按变截面的偏心受压构件进行设计。

抗风柱上柱截面尺寸不宜小于 350mm×300mm，下柱截面尺寸宜采用工字形截面或矩形截而，其截面高度应满足 $...H_x/25$，且 $\geq 600mm$；其截面宽度应满足 $...H_y/35$，且 $\geq 350mm$ 其中，又为基础顶面至屋架与山墙柱连接点（当有两个连接点时指较低连接点）的距离；$l$ 为山墙柱平面外竖向范围内支点间的最大距离，除山墙柱与屋架及基础的连接点外，与山墙柱有锚筋连接的墙梁也可视为连接点。

# 第五节　单层厂房各构件与柱连接构造设计

装配式钢筋混凝土单层厂房柱除按上述内容进行设计外，还必须进行柱和其他构件的连接构造设计。柱子是单层厂房中的主要承重构件，厂房中许多构件，如屋架、吊车梁、支撑、基础梁及墙体等都要和它相联系。由各种构件传来的竖向荷载和水平荷载均要通过柱子传递到基础上去，所以，柱子和其他构件有可靠连接是使构件之间有可靠传力的保证，在设计和施中不能忽视。同时，构件的连接构造关系到构件设计时的计算简图是否基本合乎实际情况，也关系到工程质量及施工进度。因此，应重视单层厂房结构中各构件间的连接构造设计。

## 一、单层厂房各构件与柱连接构造

### （一）柱与屋架的连接构造

在单层厂房中，柱与屋架的连接，采用柱顶和屋架端部的预埋件进行电焊的方式连接。垫板尺寸和位置应保证屋架传给柱顶的压力的合力作用线正好通过屋架上、下弦杆的交点，一般位于距厂房定位轴线 150mm 处。

柱和屋架（屋面梁）连接处的垂直压力由支承钢板传递，水平剪力由锚筋和焊缝承受。

### （二）柱与吊车梁的连接构造

单层厂房柱子承受由吊车梁传来的竖向及水平荷载，因此，吊车梁与柱在垂直方向及水平方向都应有可靠的连接，吊车梁的竖向荷载和纵向水平制动力通过吊车梁梁底支承板与牛腿顶面预埋连接钢板来传递。吊车梁顶面通过连接角钢（或钢板）与上柱侧面预埋件焊接，主要承受吊车横向水平荷载。同时，采用了 C20 ～ C30 的混凝土将吊车梁与上柱的空隙灌实，以提高连接的刚度和整体性。

### （三）柱间支撑与柱的连接构造

柱间支撑一般由角钢制作，通过预埋件与柱连接。预埋件主要承受拉力和剪力。

## 二、单层厂房各构件与柱连接预埋件计算

### （一）预埋件的组成

预埋件由锚板、锚筋焊接组成。受力预埋件的锚板宜采用可焊性及塑性良好的 Q235、Q345 级钢制作。受力预埋件的锚筋应采用 HRB400 或 HPB300 钢筋。若锚筋采用 HPB300 级钢筋时，受力埋设件的端头须加标准钩。不允许用冷加工钢筋做锚筋。在多数情况下，锚筋采用了直锚筋的形状，有时也可采用弯折锚筋的形状。

预埋件的受力直锚钢筋不宜少于 4 根，且不宜多于 4 排；其直径不宜小于 8mm，且不宜大于 25mm。受剪埋设件的直锚钢筋允许采用 2 根。

直锚筋与锚板应采用 T 形焊连接。锚筋直径不大于 20mm 时，宜采用压力埋弧焊；锚筋直径大于 20mm 时，宜采用穿孔塞焊。当采用了手工焊时，焊缝高度不宜小于 6mm 及 0.5d（300MPa 级钢筋）或 0.6d（其他钢筋）。

### （二）预埋件的构造计算

预埋件的计算，主要指通过计算确定锚板的面积和厚度、受力锚筋的直径和数量等。它可按承受法向压力、法向拉力、单向剪力、单向弯矩、复合受力等几种不同预埋件的受力特点通过计算确定，并且在参考构造要求后予以确定。

#### 1. 承受法向压力的预埋件的计算

承受法向压力的预埋件，根据混凝：L 的抗压强度来验算承压锚板的面积：

$$A \ldots \frac{N}{0.5 f_c} \tag{5-22}$$

式中：$A$ 为承压锚板的面积（钢板中压力分布线按 45°）；$N$ 为由设计荷载值算得的压力；$f_c$ 为混凝土轴心抗压强度设计值；0.5 为保证锚板下混凝土压应力不致过大而采用的经验系数。

承压钢板的厚度和锚筋的直径、数量、长度可按构造要求确定。

## 2. 承受法向拉力的预埋件的计算

承受法向拉力的预埋件的计算原则是，拉力首先由拉力作用点附近的直锚筋承受，与此同时，部分拉力由于锚板弯曲而传给相邻的直锚筋，直至全部直锚筋到达屈服强度时为止。因此，埋设件在拉力作用下，当锚板发生弯曲变形时，直锚筋不但单独承受拉力，而且还承受由于锚板弯曲变形而引起的剪力，使直锚筋处于复合应力状态，因此其抗拉强度应进行折减。锚筋的总截面面积可按下式计算：

$$A \ge \frac{N}{0.8\alpha_b f_y} \qquad (5\text{-}23)$$

式中：$f_y$ 为锚筋的抗拉强度设计值，不应大于 $300\text{N/mm}^2$；$N$ 为法向拉力设计值；$\alpha_b$ 为锚板的弯曲变形折减系数，与锚板厚度 $t$ 和锚筋直径 $d$ 有关，可取：

$$\alpha_b = 0.6 + 0.25 \qquad (5\text{-}24)$$

当采取防止锚板弯曲变形的措施时，可取 $\alpha_b = 1.0$。

## 3. 承受单向剪力的预埋件的计算

目前采用的直锚筋在混凝土中的抗剪强度计算公式，是经一些预埋件的剪切试验后得到的半理论半经验公式。试验表明，预埋件的受剪承载力与混凝土强度等级、锚筋抗拉强度、锚筋截面面积和直径等有关。在保证了锚筋锚固长度和直锚筋到构件边缘合理距离的前提下，预埋件承受单向剪力的计算公式为：

$$A_s \ge \frac{V}{\alpha_r \alpha_v f_y} \qquad (5\text{-}25)$$

式中：$V$ 为剪力设计值；$\alpha_r$ 为锚筋层数的影响系数；当锚筋按等间距配置时，二层取 1.0，三层取 0.9，四层取 0.85；$\alpha_v$ 为锚筋的受剪承载力系数，反映混凝土强度、锚筋直径 $d$、锚筋强度的影响，应按下列公式计算：

$$\alpha_v = (4.0 - 0.08d)\sqrt{\frac{f_c}{f_y}} \qquad (5\text{-}26)$$

当 $\alpha_v > 0.7$ 时，取 $\alpha_v = 0.7$。

## 4. 承受单向弯矩的预埋件的计算

预埋件承受单向弯矩时，各排直锚筋所承担的作用力是不等的。试验表明，受压区合力点往往超过受压区边排锚筋以外。为了计算简便起见，在埋设件承受单向弯矩 $M$ 的强度计算公式中，拉力部分取该埋设件承受法向拉力时锚筋可以承受拉力的一半，同时考虑锚板的变形引入修正系数 $a_b$，再引入安全储备系数 0.8，即 $0.8a_b \times 0.5A_s f_y$；力臂部分取埋设件外排宜锚筋中心线之间的距离 $z$ 乘以直锚筋排数影响系数 $\alpha_r$，于是锚筋截面面积按下式计算：

$$A_s \cdots \frac{M}{0.4\alpha_r\alpha_b f_y z} \qquad (5\text{-}27)$$

式中：$M$ 为弯矩设计值；$z$ 为沿弯矩作用方向最外层锚筋中心线之间的距离。

### 5. 拉弯预埋件

根据试验，预埋件在受拉与受弯复合力作用下，可用线性相关方程表达它们的强度。这样做既偏于安全，也使强度计算公式得到简化，给设计计算带来方便。

当预埋件承受法向拉力和弯矩共同作用时，其直锚筋的截面面积 $A_s$ 应按下式计算：

$$A_s \cdots \frac{N}{0.8\alpha_b f_y} + \frac{M}{0.4\alpha_r\alpha_b f_{yz}} \qquad (5\text{-}28)$$

式中：$N$ 为法向拉力设计值；$M$ 为弯矩设计值；$Z$ 为沿剪力作用方向最外层锚筋中心线之间的距离。

### 6. 压弯预埋件

当预埋件承受法向压力和弯矩共同作用时，其直锚筋的截面面积 $A_s$ 应按下式计算：

$$A_s \cdots \frac{M - 0.4Nz}{0.4\alpha_r\alpha_b f_y z} \qquad (5\text{-}29)$$

式中：$N$ 为法向压力设计值。

上式中 $N$ 应满足 $N_,, 0.5 f_c A$ 的条件，$A$ 为锚板的面积，

### 7. 拉剪预埋件

根据试验，预埋件在受拉和受剪复合力作用下，可以用线性相关方程表达它们的强度。当预埋件承受法向拉力和剪力共同作用时，其直锚筋的截面面积 $A_s$ 应按下式计算：

$$A_s \cdots \frac{V}{\alpha_r\alpha_v f_y} + \frac{N}{0.8\alpha_b f_y} \qquad (5\text{-}30)$$

式中：$N$ 为法向拉力设计值。

### 8. 压剪预埋件

当预埋件承受法向压力与剪力共同作用时，其直锚筋的截面面积 $A_s$ 应按下式计算：

$$A_s \cdots \frac{V - 0.3N}{\alpha_r\alpha_v f_y} \qquad (5\text{-}31)$$

式中：$N$ 为法向压力设计值。

上式中 $N$ 应满足 $N_,, 0.5 f_c A$ 的条件，$A$ 为锚板的面积。

### 9. 弯剪预埋件

根据试验，预埋件在受剪与受弯复合力作用下，都可用线性相关方程表达它们的

强度。当预埋件承受剪力和弯矩共同作用时，之中直锚筋的总截面面积人应当按下列两个公式计算．并且取计算结果中的较大值：

$$A_s \cdots \frac{V}{\alpha_r \alpha_v f_y} + \frac{M}{1.3 \alpha_r \alpha_b f_y z} \tag{5-32}$$

$$A_s \cdots \frac{M}{0.4 \alpha_r \alpha_b f_y z} \tag{5-33}$$

# 第六章　高层建筑结构设计

## 第一节　高层筒体结构设计

筒体结构作为一种特殊的结构形式，具有结构抗侧刚度大、整体性好、受力合理以及使用灵活等许多优点，适合于较高的高层建筑，其主要为框架－核心筒结构和筒中筒结构。

### 一、一般规定

#### （一）筒体结构设计基本原则

（1）研究表明，筒中筒结构的空间受力性能与其高度和高宽比有关。筒中筒结构的高度不宜低于80m，高宽比不应小于3。

（2）在同时可采用框架－核心筒结构和框架－剪力墙结构时，应优先考虑采用抗震性能相对较好的框架－核心筒结构，以提高结构的抗震性能；但对高度不超过60m的框架－核心筒结构，可按框架－剪力墙结构进行设计，适当降低核心筒和框架的构造措施，减小经济成本。

（3）当相邻层的柱不贯通时，应设置转换梁等构件，防止结构竖向传力路径被打断而引起的结构侧向刚度的突变，并且形成薄弱层。

（4）筒体结构的角部属于受力较为复杂的部位，在竖向力作用下，楼盖四周外角要上翘，但受外框筒或外框架的约束，楼板处常会出现斜裂缝，因此筒体结构的楼盖外角宜设置双层双向钢筋，单层单向配筋率不宜小于0.3%，钢筋的直径不应小于8mm，间距不应大于150mm，配筋范围不宜小于外框架（或者外筒）至内筒外墙中距的1/3和3m。

（5）核心筒或内筒的外墙与外框柱间的中距，非抗震设计大于15m、抗震设计大于12m时，宜采取增设内柱等措施。这样能有效加强核心筒与外框筒的共同作用，使基础受力较为均匀，同时避免了设置较高楼面梁；但当距离不是很大时，应避免设置内柱，防止造成内柱对核心筒竖向荷载的"屏蔽"，从而影响结构的抗震性能。

（6）进行抗震设计时，框筒柱和框架柱的轴压比限值可采用框架–剪力墙结构的规定采用。

（7）楼盖主梁不宜搁置在核心筒或内筒的连梁上。这是因为连梁作为主要的耗能构件，在地震作用下将产生较大的塑性变形，当连梁上搁置有承受较大楼面荷载的梁时，还会使连梁产生较大的附加剪力和扭矩，易导致连梁的脆性破坏。在实际工程中，可改变楼面梁的布置方式，采取了楼面梁与核心筒剪力墙斜交连接或设置过渡梁等办法予以避让。

## （二）核心筒或内筒设计原则

（1）核心筒或内筒中剪力墙截面形状宜简单，在进行简化处理时，可以提高计算分析的准确性；截面形状复杂的墙体限于与结构简化计算假定及结构计算模型的合理性相差较大，直接得出的计算结果往往难以运用，因此应进行必要的补充分析计算，并进行包络设计，可按应力进行截面校核。

（2）为避免出现小墙肢等薄弱环节，核心筒或内筒的外墙不宜在水平方向连续开洞，且洞间墙肢的截面高度不宜小于1.2m；当出现小墙肢时，还应按框架柱的构造要求限制轴压比、设置箍筋和纵向钢筋，同时由于剪力墙与框架柱的轴压比计算方法不同，对小墙肢的轴压比限制应按两种方法分别计算，并进行包络设计；另外当洞间墙肢的截面高度与厚度之比小于4时，宜按框架柱进行截面设计。

（3）筒体结构核心筒或内筒设计应符合下列规定：

①墙肢宜均匀、对称布置；

②筒体角部附近不宜开洞，当不可避免时，筒角内壁至洞口的距离不应小于500mm和开洞墙截面厚度的较大值；

③筒体墙应按《高规》附录D验算墙体稳定，且外墙厚度不应小于200mm，内墙厚度不应小于160mm，必要时可设置扶壁柱或扶壁墙；

④筒体墙的水平、竖向配筋不应少于两排，其最小配筋率应符合《高规》第7.2.17条的相关规定；

⑤抗震设计时，核心筒、内筒的连梁宜配置对角斜向钢筋或交叉暗撑；

⑥筒体墙的加强部位高度、轴压比限值、边缘构件设置及截面设计，应符合本有关规定。

### （三）筒体结构中框架的地震剪力要求

抗震设计时，在满足楼层最小剪力系数要求后，筒体结构的框架部分按侧向刚度分配的楼层地震剪力标准值应符合下列规定：

①框架部分分配的楼层地震剪力标准值的最大值不宜小于结构底部总地震剪力标准值的10%；

②当框架部分分配的地震剪力标准值的最大值小于结构底部总地震剪力标准值的10%时，各层框架部分承担的地震剪力标准值应增大到结构底部总地震剪力标准值的15%；这时，各层核心筒墙体的地震剪力标准值宜乘以增大系数1.1，但可不大于结构底部总地震剪力标准值，墙体的抗震构造措施应按抗震等级提高一级后采用，已为特一级的可不再提高；

③当某一层框架部分分配的地震剪力标准值小于结构底部总地震剪力标准值的20%，但其最大值不小于结构底部总地震剪力标准值的10%时，应按结构底部总地震剪力标准值的20%和框架部分楼层地震剪力标准值中最大值的1.5倍二者的较小值进行调整；

④按以上②或③条调整框架柱的地震剪力后，框架柱端弯矩及和之相连的框架梁端弯矩、剪力应进行相应的调整；

⑤有加强层时，加强层框架的刚度突变，常引起框架剪力的突变，因此上述框架部分分配的楼层地震剪力标准值的最大值不应包括加强层及其上、下层的框架剪力，即其不作为剪力调整时的判断依据，加强层的地震剪力不需要调整。

## 二、筒体结构受力特点

### （一）框筒结构的剪力滞后现象

框筒是由建筑外围的深梁、密排柱和楼盖构成的筒状结构。在水平荷载作用下，同一横截面各竖向构件的轴力分布，与按平截面假定的轴力分布有较大的出入。角柱的轴力明显比按平截面假定的轴力大，而其他柱的轴力则比按平截面假定的轴力小，且离角柱越远，轴力的减小越明显，这种现象叫做"剪力滞后"现象。

事实上，剪力滞后现象在结构构件中普遍存在。在宽翼缘的T形、工字形及箱形截面梁中，均存在剪力滞后现象。下面以箱形截面为例，对剪力滞后现象进行解释。

腹板的剪应力分布与一般矩形截面类似，呈抛物线分布。翼缘部分既有竖向的剪应力,又有水平方向的剪应力。其中竖向剪应力很小,可以忽略(图中未标出);水平方向的剪应力沿宽度方向线性变化,当翼缘很宽时,其数值会很大。水平剪应力不均匀分布会引起平截面发生翘曲,即使得纵向应变在翼缘宽度范围内不相等,因而其正应力沿宽度方向不再是均匀分布(应变不再符合平截面假定)。靠近腹板位置的正应力大,远离腹板位置的正应力小,即出现"剪力滞后"现象。

对框筒结构,剪力滞后使部分中柱的承载能力得不到发挥,结构的空间作用减弱。裙梁的刚度越大,剪力滞后效应越小;框筒的宽度越大,剪力滞后效应越明显。为减小剪力滞后效应,应限制框筒的柱距、控制框筒的长宽比。同时,设置斜向支撑和加劲层也是减小剪力滞后效应的有效措施。在框筒结构竖向平面内设置 X 形支撑,可以增大框筒结构的竖向剪切刚度,减小截面剪切应力不均匀引起的平面外的变形,从而减小剪力滞后效应。在钢框筒结构中常采用这种方法,加劲层则一般设置在顶层和中间设备层。

## (二)框架-核心筒结构和筒中筒结构受力特性比较

### 1. 轴力比较

筒中筒结构和框架 – 核心筒结构,两个结构平面尺寸、结构高度以及所受水平荷载均相同,两个结构楼板均采用平板。

框架 – 核心筒结构主要是由两片框架(腹板框架)和实腹筒协同工作抵抗侧向力,角柱作为轴两片框架的边柱而轴力较大。框架 – 核心筒的翼缘框架柱轴力相对筒中筒结构要小很多,且框架柱的数量要少,因此,翼缘框架承受的总轴力要比框筒小很多,轴力形成的抗倾覆力矩也小很多。因此,和筒中筒结构相比,框架 – 核心筒结构抵抗倾覆力矩的能力小得多。

### 2. 顶点位移与结构基本自振周期的比较

与筒中筒结构相比,框架 – 核心筒结构的自振周期长,顶点位移及层间位移都大,可以表明:框架 – 核心筒结构的抗侧刚度远小于筒中筒结构,见下表 6-1。

表 6-1　筒中筒结构与框架 – 核心筒结构抗侧刚度比较

| 结构体系 | 周期 /S | 顶点位移 | | 最大层间位移 |
|---|---|---|---|---|
| | | $u_i$/mm | $u_i$/H | $\Delta u$/h |
| 筒中筒 | 3.87 | 70.78 | 1/2642 | 1/2106 |
| 框架 - 核心筒 | 6.65 | 219.49 | 1/852 | 1/647 |

### 3. 内力分配比例比较

根据表 6-2 可知,框架 – 核心筒结构的实腹筒承受的剪力占总剪力的 80.6%,倾覆力矩占 73.6%，比筒中筒的实腹筒承受的剪力与倾覆力矩所占比例都大；筒中筒结构的外框筒承受的倾覆力矩占 66%，而框架－核心筒结构中，外框架承受的倾覆力矩仅占 26.4%。上述比较说明，框架－核心筒结构中，实腹筒成为主要抗侧力部分，而筒中筒结构中抵抗剪力以实腹筒为主，抵抗倾覆力矩则以外框筒为主。

表 6-2    筒中筒结构与框架－核心筒结构内力分配比较（%）

| 结构体系 | 基底剪力 | | 倾覆力矩 | |
|---|---|---|---|---|
| | 实腹筒（内筒） | 周边框架 | 实腹筒（内筒） | 周边框架 |
| 筒中筒 | 72.6 | 27.4 | 34.0 | 66.0 |
| 框架－核心筒 | 80.6 | 19.4 | 73.6 | 26.4 |

## 三、框架－核心筒结构

根据框架－核心筒结构的受力特点，对所采取的结构措施与一般框架－剪力墙结构有明显的差异，具体如下：

（1）核心筒宜贯通建筑物全高。核心筒的宽度不宜小于筒体总高的 1/12，当筒体结构设置角筒、剪力墙或增强结构整体刚度的构件时，核心筒的宽度可适当减小。有工程经验表明：当核心筒宽度尺寸过小时，结构的整体技术指标（如层间位移角）将难以满足规范的要求。

（2）抗震设计时，核心筒墙体设计尚应符合下列规定：

①底部加强部位主要墙体的水平和竖向分布钢筋的配筋率均不宜小于 0.30%；

②底部加强部位角部墙体约束边缘构件沿墙肢的长度宜取墙肢截面高度的 1/4，约束边缘构件范围内应主要采用箍筋；

③底部加强部位以上角部墙体宜按《高规》第 7.2.15 条的相关规定设置约束边缘构件；

④底部加强部位及相邻上一层，当侧向刚度无突变时，不适宜改变墙体厚度。

（3）框架－核心筒结构的周边柱间必须设置框架梁。工程实践表明：设置周边梁，可提高结构的整体性。

（4）核心筒连梁的受剪截面及其构造设计应符合相关规定。

（5）对内筒偏置的框架－筒体结构，应当控制结构在考虑偶然偏心影响的规定地震力作用下，最大楼层水平位移和层间位移不应大于该楼层平均值的 1.4 倍，结构扭转为主的第一自振周期 $T_1$ 与平动为主的第一自振周期 $T_1$ 之比不应大于 0.85，且 $T_1$ 的扭转成分不宜大于 30%。

（6）当内筒偏置、长宽比大于 2 时，结构的抗扭刚度偏小，其扭转与平动的周期比将难以满足规范的要求，宜采用框架－双筒结构，双筒可增强结构的抗扭刚度，减小结构在水平地震作用下的扭转效应。

（7）在框架－双筒结构中，双筒间的楼板作为协调两侧筒体的主要受力构件，且因传递双筒间的力偶会产生比较大的平面剪力，因此，对双筒间开洞楼板应提出更为严格的构造要求：其有效楼板宽度不宜小于楼板典型宽度的50%，洞口附近楼板应加厚，并应采用双层双向钢筋，每层单向配筋率不应小于0.25%，并要求其按弹性板进行细化分析。

## 四、筒中筒结构

筒中筒结构设计时应满足如下一些特殊规定。

### （一）筒中筒结构平面选型

（1）筒体结构的空间作用与筒体的形状有关，采用合适的平面形状可以减小剪力滞后现象，使结构可以更好发挥空间受力性能。筒中筒结构的平面外形宜选圆形、正多边形、椭圆形或矩形等，内筒宜居中。

（2）矩形平面的长宽比不宜大于2，这也是为控制剪力滞后现象。

（3）为改善空间结构的受力性能、减小剪力滞后现象，三角形平面宜切角，外筒的切角长度不宜小于相应边长的1/8，其角部可设置刚度较大的角柱或角筒；内筒的切角长度不宜小于相应边长的1/10，切角处的筒壁宜适当加厚。

### （二）筒中筒结构截面及构造设计要求

（1）内筒的宽度可为高度的1/15～1/12，如有另外的角筒或剪力墙时，内筒平面尺寸还可适当减小。内筒宜贯通建筑物全高，竖向刚度宜均匀变化。

（2）外框筒应符合下列规定：

①柱距不宜大于4m，框筒柱的截面长边应沿筒壁方向布置，必要时可采用T形截面；

②洞口面积不宜大于墙面面积的60%，洞口高宽比宜与层高与柱距之比值相近；

③外框筒梁的截面高度可取柱净距的1/4；

④角柱截面面积可取中柱的1～2倍。

（3）外框筒梁和内筒连梁的截面尺寸应当符合下列要求：

①持久、短暂设计状况：

$$V_{\mathrm{b}}, 0.25\beta f_{\mathrm{c}} b_{\mathrm{b}} h_{\mathrm{b}0} \tag{6-1}$$

②地震设计状况：

当跨高比大于 2.5 时：

$$V_b \text{»} \frac{1}{\gamma_{RE}} 0.20 \beta_a f_c b_b h_{b0} \tag{6-2}$$

当跨高比不大于 2.5 时：

$$V_b \text{»} \frac{1}{\gamma_{RE}} 0.15 \beta_a f_c b_b h_{b0} \tag{6-3}$$

式中：$V_b$ 为外框筒梁或者内筒连梁剪力设计值；$\gamma_{RE}$ 为构件承载力抗震调整系数；$f_c$ 为混凝土轴心抗压强度设计值；$b_b$ 为外框筒梁或内筒连梁截面宽度；$h_{bo}$ 为外框筒梁或内筒连梁截面的有效高度；$\beta_c$ 为混凝土强度影响系数，应按相关规定采用。

（4）外框筒梁和内筒连梁是筒中筒结构中的主要受力构件，在水平地震作用下，梁端承受着弯矩和剪力的反复作用。由于梁高大、跨度小，应采取比一般框架梁更为严格的抗剪措施。《高规》第 9.3.7 条规定：外框筒梁和内筒连梁的构造配筋应符合下列的要求：

①非抗震设计时，箍筋直径不应小于 8mm；抗震设计时，箍筋直径不应小于 10mm；

②非抗震设计时，箍筋间距不应大于 150mm；抗震设计时，箍筋间距沿梁长不变，且不应大于 100mm，当梁内设置交叉暗撑时，箍筋间距不应大于 200mm；

③框筒梁上、下纵向钢筋的直径均不应小于 16mm，腰筋的直径不应小于 10mm，腰筋间距不应大于 200mm。

（5）跨高比不大于 2 的外框筒梁和内筒连梁宜增配对角斜向钢筋。跨高比不大于 1 的外框筒梁和内筒连梁应采用交叉暗撑，且应当符合下列规定：

①梁的截面宽度不宜小于 400mm；

②全部剪力应由暗撑承担。每根暗撑应由不少于 4 根纵向钢筋组成，纵筋直径不应小于 14mm，其总面积 $A_s$ 应按下列公式计算：

持久、短暂设计状况

$$A_s \cdots \frac{V_b}{2 f_y \sin \alpha} \tag{6-4}$$

地震设计状况

$$A_s \cdots \frac{\gamma_{RE} V_b}{2 f_y \sin \alpha} \tag{6-5}$$

式中：$\alpha$ 为暗撑与水平线的夹角。

③两个方向暗撑的纵向钢筋应采用矩形箍筋或者螺旋箍筋绑成一体，箍筋直径不应小于 8mm，箍筋间距不应大于 150mm。

④纵筋伸入竖向构件的长度不应小于 $l_{al}$，非抗震设计时 $l_{al}$ 可取 $l_a$，抗震设计时 $l_{al}$ 宜取 $1.15l_a$。

⑤梁内普通箍筋的配置应符合上述第④条相关规定。

# 第二节　复杂高层结构设计

随着现代高层建筑高度的不断增加，功能日趋复杂，高层建筑竖向立面造型也日趋多样化。这常常要求上部某些框架柱或剪力墙不落地，为此需要设置巨大的横梁或桁架支承，有时甚至要改变竖向承重体系（如上部为剪力墙体系的公寓，下部为框架 – 剪力墙体系的办公室或者商场用房）。这就要求设置转换构件将上、下两种不同的竖向结构体系进行转换、过渡。通常，转换构件占据一层或两层，即转换层。底部大空间剪力墙结构是典型的带有转换层的结构，在我国应用十分广泛，如北京南洋饭店、香港新鸿基中心等。

当结构抗侧刚度或整体性需要加强时，在结构的某些层内必须设置加强构件。人们称之为加强层。加强层往往布置在某个高度的一层或两层中，芝加哥西尔斯大厦就是其中较为典型的例子。

基于建筑使用功能的需要，楼层结构不在同一高度，当上和下楼层楼面高差超过较一般梁截面高度时就要按错层结构考虑。

连体结构是指在两个建筑之间设置一个到多个连廊的结构。当两个主体结构为对称的平面形式时，也常把两个主体结构的顶部若干层连接成整体楼层，称为凯旋门式。高层建筑的连体结构，在全国许多城市中都可以见到，比如北京西客站、上海凯旋门大厦、深圳侨光广场大厦等。

多塔楼结构的主要特点是在多个高层建筑塔楼的底部有一个连成整体的大裙房，形成大底盘。当一幢高层建筑的底部设有较大面积的裙房时，为带底盘的单塔结构。这种结构是多塔楼结构的一种特殊情况。对于多个塔楼仅通过地下室连成一体，地上无裙房或有局部小裙房但不连成为一体的情况，一般不属于大底盘多塔楼结构。

JGJ3-2010《高层建筑混凝土结构技术规程》第10章中列出了比较常用的复杂高层建筑结构，如带转换层的结构、带加强层的结构、错层结构、连体结构、多塔结构等。该规程同时规定9度抗震设计时不应采用带转换层的结构、带加强层的结构、错层结构和连体结构；7度和8度抗震设计的高层建筑不宜同时采用超过两种上述的复杂结构。

本节所介绍的内容，多基于已建建筑的成功经验，在前人研究的理论基础上加以概括与提炼，着重强调与复杂高层建筑结构相关的基本概念。为了便于读者深入理解规范及规程的有关规定及构造措施，本章列出了一些规范中的设计和构造要求，具体设计时还要遵循相应规范与规程的要求进行。

## 一、一般规定

（1）本节对复杂高层建筑结构的规定适用于带转换层的结构、带加强层的结构、错层结构、连体结构以及竖向体型收进、悬挑结构。

（2）9度抗震设计时不应采用带转换层的结构、带加强层的结构、错层结构和连体结构。

（3）7度和8度抗震设计时，剪力墙结构错层高层建筑的房屋高度分别不宜大于80m和60m；框架－剪力墙结构错层高层建筑的房屋高度分别不应该大于80m和60m。

（4）7度和8度抗震设计的高层建筑不宜同时采用超过两种本节所规定的复杂高层建筑结构。

（5）复杂高层建筑结构的计算分析应符合第4章的有关规定。复杂高层建筑结构中的受力复杂部位，尚宜进行应力分析，并按应力进行配筋设计校核。

## 二、复杂高层结构的类型

复杂高层建筑结构的主要类型包括：带转换层的结构、带加强层的结构、错层结构、连体结构以及竖向体型收进、悬挑结构。复杂高层建筑结构可以是以上6种结构中的一种，也可能是其中多种复杂结构的组合形式。在抗震设计时，同时具有两种以上复杂类型的高层建筑结构属于超限高层建筑结构，应按住房和城乡建设部建质[2010]109号文件要求进行超限高层建筑工程抗震设防专项审查。

## 三、带转换层的结构

### （一）带转换层的结构形式

底部带转换层结构，转换层上部的部分竖向构件（剪力墙、框架柱）不能直接连续贯通落地，因此，必须设置安全可靠的转换构件。按现有的工程经验和研究成果，转换构件可采用转换大梁、桁架、空腹桁架、斜撑、箱形结构以及厚板等形式。由于转换厚板在地震区使用经验较少，可以在非地震区和6度抗震设计时采用，不宜在抗震设防烈度为7、8、9度时采用。对于大空间地下室，因周围有约束作用，地震反应小于地面以上的框支结构，故7、8度抗震设计时的地下室可采用厚板转换层。转换层上部的竖向抗侧力构件（墙、柱）宜直接落在转换层的主要转换构件上。

由框支主梁承托剪力墙并承托转换次梁及次梁上的剪力墙，其传力途径多次转换，受力复杂。框支主梁除承受其上部剪力墙的作用外，还需承受次梁传给的剪力、扭矩和弯矩，框支主梁易受剪破坏。这种方案通常不宜采用，但考虑到实际工程中会遇到转换层上部剪力墙平面布置复杂的情况，B 级高度框支剪力墙结构不宜采用框支柱、次梁方案；A 级高度框支剪力墙结构可以采用，但设计中应对框支梁进行应力分析，按应力校核配筋，并加强配筋构造措施。在具体工程设计中，如条件许可，也可考虑采用箱形转换层，非抗震设计或 6 度抗震设计时，也可采用厚板。

## （二）相关要求

### 1. 底部加强部位的高度

带转换层的高层建筑结构，其剪力墙底部加强部位的高度应从地下室顶板算起，宜取至转换层以上两层且不宜小于房屋高度的 1/10。

### 2. 转换层的位置

部分框支剪力墙结构在地面以上设置转换层的位置，8 度时不宜超过 3 层，7 度时不宜超过 5 层，6 度时可以适当提高。

### 3. 抗震等级

带转换层的高层建筑结构，其抗震等级应符合有关规定，带托柱转换层的筒体结构，其转换柱和转换梁的抗震等级按部分框支剪力墙结构中的框支框架采纳。

### 4. 内力增大系数

转换结构构件可采用转换梁、桁架、空腹桁架、箱形结构、斜撑等，非抗震设计和 6 度抗震设计时可采用厚板，7、8 度抗震设计时地下室的转换结构构件可采用厚板。特一、一、二级转换结构构件的水平地震作用计算内力应分别乘以增大系数 1.9、1.6、1.3，转换结构构件应按规定考虑竖向的地震作用。

### 5. 转换梁

转换梁设计应符合下列要求：

①转换梁上、下部纵向钢筋的最小配筋率，非抗震设计时均不应小于 0.30%，抗震设计时，特一、一和二级分别不应小于 0.60%、0.50% 和 0.40%。

②离柱边 1.5 倍梁截面高度范围内的梁箍筋应加密，加密区箍筋直径不应小于 10mm、间距不应大于 100mm。加密区箍筋的最小面积配筋率，非抗震设计时不应小于 $0.9f_t/f_{yv}$，抗震设计时，特一、一与二级分别不应小于 $1.3f_t/f_{yv}$、$1.2f_t/f_{yv}$ 和 $1.1f_t/f_{yv}$。

③偏心受拉的转换梁的支座上部纵向钢筋至少应有 50% 沿梁全长贯通，下部纵向钢筋应全部直通到柱内；沿梁腹板高度应配置间距不大于 200mm、直径不小于 16mm 的腰筋。

转换梁设计尚应符合下列规定：

①转换梁与转换柱截面中线宜重合。

②转换梁截面高度不宜小于计算跨度的1/8。托柱转换梁的截面宽度不应小于其上所托柱在梁宽度方向的截面宽度。框支梁截面宽度不宜大于框支柱相应方向的截面宽度，且不宜小于其上墙体截面厚度的2倍与400mm的较大值。

③转换梁截面组合的剪力设计值应符合下列规定：

$$\text{持久、短暂设计状况} V_n \quad 0.20\beta_c f_c b h_0 \tag{6-6}$$

$$\text{地震设计状况} V_n \quad \frac{1}{\gamma_{RE}}\left(0.15\beta_1 f_c b h_0\right) \tag{6-7}$$

④托柱转换梁应沿腹板高度配置腰筋，其直径不宜小于12mm，间距不宜大于200mm。

⑤转换梁纵向钢筋接头宜采用机械连接，同一连接区段内接头钢筋截面面积不宜超过全部纵筋截面面积的50%，接头位置应避开上部墙体开洞部位、梁上托柱部位及受力较大部位。

⑥转换梁不宜开洞。如果必须开洞时，洞口边离开支座柱边的距离不宜小于梁截面高度；被洞口削弱的截面应进行承载力计算，因开洞形成的上、下弦杆应加强纵向钢筋和抗剪箍筋的配置。

⑦对托柱转换梁的托柱部位和框支梁上部的墙体开洞部位，梁的箍筋应加密配置，加密区范围可取梁上托柱边或墙边两侧各1.5倍转换梁高度；箍筋直径、间距及面积配筋率应符合本节转换梁的规定。

⑧框支剪力墙结构中的框支梁上、下纵向钢筋和腰筋在节点区可靠锚固水平段应伸至柱边，且非抗震设计时不应小于$0.4l_{ab}$，抗震设计时不应小于$0.4l_{abE}$，梁上部第一排纵向钢筋应向柱内弯折锚固，且应延伸过梁底不小于非抗震设计$l_a$或$l_{aE}$（抗震设计）；当梁上部不配置多排纵向钢筋时，其内排钢筋锚入柱内的长度可以适当减小，但水平段长度和弯下段长度之和不小于钢筋锚固长度$l_a$（非抗震设计）或$l_{aE}$（抗震设计）。

⑨托柱转换梁在转换层宜在托柱位置设置正交方向的框架梁或楼面梁。

## 6. 转换柱

转换柱设计应符合下列要求：

①柱内全部纵向钢筋配筋率应当符合框支柱的规定。

②抗震设计时，转换柱箍筋应采用复合螺旋箍或井字复合箍，并应沿柱全高加密，箍筋直径不应小于10mm，箍筋间距不应大于100mm和6倍纵向钢筋直径的较小值；

③抗震设计时，转换柱的箍筋配箍特征值应比普通框架柱要求的数值增加0.02采用，且箍筋体积配箍率不应小于1.5%。

# 四、带加强层的高层结构

## （一）加强层的结构形式

当框架-核心筒结构的侧向刚度不能满足设计要求时，可以沿竖向利用建筑避难层、设备层空间，设置适宜刚度的水平伸臂构件，构成带加强层的高层建筑结构。必要时，也可设置周边水平环带构件。加强层采用的水平伸臂构件、周边环带构件可采用下列结构形式：

①斜腹杆桁架；

②实体梁；

③整层或跨若干高的箱型梁；

④空腹桁架。

## （二）带加强层高层建筑结构应满足的要求

带加强层高层建筑结构设计分析时应注意以下几点：

①在超高层建筑的结构设计中，水平位移角的最大值通常出现在房屋高度的中上部区域，可通过设置加强层，改善上部结构的刚度，并实现位移控制要求。

②加强层的上、下层楼面结构，承担着协调内筒和外框架的作用，楼板平面内存在着很大的应力，应采取相应的计算（应考虑楼板平面的变形，可按弹性楼板计算）及构造措施（强化楼板配筋，加强与各构件的连接锚固）。

③加强层的伸臂桁架强化了内筒与周边框架的联系，改变结构原有的受力模式，内筒与周边框架的竖向变形差将在伸臂桁架及其相关构件内产生很大的次应力。

④伸臂桁架与周边框架采用铰接或半刚接（如伸臂桁架斜腹杆的滞后连接，即施工阶段暂不连接或非受力连接，施工完成前再完成连接，消除结构自重及其不均匀沉降的影响），而周边框架梁与柱（在周边框架平面内）应采用刚接，以加大框架的侧向刚度。

⑤为减小内筒与外框的不均匀沉降，楼面钢梁或者型钢混凝土梁与核心筒采用铰接连接（钢筋混凝土楼面梁与核心筒一般采用刚接）或半刚接。

⑥上部结构分析计算时，宜综合考虑地基的沉降影响，选用的计算模型应能真实地反映结构受力状况及施工过程对结构的影响。

带加强层高层建筑结构设计应符合下列规定：

①应合理设计加强层的数量、刚度和设置位置：当布置1个加强层时，可设置在房屋高度的3/5附近；当布置2个加强层时，可分别设置在顶层和房屋高度的1/2附近；当布置多个加强层时，宜沿竖向从顶层向下均匀的布置。

②加强层水平伸臂构件宜贯通核心筒，其平面布置宜位于核心筒的转角、T字节

点处；水平伸臂构件与周边框架的连接宜采用铰接或半刚接。结构内力和位移计算中，设置水平伸臂桁架的楼层宜考虑楼板平面内的变形。

③加强层及其相邻层的框架柱、核心筒应加强配筋构造。

④加强层及其相邻层楼盖的刚度和配筋应加强。

⑤在施工程序及连接构造上应采取减小结构竖向温度变形及轴向压缩差的措施，结构分析模型应能反映施工措施的影响。

抗震设计时，带加强层高层建筑结构应符合下列要求：

①加强层及其相邻层的框架柱、核心筒剪力墙的抗震等级应提高一级采用，一级应提高至特一级，但抗震等级已经为特一级时允许不再提高；

②加强层及其相邻层的框架柱，箍筋应全柱段加密配置，轴压比限值应按其他楼层框架柱的数值减小 0.05 采用；

③加强层及其相邻层核心筒剪力墙应当设置约束边缘构件。

## 五、带错层的高层结构

错层结构属竖向布置不规则结构。由于楼面结构错层，使错层柱形成许多段短柱，在水平荷载和地震作用下，这些短柱容易发生剪切破坏。错层附近的竖向抗侧力结构受力复杂，难免会形成众多应力集中部位。错层结构的楼板有时会受到较大的削弱。剪力墙结构错层后会使部分剪力墙的洞口布置不规则，形成错洞剪力墙或叠合错洞剪力墙；框架结构错层则更为不利，往往形成了许多短柱与长柱混合的不规则体系。

高层建筑尽可能不采用错层结构，特别对抗震设计的高层建筑应尽量避免采用，如建筑设计中遇到错层结构，则应限制房屋高度，并符合以下各项有关要求：

（1）当房屋不同部位因功能不同而使楼层错层时，宜采用防震缝划分为独立结构单元。

（2）错层两侧宜采用结构布置和侧向刚度相近的结构体系。

（3）错层结构中，错开的楼层应各自参加结构整体计算，不应归并为一层计算。计算分析模型应能反映错层影响。

（4）错层处框架柱的截面高度不应小于 600mm，混凝土强度等级不应低于 C30，抗震等级应提高一级采用，但抗震等级已经为特一级时应允许不再提高，箍筋应全柱段加密。

（5）错层处平面外受力的剪力墙，其截面厚度，非抗震设计时不应小于 200mm，抗震设计时不应小于 250mm，并均应设置与之垂直的墙肢或者扶壁柱；抗震等级应提高一级采用。错层处剪力墙的混凝土强度等级不应低于 C30，水平和竖向分布钢筋的配筋率，非抗震设计时不应小于 0.3%，抗震设计时不应小于 0.5%。

（6）错层结构错层处框架柱受力复杂，易发生短柱受剪破坏，其截面承载力符合要求，即要求其满足设防烈度地震（中震）作用下性能水准2的设计要求。

当结构错层无法避免时，还可以采取以下措施增加错层柱的延性，增大错层柱的剪跨比，或减小错层柱的弯矩和剪力，防止错层柱发生脆性破坏，改善错层框架结构受力性能：

①提高错层柱的抗震等级，使错层柱的纵向钢筋和箍筋的配筋量加大，使安全储备增加，性能得到改善。

②将错层柱全柱范围内的箍筋加密，改善错层柱的脆性。

③当错层柱的截面尺寸较大时，沿柱截面两个方向的中线设缝，将截面一分为四，使得在保证截面承载力不受影响的情况下，增大柱的剪跨比，改善错层柱的脆性。

④当错层高度比较小时，在梁端加腋，使建筑上有错层，但结构上无错层。

⑤适当增加非错层柱的截面尺寸和适当减小错层柱的截面尺寸，通过调整柱的刚度比来降低错层柱的弯矩和剪力，改善错层柱的受力性能。

⑥在错层框架结构中加设撑杆，减小错层柱的弯矩和剪力。

⑦在错层框架结构中加设剪力墙，使水平荷载和地震作用下的剪力主要由剪力墙承受，改善错层柱的受力性能。

带撑杆的错层框架和带剪力墙的错层框架构架（又可称错层框架－剪力墙结构）包含两种结构体系，在地震作用下，相当于有两道抗震设防体系，对结构抗震十分有利。

# 第三节　高层混合结构设计

钢和混凝土混合结构体系是近年来在我国迅速发展的一种新型结构体系，由于其在降低结构自重、减少结构断面尺寸、加快施工进度等方面的明显优点，已引起工程界和投资商的广泛关注，目前已经建成了一批高度在150～200m的建筑，如上海森茂金融大厦、国际航运金融大厦、世界金融大厦、新金桥大厦、深圳发展中心、北京京广中心等，还有一些高度超过300m的高层建筑也采用或部分采用了混合结构。除设防烈度为7度的地区外，8度区也已开始建造。近几年来采用筒中筒体系的混合结构建筑日趋增多，如上海环球金融中心、广州西塔、北京国贸三期、大连世贸等。

高层建筑混合结构指梁、柱、板以及剪力墙等构件或结构的一部分由钢、钢筋混凝土、钢骨混凝土、钢管混凝土、钢－混凝土组合梁板等构件混合组成的高层建筑结构。高层建筑混合结构是在钢结构和钢筋混凝土结构的基础上发展起来的一种结构，它充分利用了钢结构和混凝土结构的优点，是结构工程领域近年来发展较快的一个方向。高层建筑混合结构通常由钢框架、钢骨混凝土框架、钢管混凝土框架和钢筋混凝土核心筒体组成共同承受水平和竖向作用的结构体系。

型钢混凝土框架可以是型钢混凝土梁与型钢混凝土柱（钢管混凝土柱）组成的框架，也可以是钢梁与型钢混凝土柱（钢管混凝土柱）组成的框架，外围的钢筒体可以是钢框筒、桁架筒或交叉网格筒。型钢混凝土外筒体主要指由型钢混凝土（钢管混凝土）构件构成的框筒、桁架筒或交叉网格筒。为减少柱子尺寸或增加延性而在混凝土柱中设置型钢，而框架梁仍为混凝土梁时，该体系不宜视为混合结构，此外对于体系中局部构件（如框支梁柱）采用型钢柱（型钢混凝土梁柱）也不应该视为混合结构。

本节主要介绍混合结构的设计一般规定、受力特点、结构布置等内容。

# 一、一般规定

（1）本节规定的混合结构，系指由外围钢框架或型钢混凝土、钢管混凝土框架与钢筋混凝土核心筒所组成的框架 – 核心筒结构，以及由外围钢框筒或者型钢混凝土、钢管混凝土框筒与钢筋混凝土核心筒所组成的筒中筒结构。

（2）混合结构高层建筑适用的最大高度应当符合表 6-3 的要求。

表 6-3　混合结构高层建筑适用的最大高度（m）

| 结构体系 | | 非抗震设计 6 度 | 抗震设防烈度 | | | | |
|---|---|---|---|---|---|---|---|
| | | | 7 度 | 8 度 | | 9 度 | |
| | | | | 0.2g | 0.3g | | |
| 框架 - 核心筒 | 钢框架 - 钢筋混凝土核心筒 | 210 | 200 | 160 | 120 | 100 | 70 |
| | 型钢（钢管）混凝土框架 - 钢筋混凝土核心筒 | 240 | 220 | 190 | 150 | 130 | 70 |
| 筒中筒 | 钢外筒 - 钢筋混凝土核心筒 | 280 | 260 | 210 | 160 | 140 | 80 |
| | 型钢（钢管）混凝土外筒 - 钢筋混凝土核心筒 | 300 | 280 | 230 | 170 | 150 | 90 |

注：平面和竖向均不规则的结构，最大适用高度应适当降低。

（3）混合结构高层建筑的高宽比不宜大于表6-4的规定。

表6-4　混合结构高层建筑适用的最大高宽比

| 结构体系 | 非抗震设计 | 抗震设防烈度 | | |
|---|---|---|---|---|
| | | 6度、7度 | 8度 | 9度 |
| 框架 - 核心筒 | 8 | 7 | 6 | 4 |
| 筒中筒 | 8 | 8 | 7 | 5 |

（4）抗震等级是确认抗震计算参数和构造措施的依据。抗震设计时，混合结构房屋应根据设防类别、烈度、结构类型以及房屋高度采用不同的抗震等级，并应符合相应的计算和构造措施要求。丙类建筑混合结构的抗震等级应按表6-5确定。

表6-5　钢 - 混凝土混合结构抗震等级

| 结构类型 | | 6度 | | 7度 | | 8度 | | 9度 |
|---|---|---|---|---|---|---|---|---|
| 房屋高度（m） | | ≤ 150 | > 150 | ≤ 130 | > 130 | ≤ 100 | > 100 | ≤ 70 |
| 钢框架 - 钢筋混凝土核心筒 | 钢筋混凝土核心筒 | 二 | 一 | 一 | 特一 | 一 | 特一 | 特一 |
| 型钢（钢管）混凝土框架 - 钢筋混凝土核心筒 | 钢筋混凝土核心筒 | 二 | 二 | 二 | 一 | 一 | 特一 | 特一 |
| | 型钢（钢管）混凝土框架 | 三 | 二 | 二 | 一 | 一 | | |
| 房屋高度（m） | | ≤ 180 | > 180 | ≤ 150 | > 150 | ≤ 120 | > 120 | ≤ 90 |
| 钢外筒 - 钢筋混凝土核心筒 | 钢筋混凝土核心筒 | 二 | | | 特一 | 一 | 特一 | 特一 |
| 型钢（钢管）混凝土外筒 - 钢筋混凝土核心筒 | 钢筋混凝土核心筒 | 二 | 二 | 二 | 一 | 一 | 特一 | 特一 |
| | 型钢（钢管）混凝土外筒 | 三 | 二 | 二 | 一 | 一 | | |

注：钢结构构件抗震等级，抗震设防烈度为6、7、8、9度时应分别取四、三、二、一级。

（5）混合结构在风荷载及多遇地震作用之下，按弹性方法计算的最大层间位移与层高的比值应符合有关规定；在罕遇地震作用下，结构的弹塑性层间位移应当符合有关规定。

（6）混合结构框架所承担的地震剪力应符合有关的规定。

（7）当采用压型钢板混凝土组合楼板时，楼板混凝土可采用轻质混凝土，其强度的等级不应低于 LC25；高层建筑钢－混凝土混合结构的内部隔墙应采用轻质隔墙。

## 二、高层混合结构的形式及特点

### （一）高层混合结构的形式

如前所述，高层混合结构主要包括框架－核心筒结构和筒中筒结构，其外围框架或筒体皆有多种不同的组合形式，例如，框架－核心筒结构中的型钢混凝土框架可以是型钢混凝土梁与型钢混凝土柱（钢管混凝土柱）组成的框架，也可以是钢梁与型钢混凝土柱（钢管混凝土柱）组成的框架；筒中筒结构中的外围筒体可以是框筒、桁架筒或交叉网格筒（三种筒体又可分为由钢构件、型钢混凝土结构和钢管混凝土构件组成的钢框筒、型钢混凝土框筒和钢管混凝土框筒）。特别注意，为了减少柱子尺寸或增加延性而在混凝土柱中设置型钢，而框架梁仍为混凝土梁时，该体系不宜视为混合结构，此外对于体系中局部构件（如框支梁柱）采用型钢柱（型钢混凝土梁柱）也不应视为混合结构。

近十年来，混合结构作为一种新型结构体系迅速发展，因为其不仅具有钢结构建筑自重轻、延性好、截面尺寸小、施工进度快的特点，还具有钢筋混凝土建筑结构刚度大、防火性能好、造价低等优点。国内许多地区的地标性建筑都采用了这种结构。

### （二）高层混合结构的受力特点

混合结构是由两种性能有较大差异的结构组合而成的。只有对其受力特点有充分的了解并进行合理设计，才能使其优越性得以发挥。

混合结构的主要受力特点有：

（1）在钢框架－混凝土筒体混合结构体系中，混凝土筒体承担了绝大部分的水平剪力，而钢框架承受的剪力约为楼层总剪力的5%，但因为钢筋混凝土筒体的弹性极限变形很小，约为1/3000，在达到规程限定的变形时，钢筋混凝土抗震墙已经开裂，而此时钢框架尚处于弹性阶段，地震作用在抗震墙和钢框架之间会进行再分配，钢框架承受的地震力会增加，而且钢框架是重要的承重构件，它的破坏和竖向承载力的降低，将危及房屋的安全。

混合结构高层建筑随地震强度的加大，损伤加剧，阻尼增大，结构破坏主要集中于混凝土筒体，表现为底层混凝土筒体的混凝土受压破坏、暗柱以及角柱纵向钢筋压屈，而钢框架没有明显的破坏现象，结构整体破坏属于弯曲型。

混合结构体系建筑的抗震性能在很大程度上取决于混凝土筒体，为此必须采取有效措施保证混凝土筒体的延性。

（2）楼面梁与外框架和核心筒的连接应当牢固，保证外框架与核心筒协同工作，防止结构由于节点破坏而发生破坏。钢框架梁和混凝土筒体连接区受力复杂，预埋件与混凝土之间的黏结容易遭到破坏，当采用楼面无限刚性假定进行分析时，梁只承受剪力和弯矩，但试验表明，这些梁实际上还存在轴力，而且由于轴力的存在，往往在节点处引起早期破坏，因此节点设计必须考虑水平力的有效传递。现在比较通行的钢梁通过预埋钢板与混凝土筒体连接的做法，经试验结果表明，不是非常可靠的。此外，钢梁与混凝土筒体连接处仍存在弯矩。

（3）混凝土筒体浇捣完后会产生收缩、徐变，总的收缩、徐变量比荷载作用下的轴向变形大，而且要很长时间以后才趋于稳定，而钢框架无此性能。因此，在混合结构中，即使无外荷载作用，因为混凝土筒体的收缩、徐变产生的竖向变形差，有可能使钢框架产生很大的内力。

# 三、高层混合结构的布置

## （一）一般原则

1.混合结构的平面布置应符合下列的规定：

①平面宜简单、规则、对称、具有足够的整体抗扭刚度，平面宜采用方形、矩形、多边形、圆形、椭圆形等规则平面，建筑的开间、进深宜统一；

②筒中筒结构体系中，当外围钢框架柱采用 H 形截面柱时，宜将柱截面强轴方向布置在外围筒体平面内；角柱宜采用十字形、方形或圆形截面；

③楼盖主梁不宜搁置在核心筒或内筒的连梁上。

2.混合结构的竖向布置应符合下列规定：

①结构侧向刚度和承载力沿竖向宜均匀变化、无突变，构件截面宜由下至上逐渐减小。

②混合结构的外围框架柱沿高度宜采用同类结构构件；当采用不同类型结构构件时，应设置过渡层，且单柱的抗弯刚度变化不宜超过 30%。

③对于刚度变化较大的楼层，应采取可靠的过渡加强措施。

④钢框架部分采用支撑时，宜采用偏心支撑和耗能支撑，支撑宜双向连续布置；框架支撑宜延伸至基础。

3.8、9 度抗震设计时，应在楼面钢梁或型钢混凝土梁与混凝土筒体交接处及混凝土筒体四角墙内设置型钢柱；7 度抗震设计时，宜在楼面钢梁或型钢混凝土梁与混凝土筒体交接处及混凝土筒体四角墙内设置型钢柱。

4.混合结构中，外围框架平面内梁与柱应采用刚性连接；楼面梁与钢筋混凝土筒体及外围框架柱的连接可以采用刚接或铰接。

5.楼盖体系应具有良好的水平刚度和整体性，其布置应符合下列规定：

①楼面宜采用压型钢板现浇混凝土组合楼板、现浇混凝土楼板或者预应力混凝土叠合楼板，楼板与钢梁应可靠连接；

②机房设备层、避难层及外伸臂桁架上下弦杆所在楼层的楼板宜采用钢筋混凝土楼板，并应采取加强措施；

③当建筑物楼面有较大开洞或为转换楼层时，应采用现浇混凝土楼板，对于楼板大开洞部位宜采取设置刚性水平支撑等加强措施。

6.当侧向刚度不足时，混合结构可设置刚度适宜的加强层。加强层宜采用伸臂桁架，必要时可配合布置周边带状桁架。加强层设计应符合下列规定：

①伸臂桁架和周边带状桁架宜采用钢桁架。

②伸臂桁架应与核心筒墙体刚接，上、下弦杆均应延伸至墙体内且贯通，墙体内宜设置斜腹杆或暗撑；外伸臂桁架与外围框架柱宜采用铰接或半刚接，周边带状桁架与外框架柱的连接宜采用刚性连接。

③核心筒墙体与伸臂桁架连接处宜设置构造型钢柱，型钢柱宜至少延伸至伸臂桁架高度范围以外上和下各一层。

④当布置有外伸桁架加强层时，应采取有效措施减少由于外框柱与混凝土筒体竖向变形差异引起的桁架杆件内力。

## 四、结构计算

混合结构计算模型与其他高层建筑结构的计算模型类似。但应注意以下几点：

（1）在弹性阶段，楼板对钢梁刚度的加强作用不可忽视，宜考虑现浇混凝土楼板对钢梁刚度的加强作用。当钢梁和楼板有可靠的连接时，弹性分析的梁的刚度，可取钢梁刚度的 1.5 ～ 2.0 倍。弹塑性分析时可不考虑楼板与梁的共同作用。

（2）结构弹性阶段的内力和位移计算时，构件刚度取值应符合下列规定：

①型钢混凝土构件、钢管混凝土柱的刚度可按下列的公式计算：

$$EI = E_c I_c + E_a I_a \tag{6-8}$$

$$EA = E_c A_c + E_a A_a \tag{6-9}$$

$$GA = G_c A_c + G_a A_a \tag{6-10}$$

式中：$E_c I_c$，$E_c A_c$，$G_c A_c$ 分别为钢筋混凝土部分的截面抗弯刚度、轴向刚度及抗剪刚度；$E_a I_a$，$E_a A_a$，$G_a A_a$ 分别为型钢、钢管部分的截面抗弯刚度、轴向刚度及抗剪刚度。

②无端柱型钢混凝土剪力墙可近似按相同截面的混凝土剪力墙计算其轴向、抗弯

和抗剪刚度，可不计端部型钢对截面刚度的提高作用。

③有端柱型钢混凝土剪力墙可按 H 形混凝土截面计算其轴向和抗弯刚度，端柱内型钢可以折算为等效混凝土面积计入到 H 形截面的翼缘面积，墙的抗剪刚度可以不计入型钢作用。

④钢板混凝土剪力墙可以将钢板折算为等效混凝土面积计算其轴向、抗弯和抗剪刚度。

（3）竖向荷载作用计算时，宜考虑钢柱、型钢混凝土（钢管混凝土）柱与钢筋混凝土核心筒竖向变形差异引起的结构附加内力，计算竖向变形差异时宜考虑混凝土收缩、徐变、沉降、施工调整等因素的影响。

（4）当钢筋混凝土筒体先于钢框架施工时，应考虑施工阶段混凝土筒体在风荷载及其他荷载作用下的不利受力状态；应验算在浇筑混凝土之前外围型钢结构在施工荷载及可能的风荷载作用下的承载力、稳定及变形，并且据此确定钢结构安装与浇筑混凝土楼层的间隔层数。

（5）混合结构在多遇地震作用下的阻尼比可取为 0.04。风荷载作用下楼层位移验算和构件设计时，阻尼比可取为 $0.02 \sim 0.04$。

（6）对于设置伸臂桁架的楼层或楼板开大洞的楼层，如果采用楼板平面内刚度无限大的假定，则无法得到桁架弦杆或者洞口周边构件的轴力和变形。因此在结构内力和位移计算时，设置外伸桁架的楼层及楼板开大洞的楼层应考虑楼板在平面内变形的不利影响。

# 第七章　建筑工程管理理论

# 第一节　项目与建筑工程项目

## 一、项目

### (一) 项目的概念

项目是指在一定约束条件（资源、时间、质量）下，具有特定目标的一次性活动。关于项目的定义很多，许多相关组织都给项目下过定义。较典型的有：

（1）美国项目管理协会（PMI）对项目的定义为：项目是为提供某项独特产品、服务或成果所做的临时性努力。

（2）英国标准化协会（BSI）发布的《项目管理指南》一书对项目的定义为：具有明确的开始和结束点、由某个人或者某个组织所从事的具有一次性特征的一系列协调活动，以实现所要求的进度、费用以及各功能因素等特定目标。

（3）国际质量管理标准ISO10006对项目的定义为：具有独特性的过程，有开始和结束日期，由一系列相互协调和受控的活动组成。过程的实施是为达到规定的目标，包括满足时间、费用和资源约束条件。

项目可以是建造一栋大楼、一个工厂、一个体育馆，开发一个油田，或建设一座水坝，像国家大剧院的建设、三峡工程建设都是项目；项目也可以是一项新产品的开发、一项科研课题的研究，或一项科学试验，像新药的研制、转基因作物的实验研究等。

从上述定义可以看出，项目可以是一个组织的任务或努力，也可以是多个组织的共同努力，它们可以小到只涉及几个人，也可以大到涉及几百人，甚至可以大到涉及成千上万的人员。项目的时间长短也不同，有的在很短时间内就可以完成，有的需要很长时间，甚至很多年才能够完成。实际上，现代项目管理所定义的项目包括各种组织所开展的一次性、独特性的任务或活动。

## （二）项目的特征

尽管项目的定义多种多样，但都具有一些共同的特征。

### 1. 项目具有一次性

任何项目都有确定的起点和终点，而不是持续不断地工作。从这个意义来讲，项目都是一次性的。因此，项目的一次性可理解为：每一个项目都有自己明确的时间起点和终点，都是有始有终的；项目的起点是项目开始的时间，项目的终点是项目目标已经实现，或者项目目标已经无法实现，从而中止项目的时间；项目的一次性与项目持续时间的长短无关，不管项目持续多长时间，一个项目都是有始有终的。

### 2. 项目具有目标性

项目目标性是指任何一个项目都是为实现特定的组织目标服务的。因此，任何一个项目都必须根据组织目标确定出项目的目标。这些项目目标主要分两个方面：一是有关项目工作本身的目标，二是有关项目可交付成果的目标。比如，就一栋建筑物的建设项目而言，项目工作的目标包括项目工期、造价和质量等，项目可交付成果的目标包括建筑物的功能、特性、使用寿命和使用安全性等。

### 3. 项目具有独特性

项目独特性是指项目所生成的产品或服务与其他产品或服务相比都具有一定的独特之处。每个项目都有不同于其他项目的特点，项目可交付成果、项目所处地理位置、项目实施时间、项目内部和外部环境、项目所在地的自然条件和社会条件等都会存在或多或少的差异。

### 4. 项目具有特定的约束条件

每个项目都有自己特定的约束条件，可以是资金、时间和质量等，也可以是项目所具有的有限的人工、材料和设备等资源。

### 5. 项目的实施过程具有渐进性

渐进性（也称"复杂性"）意味着分步实施、连续积累。由于项目的复杂性，项目的实施过程是一个阶段性过程，不可能在短时间内完成，其实施过程要经过不断的修正、调整和完善。项目的实施需持续的资源投入，逐步积累才可以交付成果。

**6. 项目的其他特性**

项目除了上述特性以外还有其他一些特性，如项目的生命周期性、多活动性，项目组织的临时性等。从根本上讲，项目包含着一系列相互独立、相互联系、相互依赖的活动，包括从项目的开始到结束整个过程所涉及的各项活动。另外，项目组织的临时性也主要是由于项目的一次性造成的。项目组织是为特定项目而临时组建的，一次性的项目活动结束以后，项目组织就会解散，项目组织的成员需要重新安排。

## （三）项目生命周期

项目作为一种创造独特产品与服务的一次性活动是有始有终的，项目从始至终的整个过程构成了一个项目的生命周期。对于项目生命周期也有一些不同的定义，其中，美国项目管理协会（PMI）对项目生命周期的定义表述为："项目是分阶段完成的一项独特性的任务，一个组织在完成一个项目时会将项目划分成一系列的项目阶段，以便更好地管理和控制项目，更好地将组织的日常运作与项目管理结合在一起。项目的各个阶段放在一起就构成一个项目的生命周期。"

这一定义从项目管理的角度，强调了项目过程的阶段性和由项目阶段所构成的项目生命周期，这对于开展项目管理是非常有利的。

项目生命周期的定义还有许多种，但是基本上大同小异。然而，在对项目生命周期的定义和理解中，必须区分两个完全不同的概念，即项目生命周期和项目全生命周期的概念。

项目全生命周期的概念可以用英国皇家特许测量师协会 RICS（RoyalInstituteofChartedSurveyors）所给的定义来说明。具体表述为："项目全生命周期是包括整个项目的建造、使用（运营）以及最终清理的全过程。项目的全生命周期一般可划分成项目的建造阶段、使用（运营）阶段和清理阶段。项目的建造、使用（运营）和清理阶段还可以进一步划分为更详细的阶段，这些阶段构成一个项目的全生命周期。"由这个定义可以看出，项目全生命周期包括项目生命周期（建造周期）和项目可交付成果的生命周期［从使用（或者运营）到清理的周期］两个部分，而项目生命周期（建造周期）只是项目全生命周期中的项目建造阶段。

# 二、建筑工程项目

## （一）建筑工程项目的界定

建筑工程项目是一项固定资产投资，它是最为常见的，也是最为典型的项目类型，属于投资项目中最为重要的一类，是投资行为和建设行为相结合的投资项目。本书所定义的工程项目主要是由建筑工程及安装工程（以建筑物为代表）和土木工程（以公路、铁路、桥梁等为代表）共同构成，因此也可以称为"建设工程项目"。

建筑工程项目一般经过前期策划、设计、施工等一系列程序，在一定的资源约束条件下，形成特定的生产能力或使用效能并形成固定资产。

## （二）建筑工程项目的分类

建筑工程项目种类繁多，可以从不同的角度进行分类。

①按投资来源，可分为政府投资项目、企业投资项目、利用外资项目及其他投资项目。

②按建设性质，可分为新建项目、扩建项目、改建项目、迁建项目和技术改造项目。

③按项目用途，可分为生产性项目和非生产性项目。

④按项目建设规模，可分为大型、中型和小型项目。

⑤按产业领域，可分为工业项目、交通运输项目、农林水利项目、基础设施项目以及社会公益项目等。

不同类别的工程项目，在管理上既有共性要求，又存在一些差别。

## （三）建筑工程项目的构成

建筑工程项目一般可以分为单项工程、单位工程、分部工程和分项工程。

①单项工程是指具有独立的设计文件，建成后能够独立发挥生产能力并获得效益的一组配套齐全的工程项目。

②单位工程是指具有独立的设计文件，独立的施工条件并能形成独立使用功能的工程项目。它是单项工程的组成部分。

③分部工程是单位工程的组成部分。一般按专业性质、工程部位或特点、功能和工程量确定。工业与民用建筑工程的分部工程通常包括地基与基础、主体结构、建筑装饰装修、屋面工程、建筑给水排水及采暖、通风与空调、建筑电气、建筑智能化、建筑节能和电梯分部工程。

④分项工程是分部工程的组成部分。一般按主要工种、材料、施工工艺和设备类别等进行划分。如混凝土结构工程中按主要工种分为模板工程、钢筋工程、混凝土工程等分项工程。

## （四）建筑工程项目的特点

建筑工程项目除具有一般项目的基本特征外，还具有如下的特征：

### 1. 工程项目投资大

一个工程项目的资金投入少则几百万元，多则上千万元、数亿元。

### 2. 建设周期长

由于工程项目规模大，技术复杂，涉及专业面广，投资回收期长，因此，从项目决策、设计、建设到投入使用，少则几年，多则十几年。

### 3. 不确定因素多，风险大

工程项目由于建设周期长，露天作业多，受外部环境影响大，因此，不确定因素多，风险大。

### 4. 项目参与人员多

工程项目是一项复杂的系统工程，参与的人员众多。这些人员来自不同的参与方，他们往往涉及不同的专业，并在不同的层次上进行工作，其主要的人员包括建设单位人员、建筑师、结构工程师、机电工程师、项目管理人员、监理工程师和其他咨询人员等。此外，还涉及行使工程项目监督管理的政府建设行政主管部门以及其他相关部门的人员。

## （五）建筑工程项目建设生命周期

将建筑工程项目实施的各个不同阶段集合在一起就构成了一个工程项目建设的生命周期。即从工程项目建设意图产生到项目启用的全过程，它包括了项目的决策阶段和项目的实施阶段。

建筑工程项目全生命周期是指从工程项目建设意图产生到工程项目拆除清理的全过程，它包括项目的决策阶段、项目的实施阶段、项目使用（运营）和清理阶段。

决策阶段工作是确定项目的目标，包括投资、质量和工期等。实施阶段工作是完成建设任务并使项目建设的目标尽可能实现。使用（运营）阶段工作是确保项目的使用（运营），使项目能够保值和增值。清理阶段工作是工程项目的拆除和清理。

# 第二节　建设工程管理类型与任务

## 一、工程管理类型

在建设工程项目策划决策与实施过程中，由于各阶段的任务和实施主体不同，也就构成了建设工程项目管理的不同类型。从系统角度分析，每一类型的项目管理都是在特定条件下，为实现整个建设工程项目总目标的一个管理子系统。

## （一）业主方项目管理

业主方的项目管理是全过程的，包括项目策划决策与建设实施阶段的各个环节。由于建设工程项目属于一次性任务，业主或者建设单位自行进行项目管理往往存在很大的局限性。首先，在技术和管理方面，业主或建设单位缺乏配套的专业化力量；其次，即使业主或建设单位配备完善的管理机构，没有连续的工程任务也是不经济的。在计划经济体制下，每个建设单位都建立一个筹建处或基建处来管理工程建设，这样无法做到资源的优化配置和动态管理，而且也不利于建设经验的积累和应用。在市场经济体制下，业主或建设单位完全可以依靠专业化、社会化的工程项目管理单位，为其提供全过程或若干阶段的项目管理服务。当然，在我国工程建设管理体制下，工程监理单位接受工程建设单位委托实施监理，也属于一种专业化的工程项目管理服务。值得指出的是，与一般的工程项目管理咨询服务不同，我国的法律法规赋予工程监理单位、监理工程师更多的社会责任，特别是建设工程质量管理、安全生产管理方面的责任。事实上，业主方项目管理，既包括业主或建设单位自身的项目管理，也包括受其委托的工程监理单位和工程项目管理单位的项目管理。

## （二）工程总承包方项目管理

在工程总承包（如设计建造 D&B、设计、采购、施工 EPC）模式下，工程总承包单位将全面负责建设工程项目的实施过程，直至最终交付使用功能和质量标准符合合同文件规定的工程项目。因此，工程总承包方项目管理是贯穿于项目实施全过程的全面管理，既包括设计阶段，也包括了施工安装阶段。工程总承包单位为取得预期经营效益，必须在合同条件的约束下，依靠自身的技术和管理优势或实力，通过优化设计及施工方案，在规定的时间内，按质按量地全面完成建设工程项目，全面履行工程总承包合同。建设工程实施工程总承包，对工程总承包单位的项目管理水平提出了更高要求。

## （三）设计方项目管理

工程设计单位承揽到建设工程项目设计任务后，需要根据建设工程设计合同所界定的工作目标及义务，对建设工程设计工作进行自我管理。设计单位通过项目管理，对建设工程项目的实施在技术和经济上进行全面而详尽的安排，引进先进技术和科研成果，形成设计图纸和说明书，并在工程施工过程中配合施工和参与验收。由此可见，设计项目管理不仅局限于工程设计阶段，而是延伸到工程施工和竣工验收阶段。

## （四）施工方项目管理

工程施工单位通过竞争承揽到建设工程项目施工任务后，需根据建设工程施工合同所界定的工程范围，依靠企业技术和管理的综合实力，对工程施工全过程进行系统管理。从一般意义上讲，施工项目应该是指施工总承包的完整工程项目，既包括土建工程施工，又包括机电设备安装，最终成功地形成具有独立使用功能的建筑产品。然而，由于分部工程、子单位工程、单位工程、单项工程等是构成建设工程项目的子系统，按子系统定义项目，既有其特定的约束条件和目标要求，而且也是一次性任务。因此，建设工程项目按专业、按部位分解发包时，施工单位仍然可将承包合同界定的局部施工任务作为项目管理对象，这就是广义的施工项目管理。

## （五）物资供应方项目管理

从建设工程项目管理的系统角度看，建筑材料、设备供应工作也是建设工程项目实施的一个子系统，有其明确的任务和目标，明确的制约条件以及与项目实施子系统的内在联系。因此，制造商、供应商同样可以将加工生产制造和供应合同所界定的任务，作为项目进行管理，从而适应建设工程项目总目标控制的要求。

# 二、工程管理任务

工程项目管理是工程项目从规划拟定、项目规模确定、工程设计、工程施工，到建成投产为止的全部过程，涉及建设单位、咨询单位、设计单位、施工单位、行政主管部门、材料设备供应单位等，其主要内容有：

## （一）项目组织协调

组织协调是工程项目管理的职能之一，是实现工程项目目标必不可少的方法和手段。工程项目的实施过程中，组织协调的主要内容有：

### 1. 外部环境协调

与政府部门之间的防调，如规划、城建、市政、消防、人防、环保、城管等部门的协调；资源供应方面的协调，如供水、供电、供热、通信、运输和排水等方面的协调；生产要素方面的协调，如材料、设备、劳动力和资金等方面的协调；社区环境方面的协调。

### 2. 项目参与单位之间的协调

主要有业主、监理单位、设计单位、施工单位、供货单位和加工单位等。

### 3. 项目参与单位内部的协调

即项目参与单位内部各部门、各层次之间及个人之间的协调。

## （二）合同管理

包括合同签订和合同管理两项任务。合同签订包括合同准备、谈判、修改和签订等工作；合同管理包括合同文件的执行、合同纠纷的处理和索赔事宜的处理工作。在执行合同管理任务时，要重视合同签订的合法性和合同执行的严肃性，为了实现管理目标服务。

## （三）进度管理

包括方案的科学决策、计划的优化编制和实施有效控制三方面的任务。方案的科学决策是实现进度控制的先决条件，它包括方案的可行性论证、综合评估和优化决策。只有决策出优化的方案，才能编制出优化的计划。计划的优化编制，包括科学确定项目的工序及其衔接关系、持续时间、优化编制网络计划和实施措施，是实现进度控制的重要基础。实施有效控制包括同步跟踪、信息反馈、动态调整和优化控制，是实现进度控制的根本保证。

## （四）投资（费用）控制

投资控制包括编制投资计划、审核投资支出、分析投资变化情况、研究投资减少途径及采取投资控制措施五项任务。前两项属于投资的静态控制，后三项属于投资的动态控制。

## （五）质量控制

质量控制包括制定各项工作的质量要求及质量事故预防措施，各方面的质量监督与验收制度，以及各个阶段的质量处理和控制措施三方面的任务。制订的质量要求要具有科学性，质量事故预防措施要具备有效性。质量监督和验收包括对于设计质量、施工质量及材料设备质量的监督和验收，要严格检查制度和加强分析。质量事故处理与控制要对每一个阶段均严格管理和控制，采取细致而有效的质量事故预防和处理措施，以确保质量目标的实现。

## （六）风险管理

随着工程项目规模的不断的大型化和技术复杂化，业主和承包商所面临的风险越来越多。工程建设客观现实告诉人们，要保证工程项目的投资效益，就必须对项目风险进行定量分析和系统评价，以提出风险防范对策，形成一套有效的项目风险管理程序。

## （七）信息管理

信息管理是工程项目管理工作的基础工作，是实现项目目标控制的保证，其主要任务就是及时、准确地向项目管理各级领导和各参加单位及各类人员提供所需的综合程度不同的信息，一边在项目进展的全过程中，动态地进行项目规划，迅速正确地进行各种决策，并及时检查决策执行情况，反映工程实施中暴露出来的各类问题，为项目总目标控制服务。

### （八）安全管理

安全管理要贯穿整个建设工程的始终，在建设工程中要建立"安全第一，预防为主"的理念，一开始就要确定项目的最终安全目标，制订项目的安全保证计划。

## 三、工程管理模式

工程项目管理模式，是指将工程项目作为一个系统，通过一定的组织和管理方式，使系统能够正常运行，并确保其目标得以实现。选择合适的工程项目管理模式对工程项目的成功实施至关重要。工程项目管理模式的选择，不仅要考虑工程项目管理模式本身的优劣，更要依据建设单位特点、项目自身特性、建设环境、项目规模、技术难易程度、设计文件完善程度、进度和工期控制要求、计价方式、项目管理风险和项目的不确定性等诸多方面进行综合考虑和选择。

### （一）常见的工程项目管理模式

以下介绍几种在国际上常用、在国内逐步推广的工程项目管理模式：

#### 1. 设计－招标－建造 DBB 模式

DBB（DesignBidBuild）模式，是一种比较通用的传统模式。这种模式最突出的特点是要求工程项目的实施必须按设计－招标－建造的顺序进行，只有一个阶段结束后另一个阶段才能进行。在这种模式中，项目的主要参与方包括建设单位、设计单位和施工承包单位。建设单位分别与设计单位和施工承包单位签订合同，形成正式的合同关系。建设单位首先选择工程咨询单位进行可行性研究等工作，待项目立项后，再选择设计单位进行项目设计，设计完成后通过招标选择施工承包单位，然后与施工承包单位签订施工承包合同，目前我国大部分工程项目均采用这种模式。

这种模式的优点是：参与方即建设单位、设计单位、施工承包单位在各自合同的约束下，各自行使自己的权利和义务。工作界面清晰，特别适用于各个阶段需要严格逐步审批的情况。如政府投资的公共工程项目多采用这种模式。缺点是管理和协调工作较复杂，建设单位管理费比较高，前期投入较高，不易控制工程总投资，特别是在设计过程中对"可施工性"考虑不够时，易产生变更，引起索赔，经常会由于图纸问题产生争端等，工期较长，出现质量事故时，不利于工程事故的责任划分。

由于国外多基于扩大初步设计深度的招标图进行施工招标并由施工承包单位在驻地工程师指导下进行施工图设计，而施工承包单位在安排各专业施工图设计时，可以根据计划进度的要求分轻重缓急依次进行，这就在一定程度上缩短了项目建造周期，弱化了该模式的缺陷。

### 2. 代理型管理 CM 模式

代理型管理 CM（ConstructionManager）模式是建设单位委托一名 CM 经理（建设单位聘请的职业经理人）来为建设单位提供某一阶段或全过程的工程项目管理服务，包括可行性研究、设计、采购、施工、竣工验收、试运行等工作，建设单位与 CM 经理是咨询合同关系。采用代理型管理 CM 模式进行项目管理，关键在于选择 CM 经理。CM 经理负责协调设计单位和施工承包单位，以及不同承包单位之间的关系。

20 世纪 90 年代以来，CM 模式在国外，尤其是在美国被广泛运用，采用"边设计、边发包和边施工"的阶段性发包方式，将全部工程按专业分割成若干个子项工程，并对若干个子项工程采取依次发包。

这种模式的最大优点是：发包前就可确定完整的工作范围和项目原则；拥有完善的管理与技术支持；可缩短工期，节省投资等。缺点是：合同方式多为平行发包，管理协调困难，对 CM 经理的管理协调能力有很高的要求，CM 经理不对进度和成本做出保证；索赔与变更的费用可能较高，建设单位风险大。

### 3. 风险型管理 CM 模式

风险型管理 CM（Construction Manager）模式中，CM 经理担任类似施工总承包单位的角色，但又不是总承包单位，往往将施工任务分包出去。施工承包单位的选择过程需经建设单位确认，建设单位一般不与施工承包单位签订工程施工合同，但对某些专业性很强的工程内容和工程专用材料、设备，建设单位可直接与其专业施工承包单位和材料、设备供应单位签订合同。建设单位和 CM 经理单位签订的合同既包括 CM 服务内容，也包括工程施工承包内容。

一般情况下，建设单位要求 CM 经理提出保证最大工程费用 GMP（Guaranteed-MaximumPrice）以保证建设单位的投资控制。如工程结算超过 GMP，由 CM 经理所在单位赔偿；如果低于 GMP，节约的投资归建设单位，但可按合同约定给予 CM 经理所在单位一定比例的奖励。GMP 包括工程的预算总成本和 CM 经理的酬金。CM 经理不直接从事设计和施工，主要从事项目管理工作。

该模式的优点是：可提前开工提前竣工，建设单位任务较轻，风险较小。缺点是：由于 CM 经理介入工程时间较早（通常在设计阶段介入）且不承担设计任务，在工程的预算总成本中包含有设计和投标的不确定因素；风险型 CM 经理不易选择。

### 4. 设计管理 DM 模式

设计管理 DM（Design Management）模式类似于 CM 模式，但比 CM 模式更为复杂，也有两种形式。

一种形式是建设单位与设计单位和施工承包单位分别签订合同，由设计单位负责设计并对项目的实施进行管理。另一种的形式是建设单位只与设计单位签订合同，由该设计单位分别与各个单独的施工承包单位和材料供应单位签订分包合同。要管理好众多的分包单位和材料供应单位，这对设计单位的项目管理能力提出了更高的要求。

### 5. 设计 – 采购 – 施工 EPC 模式

设计 – 采购 – 施工 EPC（Engineering Procurement Construction）模式是建设单位将工程项目的设计、采购、施工等工作全部委托给工程总承包单位负责组织实施，使建设单位获得一个现成的工程项目，由建设单位"转动钥匙"就可以运行。这种模式，在招标与订立合同时以总价合同为基础，即为总价包干合同。EPC 工程管理模式代表了现代西方工程项目管理的主流。

该模式的主要特点是：建设单位把工程项目的设计、采购、施工等工作全部委托给工程总承包单位，建设单位只负责整体性、原则性的目标管理和控制，减少了设计与施工在合同上的工作界面，从而解除了施工承包单位因招标图纸出现错误而进行索赔的权力，同时排除了施工承包单位在进度管理上与建设单位可能产生的纠纷，有利于实现设计、采购以及施工的深度交叉，在确保各阶段合理周期的前提下加快进度，缩短建设总工期；能够较好地实现对工程造价的控制，降低全过程建设费用；由于实行总承包，建设单位对工程项目的参与较少，对工程项目的控制能力降低，变更能力较弱；风险主要由工程总承包单位承担。

### 6. 施工总承包管理 MC 模式

施工总承包管理 MC（Managing Contractor）模式是指建设单位委托一个施工承包单位或由多个施工承包单位组成施工联合体或施工合作体作为施工总承包管理单位，建设单位另委托其他施工承包单位作为分包商进行施工。一般情况下，施工总承包管理单位不参与具体工程项目的施工，但如想承担部分工程的施工，也可以参加该部分工程的投标，通过竞争取得施工任务。施工总承包管理模式的合同关系有两种可能：一是建设单位与分包商直接签订合同，但必须经过施工总承包管理单位的认可；二是由施工总承包管理单位与分包商签订合同。

### 7. 项目管理服务 PM 模式

项目管理服务 PM（Project Management）模式，是指从事工程项目管理的单位受建设单位委托，按照合同约定，代表建设单位对工程项目的实施进行全过程或者若干阶段的管理和服务。PM 模式属于咨询型项目管理服务。

### 8. 项目管理承包 PMC 模式

项目管理承包 PMC（Project Management Contract）模式，是由建设单位通过招标方式聘请具有相应资质和专业素质及管理专长的项目管理承包单位，作为建设单位代表或建设单位的延伸，对工程项目建设的全过程或部分阶段进行管理承包。包括进行工程的整体规划、工程招标，选择 EPC 承包单位，并对设计、采购、施工过程进行全面管理。PMC 模式属于代理型项目管理服务。

### 9. 建造－运营－移交 BOT 模式

建造－运营－移交 BOT（Build Operate Transfer）模式是指以投资人为项目发起人，从政府获得某项目基础设施的建设特许权，然后由其独立地联合其他各方组建项目公司，负责项目的融资、设计、建造和经营。其主要特征是：政府将拟订的一些城市基础设施工程交由专业投资人投资建设，并在项目建成后授之若干年的特许经营权，使其通过运营收回工程投资与收益。其基本运作程序是：项目确定、项目招标、项目发起人组织投标、成立公司、签署各种合同和协议、项目建设、项目经营、项目移交。

BOT 模式的最大优点是：由于获得政府许可和支持，有时可得到优惠政策，拓宽了融资渠道。BOT 模式缺点是：项目发起人必须具备很强的经济实力，资格预审及招投标程序复杂。

目前在世界上许多国家都在采用 BOT 方式，各国在 BOT 方式实践的基础上，又发展了多种引申的方式，如建造－拥有－运营－移交（BOOT）、建造－拥有－运营（BOO）、建造－移交（BT）等十余种。

## （二）工程项目管理模式的选择

各种工程项目管理模式是在国内外长期实践中形成并得到普遍认可的，并且还在不断地得到创新和完善。每一种模式都有其优势和局限性，适用于不同种类的工程项目管理。项目建设单位可根据工程项目的特点综合考虑选择合适的工程项目管理模式。建设单位在选择项目管理模式时，应考虑的主要因素包括：

（1）项目的复杂性和对项目的进度、质量以及投资等方面的要求。

（2）投资、融资有关各方对项目的特殊要求。

（3）法律、法规、部门规章以及项目所在地政府的要求。

（4）项目管理者和参与者对该管理模式认知和熟悉的程度。

（5）项目的风险分担，即项目各方承担风险的能力和管理风险的水平。

（6）项目实施所在地建设市场的适应性，在市场上能否找到合格的实施单位（施工承包单位、管理单位等）。

一个项目也可以选择多种项目管理模式。当建设单位的项目管理能力比较强时，也可以将一个工程项目划分为几个部分，分别采用不同的项目管理模式。通常，工程项目管理模式由项目建设单位选定，但总承包单位也可以选用一些其需要的项目管理模式。

## （三）建设单位项目管理模式

目前，项目建设单位委托专业项目管理单位进行工程项目管理的模式越来越受到关注与认同。继《关于培育发展工程总承包和工程项目管理企业的指导意见》发布后，原建设部又出台了《建设工程项目管理办法》（试行），这对我国专业化工程项目管理业务的发展起到了积极的推动作用。不仅业内最早从事工程项目全过程管理的少数专业项目管理单位的规模和业务量逐步扩大，而且业内传统的工程监理、招标代理、工程造价等咨询单位也开始涉足项目建设单位项目管理业务，一个新兴的行业正在我国各地不断地发展壮大。

建设单位项目管理模式是建设单位进行工程项目建设活动的组织模式，它决定工程项目建设过程中各参与方的角色和合同关系。建设单位是工程项目的总策划者、总组织者和总集成者，其管理模式决定了工程项目管理的总体框架和项目各参与方的职责、义务、风险责任等。建设单位应根据其项目管理的能力水平及工程项目的目标、规模和复杂程度等特点，合理选择工程项目管理模式。目前，国内项目建设单位管理模式主要包括建设单位自行管理模式、建设单位委托管理（PM、PMC）模式以及一体化项目管理团队（PMT）模式等。

### 1. 建设单位自行管理模式

建设单位自行管理是指建设单位主要依靠自身力量进行项目管理，即自行设立项目管理机构，并将项目管理任务交由该机构。在计划经济时期，建设单位通常是组建一个临时的基建办、筹建处或指挥部等，自行管理工程项目建设。项目建成后，项目管理机构就解散，人员从哪来就回哪去，这种管理模式已经不能适应目前的工程项目建设。采用建设单位自行管理模式，前提条件是建设单位要拥有相对稳定的、专业化的项目管理团队和较为丰富的项目管理经验。在建设单位不具备自行招标规定条件时，还需委托招标代理单位承担项目招标采购工作。根据工程项目实行政府主管部门审批、备案或核准的需要，可能还需要委托工程咨询单位承担编制项目建议书及可行性研究报告等工作。

采用建设单位自行管理模式，可以充分保障建设单位对工程项目的控制，随时采取措施来保障建设单位利益的最大化；可以减少对外合同关系，有利于工程项目建设各阶段、各环节的衔接和提高管理效率；但也具有组织机构庞大、建设管理费用高等缺点，对于缺少连续性工程项目建设的建设单位而言，不利于管理经验的积累。

这种管理模式通常适用于以下三种情况：

（1）建设单位常年进行工程项目投资建设，拥有稳定的、专业化的工程项目管理团队，具有与所投资项目相适应的管理经验与能力。

（2）项目投资较小，建设周期较短，建设规模不大，技术不太复杂的工程项目。

（3）具有保密等特殊要求的工程项目。

如果不属于这三种情况，建设单位宜委托专业化、社会化的工程项目管理单位来承担项目管理工作。

**2. 建设单位委托管理模式**

近年来，由于社会分工体系进一步深化，工程项目建设规模、技术含量不断增大，工程项目建设对专业化管理的要求也越来越迫切，委托专业化的项目管理单位进行项目管理已成为一种趋势。

（1）项目管理服务PM模式

PM管理模式属于咨询型项目管理服务，建设单位不设立专业的项目管理机构，只派出管理代表主要负责项目的决策、资金筹措和财务管理、采购和合同管理、监督检查和协调各参与方工作衔接等工作，而将工程项目的实施工作委托给项目管理单位。建设单位是项目建设管理的主导者、重大事项的决策掌握者。项目管理单位按委托合同的约定承担相应的管理责任，并得到相对固定的服务费，在违约情况下以管理费为基数承担相应的经济赔偿责任。项目管理单位不直接与该项目的总承包单位或勘察、设计、供货、施工等单位签订合同，但可按合同约定，协助建设单位与工程项目的总承包单位或勘察、设计、供货、施工等单位签订合同，并受建设单位委托监督合同的履行。

该模式由项目管理单位代替建设单位进行管理与协调，往往从项目建设一开始就对项目进行管理，可以充分发挥项目管理单位的专业技能、经验和优势，形成统一、连续、系统的管理思路。但增加了建设单位的额外费用，建设单位与各承包单位（设计单位、施工承包单位）之间增加了管理层，不利于沟通，项目管理单位的职责不易明确。因而，主要用于大型项目或复杂项目，特别适用于建设单位管理能力不强的工程项目。

在我国工程项目建设中，一些建设单位根据项目管理单位具备相应的资质和能力，将其他相关咨询工作委托给该项目管理单位一并承担，比如工程监理、工程造价咨询等。目前，我国建设主管部门提倡和鼓励建设单位将工程监理业务委托给该项目管理单位，实行项目管理与工程监理一体化模式，但该项目管理单位必须具备相应的工程监理资质和能力。采用一体化模式，可减少工程项目实施过程中的管理层次和工作界面，节约部分管理资源，达到资源最优化配置；可使项目管理与工程监理沟通顺畅，充分融合，高度统一，决策迅速，执行力强，项目管理团队与监理团队分工明确，职责清晰，工程质量容易得到保证。

（2）项目管理承包PMC模式

　　PMC 模式属于代理型项目管理服务。一般的情况下，PMC 管理承包单位不参与具体工程设计、施工，而是将项目所有的设计、施工任务发包出去，PMC 管理承包单位与各承包单位签订承包合同。

　　PMC 模式，建设单位与 PMC 管理承包单位签订项目管理承包合同，PMC 管理承包单位对建设单位负责，与建设单位的目标以及利益保持一致。建设单位一般不与设计、施工承包单位和材料、设备供应单位等签订合同，但对某些专业性很强的工程内容和工程专用材料、设备，建设单位可直接与其专业施工承包单位和材料、设备供应单位签订合同。

　　PMC 模式可充分发挥项目管理承包单位在项目管理方面的专业技能，统一协调和管理项目的设计与施工，可减少矛盾；项目管理承包单位负责管理整个项目的实施阶段，有利于减少设计变更；建设单位与项目管理承包单位的合同关系简单，组织协调比较有利，可以提早开工，缩短项目工期。但由于建设单位与施工承包单位没有合同关系，控制施工难度较大；建设单位对工程费用也不能直接控制，存在很大的风险。

　　PMC 模式是一种管理承包的方式，项目管理单位不仅承担合同范围的管理工作，而且还对合同约定的管理目标进行承包，如不能实现管理目标，该项目管理单位将承担以管理承包费用为基数的经济处罚。在项目实施过程中，由于管理效果显著使项目建设单位节约了工程投资的，可按合同约定给予项目管理单位一定比例的奖励；反之，如果由于管理失误导致工程投资超过委托合同约定的最高目标值，则项目管理单位要承担超出部分的经济赔偿责任。

　　采用 PMC 管理承包模式，建设单位通常只需组织一个精干的管理班子，负责工程项目建设重大事项的决策、监督和资金筹措，工程项目建设管理活动均委托给专业化、社会化的项目管理单位承担。

　　PMC 管理模式适用于以下三种情况：

　　①只有一次建设任务的，建设单位没必要成立项目管理机构。

　　②建设单位缺少项目管理队伍、能力和经验；建设单位无精力或者不愿意、不允许介入项目管理具体事务的。

　　③对于大型或超大型工程项目，由于投资大、技术复杂、投资方多，要求的管理程度高，建设单位将项目的全过程管理委托给项目管理单位负责，项目管理单位与建设单位签订项目管理承包合同，代表建设单位对项目实施全过程管理的。这种方式有利于推进工程项目专业化管理，提高工程项目管理水平。

　　项目管理承包模式在我国建设领域中还是一个新的管理模式，近年国内在大型合资项目中有所应用。

### 3. 一体化项目管理团队 IPMT 模式

　　一体化项目管理团队 IPMT（Integrated Project Management Team）模式是指建设

单位与专业化的项目管理单位分别派出人员组成项目管理团队，合并办公，共同负责工程项目的管理工作。这既能充分运用项目管理单位在工程项目建设方面的经验和技术，又能体现建设单位的决策权。IPMT 管理模式是融合咨询型项目管理 PM 模式以及代理型项目管理 PMC 模式的特点而派生出的一种新型的项目建设管理模式。

目前，在我国工程项目建设过程中，建设单位很难做到将全部工程项目建设管理权委托给项目管理单位。建设单位虽然通常都设有较小的管理机构，但往往不具有承担相应项目管理的经验、能力和规模，建设单位却又无意解散自己的机构。这种情况下，建设单位可聘请一家具有工程项目管理经验和能力的项目管理单位，并与聘请的项目管理单位组成一体化项目管理团队，起到优势互补、人力资源优化配置的作用。

采用一体化管理模式，建设单位既能在工程项目实施过程中不失决策权，又可较充分地利用工程项目管理单位经验丰富的人才优势和管理技术。在进行项目全过程的管理中，建设单位把工程项目建设管理工作交给经验丰富的管理单位，自己则把主要精力放在项目决策、资金筹措上，有利于决策指挥的科学性。由于项目管理单位人员与建设单位管理人员共同工作，可减少中间上报、审批的环节，使项目管理工作效率大幅度提高。

IPMT 管理模式中由于建设单位拥有项目建设管理的主动权，对项目建设过程中的质量情况了如指掌，可减少双方工作交接的困难与时间，也有助于解决一些项目后期由建设单位运营管理而项目管理单位对于运营不够专业的问题。IPMT 管理模式可避免建设单位因项目建设需要而引进大量建设人才和工程项目建设完成后这些人员需重新安排工作的问题。

但采用这种管理模式的最大问题是，因为两个管理团队可能具有不同的企业文化、工资体系、工作系统，机构的融合存在风险，双方的管理责任也很难划分清楚，同时还存在项目管理单位派出人员中的优秀人才被建设单位高薪聘走的风险。

# 第三节　建筑工程项目经理

## 一、项目经理的设置

项目经理是指工程项目的总负责人。项目经理包括建设单位的项目经理、咨询监理单位的项目经理、设计单位的项目经理和施工单位的项目经理。

由于工程项目的承发包方式不同，项目经理的设置方式也不同。如果工程项目是分阶段发包，则建设单位、咨询监理单位、设计单位和施工单位应分别设置项目经理，各方项目经理代表本单位的利益，承担着各自单位的项目管理责任。如工程项目实行设计、施工、材料设备采购一体化承发包方式，则工程总承包单位应设置统一的项目经理，对工程项目建设实施全过程总负责。随着工程项目管理的集成化发展趋势，应当提倡设置全过程负责的项目经理。

### （一）建设单位的项目经理

建设单位的项目经理是由建设单位（或项目法人）委派的领导和组织一个完整工程项目建设的总负责人。对于一些小型工程项目，项目经理可由一人担任。而对于一些规模大、工期长、技术复杂的工程项目，建设单位也可委派分阶段项目经理，如准备阶段项目经理、设计阶段项目经理和施工阶段项目经理等。

### （二）咨询、监理单位的项目经理

当工程项目比较复杂而建设单位又没有足够的人员组建一个能够胜任项目管理任务的项目管理机构时，就需要委托咨询单位为其提供项目管理服务。咨询单位需要委派项目经理并组建项目管理机构按项目管理合同履行其义务。对实施监理的工程项目，工程监理单位也需要委派项目经理——总监理工程师并组建项目监理机构履行监理义务。当然，如果咨询和监理单位为建设单位提供工程监理与项目管理一体化服务，则只需设置一个项目经理，对工程监理与项目管理服务总负责。

对建设单位而言，即使委托咨询监理单位，仍需要建立一个以自己的项目经理为首的项目管理机构。因为在工程项目建设过程中，有许多重大问题仍需由建设单位进行决策，咨询监理机构不能完全代替建设单位行使其职权。

### （三）设计单位的项目经理

设计单位的项目经理是指设计单位领导和组织一个工程项目设计的总负责人，其职责是负责一个工程项目设计工作的全部计划、监督和联系工作。设计单位的项目经理从设计角度控制工程项目总目标。

### （四）施工单位的项目经理

施工单位的项目经理是指施工单位领导和组织一个工程项目施工的总负责人，是施工单位在施工现场的最高责任者和组织者。施工单位的项目经理在工程项目施工阶段控制质量、成本、进度目标，并负责安全生产管理及环境保护。

# 二、项目经理的任务与责任

## （一）项目经理的任务

### 1. 施工方项目经理的职责

项目经理在承担工程项目施工管理过程中，履行下列的职责：

（1）贯彻执行国家和工程所在地政府的有关法律、法规和政策，执行企业的各项管理制度；

（2）严格财务制度，加强财经管理，正确处理国家、企业与个人的利益关系；

（3）执行项目承包合同中由项目经理负责履行的各项条款；

（4）对工程项目施工进行有效控制，执行有关技术规范和标准，积极推广应用新技术，确保工程质量和工期，实现安全、文明生产，努力提高经济效益。

### 2. 施工项目经理应具有的权限

项目经理在承担工程项目施工的管理过程中，应当按照建筑施工企业与建设单位签订的工程承包合同，与本企业法定代表人签订"项目管理目标责任书"，并在企业法定代表人授权范围内，负责工程项目施工的组织管理。施工项目经理应当具有下列权限：

（1）参与企业进行的施工项目投标和签订施工合同。

（2）经授权组建项目经理部，确定项目经理部的组织结构，选择、聘任管理人员，确定管理人员的职责，并定期进行考核、评价和奖惩。

（3）在企业财务制度规定的范围内，根据企业法定代表人授权和施工项目管理的需要，决定资金的投入和使用，决定项目经理部的计酬办法。

（4）在授权范围内，按物资采购程序性文件的规定行使采购权。

（5）根据企业法定代表人授权或按照企业的规定选择、使用作业队伍。

（6）主持项目经理部工作，组织制定施工项目的各项管理制度。

（7）根据企业法定代表人授权，协调和处理和施工项目管理有关的内部与外部事项。

### 3. 施工项目经理的任务

施工项目经理的任务包括项目的行政管理和项目管理两个方面，其在项目管理方面的主要任务：施工安全管理、施工成本控制、施工进度控制、施工质量控制、工程合同管理、工程信息管理及与工程施工有关的组织与协调等。

## （二）项目经理的责任

1.施工企业项目经理的责任应在"项目管理目标责任书"中加以体现。经考核和审定，对未完成"项目管理目标责任书"确定的项目管理责任目标或造成亏损的，应按其中有关条款承担责任，并接受经济或者行政处罚。"项目管理目标责任书"应包括下列内容：

（1）企业各业务部门与项目经理部之间的关系；

（2）项目经理部使用作业队伍的方式，项目所需材料供应方式和机械设备供应方式；

（3）应达到的项目进度目标、项目质量目标、项目安全目标和项目成本目标；

（4）在企业制度规定以外的、由法定代表人向项目经理委托的事项；

（5）企业对项目经理部人员进行奖惩的依据、标准、办法及应承担的风险；

（6）项目经理解职和项目经理部解体的条件及方法。

2.在国际上，由于项目经理是施工企业内的一个工作岗位，项目经理的责任则由企业领导根据企业管理的体制和机制，以及根据项目的具体情况而定。企业针对每个项目有十分明确的管理职能分工表，该表明确项目经理对哪些任务承担策划、决策、执行和检查等职能，其将承担的则是相应责任。

3.项目经理对施工项目管理应承担的责任。工程项目施工应建立以项目经理为首的生产经营管理系统，实行项目经理负责制。项目经理在工程项目施工中处于中心地位，对工程项目施工负有全面管理的责任。

4.项目经理对施工安全和质量应承担的责任。要加强对建筑业企业项目经理市场行为的监督管理，对于发生重大工程质量安全事故或市场违法违规行为的项目经理，必须依法予以严肃处理。

5.项目经理对施工项目应承担的法律责任。项目经理由于主观原因或由于工作失误，有可能承担法律责任和经济责任。政府主管部门将追究的主要是其法律责任，企业将追究的主要是其经济责任，但是，如果由于项目经理的违法行为而导致企业的损失，企业也有可能追究其法律责任。

# 三、项目经理的素质与能力

## （一）项目经理应具备的素质

项目经理的素质主要表现在品格与知识两个方面，具体为：

### 1.品格素质

项目经理的品格素质是指项目经理从行为作风中表现出来的思想、认识、品行等方面的特征，如遵纪守法、爱岗敬业、高尚的职业道德、团队的协作精神、诚信尽责等。

项目经理是在一定的时期和范围内掌握一定权力的职业，这种权力的行使将会对工程项目的成败产生关键性影响。工程项目所涉及的资金少则几十万，多则几亿，甚至几十亿。因此，要求项目经理必须正直、诚实，敢于负责，心胸坦荡，言而有信，言行一致，有比较强的敬业精神。

**2. 知识素质**

项目经理应具有项目管理所需要的专业技术、管理、经济、法律法规知识，并懂得在实践中不断深化和完善自己的知识结构。同时，项目经理还应具有一定的实践经验，即具有项目管理经验和业绩，这样才能得心应手地处理各种可能遇到的实际问题。

**3. 性格素质**

项目经理的工作中，做人的工作占相当大的部分。所以要求项目经理在性格上要豁达、开朗，易于与各种各样的人相处；既要自信有主见，又不能刚愎自用；要坚强，能经得住失败和挫折。

**4. 学习的素质**

项目经理不可能对于工程项目所涉及的所有知识都有比较好的储备，相当一部分知识需要在工程项目管理工作中学习掌握。因此，项目经理必须善于学习，包括从书本中学习，更要向团队的成员学习。

**5. 身体素质**

身体健康，精力充沛。

## （二）项目经理应具备的能力

项目经理应具备的能力包括核心能力、必要能力和增效能力三个层次。其中，核心能力是创新能力；必要能力是决策能力、组织能力和指挥能力；增效能力是控制能力和协调能力，这些能力是项目经理有效地行使其职责、充分地发挥领导作用所应具备的主观条件。

**1. 创新能力**

由于科学技术的迅速发展，新技术、新工艺、新材料、新设备等的不断涌现，人们对建筑产品不断提出新的要求。同时，建筑市场改革的深入发展，大量新的问题需要探讨和解决。面临新形势、新任务，项目经理只有解放思想，以创新的精神、创新的思维方法和工作方法来开展工作，才能实现工程项目总目标。因此，创新能力是项目经理业务能力的核心，关系到项目管理的成败和项目投资效益的好坏。

创新能力是项目经理在项目管理活动中，善于敏锐地察觉旧事物的缺陷，准确地捕捉新事物的萌芽，提出大胆、新颖的推测以及设想，继而进行科学周密的论证，提出可行解决方案的能力。

**2. 决策能力**

项目经理是项目管理组织的当家人，统一指挥、全权负责项目管理工作，要求项目经理必须具备较强的决策能力。同时，项目经理的决策能力是保证项目管理组织生命机制旺盛的重要因素，也是检验项目经理领导水平的一个重要标志，因此，决策能力是项目经理必要能力的关键。

决策能力是指项目经理根据外部经营条件和内部经营实力，从多种方案中确定工程项目建设方向、目标及战略的能力。

### 3. 组织能力

项目经理的组织能力关系到项目管理工作的效率，因此，有人将项目经理的组织能力比喻为效率的设计师。

组织能力是指项目经理为了有效地实现项目目标，运用组织理论，将工程项目建设活动的各个要素、各个环节，从纵横交错的相互关系上，从时间和空间的相互关系上，有效、合理地组织起来的能力。如果项目经理有高度的组织能力，并能充分发挥，就能使整个工程项目的建设活动形成一个有机整体，保证其高效率地运转。

组织能力主要包括：组织分析能力、组织设计能力和组织变革能力。

（1）组织分析能力

是指项目经理依据组织理论和原则，对工程项目建设的现有组织进行系统分析的能力。主要是分析现有组织的效能，对利弊进行正确的评价，并找出存在的主要问题。

（2）组织设计能力

是指项目经理从项目管理的实际出发，以提高组织管理效能为目标，对工程项目管理组织机构进行基本框架的设计，提出建立哪些系统，分几个层次，明确各主要部门的上下左右关系等。

（3）组织变革能力

是指项目经理执行组织变革方案的能力和评价组织变革方案实施成效的能力。执行组织变革方案的能力，就是在贯彻组织变革设计方案时，引导有关人员自觉行动的能力。评价组织变革方案实施成效的能力，是指项目经理对组织变革方案实施后的利弊，具有做出正确评价的能力，从而利于组织日趋完善，使组织的效能不断提高。

### 4. 指挥能力

项目经理是工程项目建设活动的最高指挥者，担负着有效地指挥工程项目建设活动的职责，因此，项目经理必须具有高度的指挥能力。

项目经理的指挥能力，表现在正确下达命令的能力和正确指导下级的能力两个方面。项目经理正确下达命令的能力，是强调其指挥能力中的单一性作用；而项目经理正确指导下级的能力，则是强调其指挥能力中的多样性作用。项目经理面对的是不同类型的下级，他们的年龄不同，学历不同，修养不同，性格、习惯也不同，有各自的特点，因此，必须采取因人而异的方式、方法，从而使每一个下级对同一命令有统一的认识和行动。

坚持命令单一性及指导多样性的统一，是项目经理指挥能力的基本内容。而要使项目经理的指挥能力有效地发挥，还必须制定一系列有关的规章制度，做到赏罚分明，令行禁止。

### 5. 控制能力

工程项目的建设如果缺乏有效控制，其管理效果一定不佳。而对工程项目实行全面而有效的控制，则决定于项目经理的控制能力。

控制能力是指项目经理运用各种手段（包括经济、行政、法律、教育等手段），来保证工程项目实施的正常进行、实现项目总目标的能力。

项目经理的控制能力，体现在自我控制能力、差异发现能力和目标设定能力等方面。自我控制能力是指本人通过检查自己的工作，进行自我调整的能力。差异发现能力是对执行结果与预期目标之间产生的差异，能及时测定和评议的能力。如果没有差异发现能力，就无法控制局面。目标设定能力是指项目经理应善于规定以数量表示出来的接近客观实际的明确的工作目标。这样才便于与实际结果进行比较，找出差异，以利于采取措施进行控制。由于工程项目风险管理的日趋重要，项目经理基于风险管理的目标设定能力和差异发现能力也越来越成为关键能力。

### 6. 协调能力

项目经理对协调能力掌握和运用得当，就可对外赢得良好的项目管理环境，对内充分调动职工的积极性、主动性和创造性，取得良好的工作效果，以至超过设定的工作目标。

协调能力是指项目经理处理人际关系，解决各方面矛盾，使各单位、各部门乃至全体职工为实现工程项目目标密切配合、统一行动的能力。

现代大型工程项目，牵涉到很多单位、部门和众多的劳动者。要使各单位、各部门、各环节、各类人员的活动能在时间、数量、质量上达到和谐统一，除了依靠科学的管理方法、严密的管理制度之外，在很大程度上要靠项目经理的协调能力。协调主要是协调人与人之间的关系。协调能力具体表现在以下几个方面：

（1）善于解决矛盾的能力

由于人与人之间在职责分工、工作衔接、收益分配差异和认识水平等方面的不同，不可避免地会出现各种矛盾。如果处理不当，还会激化。项目经理应善于分析产生矛盾的根源，掌握矛盾的主要方面，妥善解决矛盾。

（2）善于沟通情况的能力

在项目管理中出现不协调的现象，往往是由于信息闭塞，情况没有沟通，为此，项目经理应当具有及时沟通情况、善于交流思想的能力。

（3）善于鼓动和说服的能力

项目经理应有谈话技巧，既要在理论上和实践上讲清道理，又要以真挚的激情打动人心，给人以激励及鼓舞，催人向上。

## 四、项目经理的选择与培养

### （一）项目经理的选择

在选择项目经理时，应注意以下几点：

#### 1. 要有一定类似项目的经验

项目经理的职责是要将计划中的项目变成现实。所以，对项目经理的选择，有无类似项目的工作经验是第一位的。那种只能动口不能动手的"口头先生"是无法胜任项目经理工作的。选择项目经理时，判断其是否具有相应的能力可以通过了解其以往的工作经历和结合一些测试来进行。

#### 2. 有较扎实的基础知识

在项目实施过程中，由于各种原因，有些项目经理的基础知识较弱，难以应付遇到的各种问题。这样的项目经理所负责的项目工作质量与工作效率不可能很好，所以选择项目经理时要注意其是否有较扎实的基础知识。对基础知识掌握程度的分析可以通过对其所受教育程度和相关知识的测试来进行。

#### 3. 要把握重点，不可求全责备

对项目经理的要求的确比较宽泛，但并不意味非全才不可。事实上对不同项目的项目经理有不同的要求，且侧重点不同。我们不应该，也不可能要求所有项目经理都有一模一样的能力与水平。同时也正是由于不同的项目经理能力的差异，才可能使其适应不同项目的要求，

保证不同的项目在不同的环境中顺利开展。因此，对项目经理的要求要把握重点，不可求全责备。

### （二）项目经理的培养

#### 1. 在项目实践中培养

项目经理的工作是要通过其所负责团队的努力，把计划中的项目变成现实。项目经理的能力与水平将在实践中接受检验。所以，在培养项目经理时，首先要注重的就是在实践中培养与锻炼。在实践中培养出的项目经理将能够很快适应项目经理工作的要求。

### 2. 放手与帮带结合

项目经理的成长不是一朝一夕的事，是在实践中逐步成长起来的，更是伴着成功与失败成长起来的，但项目本身是容不得失败的。因此，要让项目经理尽快成长起来，就必须在放手锻炼的同时，注意帮带结合。

### 3. 知识更新

项目经理要随着科技进步及项目的具体情况，不断的进行知识更新。项目经理的单位领导要注意为项目经理的知识更新创造条件。同时，项目经理自己也要注意平时的知识更新与积累。

# 第四节　建筑工程管理制度

## 一、建筑项目法人责任制度

项目法人责任制的核心内容是明确由项目法人承担投资风险，项目法人要对工程项目的建设及建成后的生产经营实行一条龙管理和全面负责。

政府投资的经营性项目需要实行项目法人责任制，政府投资的非经营性项目可实行"代建制"，即通过招标等方式，选择专业化的项目管理单位负责建设实施，严格控制项目投资、质量以及工期，待工程竣工验收后再移交给使用单位，从而使项目的"投资、建设、监管、使用"实现四分离。

### （一）项目法人的设立与职权分析

#### 1. 项目法人的设立

对于政府投资的经营性项目而言，项目建议书被批准后，应由项目的投资方派代表组成项目法人筹备组，具体负责项目法人的筹建工作。有关单位在申报项目可行性研究报告时，须同时提出项目法人的组建方案，否则，可行性研究报告不被审批。在项目可行性研究报告被批准后，正式成立项目法人，确保资本金按时到位，并及时办理公司设立登记。项目公司可以是有限责任公司（包括国有独资公司），也可是股份有限公司。

（1）有限责任公司

有限责任公司是指由2个以上、50个以下股东共同出资，每个股东以其认缴的出资额为限对公司承担责任，公司以其全部资产对债务承担责任的项目法人。有限责任公司不对外公开发行股票，股东之间的出资额不要求等额，而由股东协商确定。

国有控股或参股的有限责任公司要设立股东会、董事会以及监事会。董事会、监事会由各投资方按照《公司法》的有关规定进行组建。

（2）国有独资公司

国有独资公司是由国家授权投资的机构或国家授权的部门为唯一出资人的有限责任公司。国有独资公司不设股东会。由国家授权投资的机构或国家授权的部门授权公司董事会行使股东会的部分职权，决定公司的重大事项。但公司的合并、分立、解散、增减资本和发行公司债券，必须由国家授权投资的机构或国家授权的部门决定。

（3）股份有限公司

股份有限公司是指全部资本由等额股份构成，股东以其所持股份为限对公司承担责任，公司以其全部资产对债务承担责任的项目法人。股份有限公司应当有 5 个以上发起人，其突出特点是有可能获准在交易所上市。

国有控股或参股的股份有限公司与有限责任公司一样，也要按照《公司法》的有关规定设立股东会、董事会、监事会和经理层组织机构，其职权与有限责任公司的职权相类似。

**2. 项目董事会与总经理的职权**

（1）项目董事会的职权

项目董事会的职权有：负责筹措建设资金；审核、上报项目初步设计和概算文件；审核、上报年度投资计划并落实年度资金；提出项目开工报告；研究解决建设过程中出现的重大问题；负责提出项目竣工验收申请报告；审定偿还债务计划和生产经营方针，并负责按时偿还债务；聘任或解聘项目总经理，并且根据总经理的提名，聘任或解聘其他高级管理人员。

（2）项目总经理的职权

项目总经理的职权有：组织编制项目初步设计文件，对项目工艺流程、设备选型、建设标准、总图布置提出意见，提交董事会审查；组织工程设计、施工监理、施工队伍和设备材料采购的招标工作，编制和确定招标方案、标底和评标标准，评选和确定投、中标单位。实行国际招标的项目，按现行规定办理；编制并组织实施项目年度投资计划、用款计划、建设进度计划；编制项目财务预、决算；编制并组织实施归还贷款和其他债务计划；组织工程建设实施，负责控制工程投资、工期和质量；在项目建设过程中，在批准的概算范围内对单项工程的设计进行局部调整（凡引起生产性质、能力、产品品种和标准变化的设计调整以及概算调整，需经董事会决定并报原审批单位批准）；根据董事会授权处理项目实施中的重大紧急事件，并及时地向董事会报告；负责生产准备工作和培训有关人员；负责组织项目试生产和单项工程预验收；拟订生产经营计划、企业内部机构设置、劳动定员定额方案及工资福利方案；组织项目后评价，提出项目后评价报告；按时向有关部门报送项目建设、生产信息和统计资料；提请董事会聘任或者解聘项目高级管理人员。

## （二）项目法人责任制的优越性

实行项目法人责任制，使政企分开，将建设工程项目投资的所有权与经营权分离，具有许多优越性。

### 1. 有利于实现项目决策的科学化和民主化

按照《关于实行建设项目法人责任制的暂行规定》要求，项目可行性研究报告批准后，就要正式成立项目法人，项目法人要承担决策风险。为了避免盲目决策和随意决策，项目法人可以采用多种形式，组织技术、经济、管理等方面的专家进行充分论证，提供若干可供选择的方案进行优选。

### 2. 有利于拓宽项目融资渠道

工程建设资金需用量大，单靠政府投资难以满足国民经济发展和人民生活水平提高的需求。通过设立项目法人，可以采用多种方式向社会多渠道融资，同时还可以吸引外资，从而在短期内实现资本集中，引导其投向工程项目建设。

### 3. 有利于分散投资风险

实行项目法人责任制，可以更好地实现投资主体多元化，使所有投资者利益共享、风险共担。而且通过公司内部逐级授权，项目建设和经营必须向公司董事会和股东会负责，置于董事会、监事会和股东会的监督之下，使投资责任和风险可以得到更好、更具体的落实。

### 4. 有利于避免建设与运营相互脱节

实行了项目法人责任制，项目法人不但负责建设，而且还负责建成后的经营与还贷，对项目建设与建成后的生产经营实行一条龙管理和全面负责，这样，就将建设的责任和经营的责任密切地结合起来，从而可以较好地克服传统模式下基建管花钱、生产管还贷，建设与生产经营相互脱节的弊端，有效地落实投资责任。

### 5. 有利于促进工程监理、招标投标及合同管理等制度的健康发展

实行项目法人责任制，明确了由项目法人承担投资风险，因而强化了项目法人及各投资方的自我约束意识。同时，受投资责任的约束，项目法人大都会积极主动地通过招标优选工程设计单位、施工单位和监理单位，并进行严格的合同管理。经项目法人的委托和授权，由工程监理单位具体负责工程质量、造价和进度控制，并对施工单位的安全生产管理进行监督，有利于解决基本建设存在的"只有一次经验，没有二次教训"的问题，同时，还可以逐步造就一支建设工程项目管理的专业化队伍，进而不

断提高我国工程建设管理水平。

## 二、建筑工程招、投标制度

### （一）建设工程招标、投标

#### 1. 建设工程招标与投标的基本概念

建设工程招标与投标是在市场经济条件下进行工程项目的发包与承包、材料设备的买卖以及服务项目的采购与提供时，所采用的一种交易方式。在一般情况下，项目采购方（包括工程项目发包者、材料设备购买者和服务项目采购者）作为招标方，通过发布招标公告或者向一定数量的特定承包单位、供应单位发出投标邀请等方式，提出所需采购项目的性质及数量、质量、技术和时间要求，以及对承包单位、供应单位的资格要求等招标采购条件，表明将选择最能够满足采购要求的承包单位、供应单位与之签订合同的意向，由各有意为招标方提供所需工程、货物或服务项目的承包单位、供应单位作为投标方，向招标方书面提出拟提供的工程、货物或服务的报价及其他响应招标要求的条件，参加投标竞争。最后，经招标方组织专家对各投标者的报价及其他条件进行审查比较后，从中择优选定中标者，并与其签订合同。

招标与投标是建设工程交易过程的两个方面，招标是招标方（建设单位）在招标投标过程中的行为，投标则是投标方（承包单位、供应单位）在招投标过程中的行为。在正常的情况下，招标投标最终的行为结果是签订合同，在招标方和投标方之间产生合同关系。

#### 2. 建设工程招标范围

根据《招标投标法》及《工程建设项目招标范围和规模标准规定》（原国家发展计划委员会令第3号），下列工程项目的勘察、设计、施工、监理以及与工程建设有关的重要设备、材料等的采购，必须进行招标：

（1）大型基础设施、公用事业等关系社会公共利益、公众安全的项目

①关系社会公共利益、公众安全的基础设施项目包括：

a.煤炭、石油、天然气、电力、新能源等能源项目；

b.铁路、公路、管道、水运、航空以及其他交通运输业等交通运输项目；

c.邮政、电信枢纽、通信、信息网络等邮电通讯项目；

d.防洪、灌溉、排涝、引（供）水、滩涂治理、水土保持、水利枢纽等水利项目；

e.道路、桥梁、地铁和轻轨交通、污水排放及处理、垃圾处理、地下管道和公共停车场等城市设施项目；

f.生态环境保护项目：

g.其他基础设施项目。

②关系社会公共利益、公众安全的公用事业项目包括：

a.供水、供电、供气和供热等市政工程项目；

b.科技、教育、文化等项目；

c.体育、旅游等项目；

d.卫生、社会福利等项目；

e.商品住宅，包括经济适用住房；

f.其他公用事业项目。

（2）全部或者部分使用国有资金投资或者国家融资的项目

①使用国有资金投资的项目包括：

a.使用各级财政预算资金的项目；

b.使用纳入财政管理的各种政府性专项建设基金的项目；

c.使用国有企业事业单位自有资金，并国有资产投资者实际拥有控制权的项目。

②国家融资的项目包括：

a.使用国家发行债券所筹资金的项目；

b.使用国家对外借款或担保所筹资金的项目；

c.使用国家政策性贷款的项目；

d.国家授权投资主体融资的项目；

e.国家特许的融资项目。

③使用国际组织或者外国政府贷款、援助资金的项目

使用国际组织或者外国政府资金的项目包括：

a.使用世界银行、亚洲开发银行等国际组织贷款资金的项目；

b.使用外国政府及其机构贷款资金的项目；

c.使用国际组织或者外国政府援助资金的项目。

与上述工程项目有关的重要设备、材料等的采购，达到下列标准之一的，也必须进行招标：a.施工单项合同估算价在 200 万元人民币以上的；b.重要设备、材料等货物的采购，单项合同估算价在 100 万元人民币以上的；c.勘察、设计、监理等服务的采购，单项合同估算价在 50 万元人民币以上的；d.单项合同估算价低于第 a.b.c.项规定的标准，但项目总投资额在 3000 万元人民币以上的。

建设工程项目的勘察、设计采用特定专利或者专有技术的，或者其建筑艺术造型有特殊要求的，经项目主管部门批准，可不进行招标。

## （二）建设工程招标方式

根据《招标投标法》，建设工程招标分公开招标和邀请招标两种方式。

### 1. 公开招标

公开招标又称"无限竞争性招标"，是指招标单位以招标公告的方式邀请非特定法人或者其他组织投标。即招标单位按照法定程序，在国内外公开出版的报刊或通过广播、电视、网络等公共媒体发布招标公告，凡是有兴趣并符合招标公告要求的承包单位、供应单位，不受地域、行业和数量的限制均可以申请投标，经过资格审查合格后，按规定时间参加投标竞争。

公开招标方式的优点是，招标单位可以在较广的范围内选择承包单位或供应单位，投标竞争激烈，择优率更高，有利于招标单位将工程项目交予可靠的承包单位或供应单位实施，并获得有竞争性的商业报价，同时，也可以在较大程度上避免招标活动中的贿标行为。但其缺点是，准备招标、对投标申请者进行资格预审和评标的工作量大，招标时间长、费用高。此外，参加竞争的投标者越多，每个参加者中标的机会越小，风险越大，损失的费用也就越多，而这种费用的损失必然反映在标价上，最终会由招标单位承担。

### 2. 邀请招标

邀请招标也称"有限竞争性招标"，是指招标单位以投标邀请书的形式邀请特定的法人或者其他组织投标。招标单位向预先确定的若干家承包单位、供应单位发出投标邀请函，并就招标工程的内容、工作范围和实施条件等做出简要说明。被邀请单位同意参加投标后，从招标单位获取招标文件，并在规定时间内投标报价。

采用邀请招标方式时，邀请对象应当以 5～10 家为宜，至少不应少于 3 家，否则就失去竞争意义。与公开招标相比，其优点是不发招标公告，不进行资格预审，简化了招标程序，节约了招标费用，缩短了招标时间。而且，由于招标单位对投标单位以往的业绩和履约能力比较了解，从而减少了合同履行过程中承包单位、供应单位违约的风险。邀请招标虽然不履行资格预审程序，但为体现公平竞争和便于招标单位对各投标单位的综合能力进行比较，仍要求投标单位按招标文件的有关要求，在投标书中报送有关资质资料，在评标时以资格后审的形式作为评审的内容之一。

邀请招标的缺点是，由于投标竞争的激烈程度较差，有可能提高中标的合同价；也有可能排除了某些在技术上或报价上有竞争力的承包单位、供应单位参与投标。与公开招标相比，邀请招标耗时短、花费少，对于采购标的较小的招标来说，采用邀请招标比较有利。此外，有些工程项目专业性强，有资格承接的潜在投标人较少，或者需要在短时间内完成投标任务等，也不宜采用公开招标方式，而应采用邀请招标方式。

除公开招标和邀请招标外，还有一种称之为"议标"的谈判性采购方式，是指招标单位指定少数几家承包单位、供应单位，分别就采购范围内的有关事宜进行协商，直到与某一承包单位和供应单位达成采购协议。与公开招标和邀请招标相比，议标不具公开性和竞争性，因而不属于《招标投标法》规定的招标采购方式。从实践看，公开招标和邀请招标方式不允许对报价及技术性条款进行谈判，议标则允许对报价等进行一对一的谈判。因此，对于一些小型工程项目而言，采用议标方式目标明确、省时省力；对于服务项目而言，由于服务价格难以公开确定，服务质量也需要通过谈判解决，采用议标方式也不失为一种合理的采购方式。但采用议标方式时，易发生幕后交易。为了规范建筑市场行为，议标方式仅适用于不宜公开招标或邀请招标的特殊工程或特殊条件下的工作内容。建设单位邀请议标的单位一般不应少于两家，只有在限定条件下才能只与一家议标单位签订合同。议标通常适用的情况包括以下几种：

（1）军事工程或保密工程；

（2）专业性强，需要专门技术、经验或特殊施工设备的工程，以及涉及使用专利技术的工程，此时只能选择少数几家符合要求的承包单位；

（3）与已发包工程有联系的新增工程（承包单位的劳动力、机械设备都在施工现场，既可减少前期开工费用和缩短准备时间，又便于现场的协调管理工作）；

（4）性质特殊、内容复杂，发包时工程量或若干技术细节尚难确定的紧急工程或灾后修复工程；

（5）工程实施阶段采用新技术或新工艺，承包单位从设计阶段就已经参与开发工作，实施阶段还需其继续合作的工程。

# 三、建筑工程合同管理制度

## （一）合同的内容与订立

### 1. 合同的形式和内容

根据《合同法》规定，合同是指平等主体的自然人、法人、其他组织之间设立、变更、终止民事权利义务关系的协议。

（1）合同的形式

当事人订立合同，有书面形式、口头形式和其他形式。法律、行政法规规定采用书面形式的，应当采用书面形式。当事人约定采用书面形式的，应当采用书面形式。建设工程合同应当采用书面形式。

（2）合同的内容

合同内容是指当事人之间就设立、变更或者终止权利义务关系表示一致的意思。合同内容通常称为"合同条款"。合同内容由当事人约定，一般包括：当事人的名称或姓名和住所；标的；数量；质量；价款或者报酬；履行的期限、地点及方式；违约责任；解决争议的方法。

**2. 合同订立的程序**

根据《合同法》规定，当事人订立合同，应经过要约和承诺两个阶段。

（1）要约

①要约及其有效的条件。要约是希望和他人订立合同的意思表示。要约应当符合如下规定：a.内容具体确定；b.表明经受要约人承诺，要约人即受该意思表示约束。也就是说，要约必须是特定人的意思表示，必须是以缔结合同为目的，必须具备合同的主要条款。

有些合同在要约之前还会有要约邀请。所谓要约邀请，是希望他人向自己发出要约的意思表示。要约邀请并不是合同成立过程中的必经过程，是当事人订立合同的预备行为，这种意思表示的内容往往不确定，不含有合同得以成立的主要内容和相对人同意后受其约束的表示，在法律上无需承担责任。寄送的价目表、拍卖公告、招标公告、招股说明书、商业广告等为要约邀请。商业广告的内容符合要约规定的，视为要约。

②要约的生效。要约到达受要约人时生效。如果采用数据电文形式订立合同，收件人指定特定系统接收数据电文的，该数据电文进入该特定系统的时间，视为到达时间；未指定特定系统的，该数据电文进入收件人的任何系统的首次时间，视为到达时间。

③要约的撤回和撤销。要约可以撤回，撤回要约的通知应当在要约到达受要约人之前或者与要约同时到达受要约人。

要约可以撤销。撤销要约的通知应当在受要约人发出承诺通知之前到达受要约人。但有下列情形之一的，要约不得撤销：a.要约人确定了承诺期限或者以其他形式明示要约不可撤销；b.受要约人有理由认为要约是不可撤销的，并且已经为履行合同做了准备工作。

④要约的失效。有下列情形之一的，要约失效：a.拒绝要约的通知到达要约人；b.要约人依法撤销要约；c.承诺期限届满，受要约人未做出承诺；d.受要约人对要约的内容做出实质性变更。

（2）承诺

承诺是受要约人同意要约的意思表示。除根据交易习惯或者要约表明可以通过行为做出承诺的之外，承诺应当以通知的方式做出。

①承诺的期限。承诺应当在要约确定的期限内到达要约人。要约没有确定承诺期限的，承诺应当依照下列规定到达：a.除非当事人另有约定，以对话方式做出的要约，应当即时做出承诺；b.以非对话方式做出的要约，承诺应当在合理期限内到达。

以信件或者电报做出的要约，承诺期限自信件载明的日期或者电报交发之日开始计算。信件未载明日期的，自投寄该信件的邮戳日期开始计算。以电话和传真等快速通信方式做出的要约，承诺期限自要约到达受要约人时开始计算。

②承诺的生效。承诺通知到达要约人时生效。承诺不需要通知的，根据交易习惯或要约的要求做出承诺的行为时生效。采用数据电文形式订立合同的，承诺到达的时间适用于要约到达受要约人时间的规定。

受要约人在承诺期限内发出承诺，按照通常情形能够及时到达要约人，但因其他原因承诺到达要约人时超过承诺期限的，除要约人及时通知受要约人因承诺超过期限不接受该承诺的以外，该承诺有效。

③承诺的撤回。承诺可以撤回，撤回承诺的通知应当在承诺通知到达要约人之前或者与承诺通知同时到达要约人。

④逾期承诺。受要约人超过承诺期限发出承诺的，除要约人及时通知受要约人该承诺有效的以外，为新要约。

⑤要约内容的变更。承诺的内容应当与要约的内容一致。有关合同标的、数量、质量、价款或者报酬、履行期限、履行地点和方式、违约责任和解决争议方法等的变更，是对要约内容的实质性变更。受要约人对要约的内容做出实质性变更的，为新要约。

承诺对要约的内容做出非实质性变更的，除要约人及时表示反对或者要约表明承诺不得对要约的内容做出任何变更的以外，该承诺有效，合同的内容以承诺的内容为准。

## （二）建设工程项目合同体系

工程建设是一个极为复杂的社会生产过程，由于现代社会化大生产和专业化分工，许多单位会参与到工程建设之中，而各类合同则是维系这些参与单位之间关系的纽带。在建设工程项目合同体系中，建设单位、施工单位是两个最主要的节点。

### 1. 建设单位的主要合同关系

建设单位为了实现工程项目总目标，可以通过签订合同将建设工程项目策划决策与实施过程中有关活动委托给相应的专业单位，如工程勘察设计单位、工程施工单位、材料和设备供应单位、工程咨询及项目管理单位等。

（1）工程承包合同

工程承包合同是任何一个建设工程项目所必须有的合同。建设单位采用的承发包模式不同，决定不同类别的工程承包合同。建设单位通常签订的工程承包合同主要有：

① EPC 承包合同。是指建设单位将建设工程项目的设计、材料和设备采购、施工任务全部发包给一个承包单位。

②工程施工合同。是指建设单位将建设工程项目的施工任务发包给一家或者多家承包单位。根据其所包括的工作范围不同，工程施工合同又可分为：

a. 施工总承包合同。是指建设单位将建设工程项目的施工任务全部发包给一家承包单位，包括土建工程施工和机电设备安装等。

b. 单项工程或者特殊专业工程承包合同。是指建设单位将建设工程项目的各个单项工程（或单位工程）（如土建工程施工与机电设备安装）及专业性较强的特殊工程（如桩基础工程和管道工程等）分别发包给不同的承包单位。

（2）工程勘察设计合同

工程勘察设计合同是指建设单位与工程勘察设计单位签订的合同。

（3）材料、设备采购合同

对于建设单位负责供应的材料、设备，建设单位需要与材料、设备供应单位签订采购合同。

（4）工程咨询、监理或项目管理合同

建设单位委托相关单位进行建设工程项目可行性研究、技术咨询、造价咨询、招标代理、项目管理、工程监理等，需要与相关单位签订工程咨询、监理或项目管理合同。

（5）贷款合同

贷款合同是指建设单位与金融机构签订的合同。

（6）其他合同

如建设单位与保险公司签订的工程保险合同等。

**2. 承包单位的主要合同关系**

承包单位作为工程承包合同的履行者，也可以通过签订合同将工程承包合同中所确定的工程设计、施工、材料设备采购等部分任务委托给其他相关的单位来完成。

（1）工程分包合同

工程分包合同是指承包单位为将工程承包合同中某些专业工程施工交由另一承包单位（分包单位）完成而与其签订的合同。分包单位仅仅对承包单位负责，与建设单位没有合同关系。

（2）材料、设备采购合同

承包单位为获得工程所必需的材料、设备，需要与材料、设备供应单位签订采购合同。

（3）运输合同

运输合同是指承包单位为解决所采购材料、设备的运输问题而与运输单位签订的合同。

（4）加工合同

承包单位将建筑构配件、特殊构件的加工任务委托给加工单位时，需要与其签订加工合同。

（5）租赁合同

承包单位在工程施工中所使用的机具、设备等从租赁单位获得时，需与租赁单位签订租赁合同。

（6）劳务分包合同

劳务分包合同是指承包单位与劳务供应单位签订的合同。

（7）保险合同

承包单位按照法律法规及工程承包合同要求进行投保时，需与工程保险公司签订保险合同。

# 四、建筑工程监理制度

## （一）建设工程监理概述

### 1. 建设工程监理的内涵

所谓建设工程监理，是指具有相应资质的工程监理单位受建设单位的委托，根据法律法规、有关工程建设标准、设计文件及合同，对工程的施工质量、造价、进度进行控制，对合同、信息进行管理，对施工单位的安全生产管理实施监督，参与协调工程建设相关方关系的专业化活动。

建设工程监理的行为主体是工程监理单位，既不同于政府建设主管部门的监督管理，也不同于总承包单位对分包单位的监督管理。工程监理的实施需要建设单位的委托和授权，只有在建设单位委托前提下，工程监理单位才能根据有关工程建设法律法规、工程建设标准、工程设计文件及合同实施监理。

建设工程监理作为我国工程建设领域的一项重要管理制度，自 1988 年开始在少数工程项目中试行，经过试点和稳步发展两个阶段后，从 1996 年开始进入全面推行阶段。工程监理制度的实行，将原来工程施工阶段的管理由建设单位和承包单位承担的体制，转变为建设单位、监理单位和承包单位三家共同承担的管理体制。工程监理单位作为市场主体之一，对于规范建筑市场的交易行为、充分发挥投资效益，具有不可替代的重要作用。

### 2. 建设工程监理的性质

建设工程监理的性质可以概括为服务性、科学性、独立性和公平性四个方面。

（1）服务性

工程监理单位既不直接进行工程设计，也不直接进行工程施工；既不向建设单位承包工程造价，也不参与施工单位的利益分成。在工程建设中，监理人员利用自己的知识、技能和经验、信息以及必要的试验、检测手段，为建设单位提供管理和技术服务。

工程监理单位的服务对象是建设单位，既不能完全取代建设单位的管理活动，也不具有工程建设重大问题的决策权，只能在建设单位授权的范围内采用规划、控制、协调等方法，控制工程施工的质量、造价和进度，协助建设单位在计划目标内完成工程建设任务。

（2）科学性

工程监理单位以协助建设单位实现其投资目的为己任，力求在计划目标内建成工程。面对工程规模日趋庞大，环境日益复杂，功能和标准要求越来越高，新技术、新工艺、新材料、新设备不断涌现，参与工程建设的单位越来越多，工程风险日渐增加的形势，工程监理单位只有采用科学的思想、理论、方法和手段，才能驾驭工程建设。

为体现建设工程监理的科学性，工程监理单位应当由组织管理能力强、工程建设经验丰富的人员担任领导；应当有足够数量的、有丰富的管理经验和应变能力的监理工程师组成的骨干队伍；要有一套健全的管理制度；要掌握先进的管理理论、方法和手段；要积累足够的技术、经济资料和数据；要有科学的工作态度和严谨的工作作风，能够创造性地开展工作。

（3）独立性

《建筑法》明确指出，工程监理单位应当根据建设单位的委托，客观、公正地执行监理任务。尽管工程监理单位是在建设单位委托授权的前提下实施监理，但其与建设单位之间的关系是基于建设工程监理合同而建立的，也不能与施工单位、材料设备供应单位有隶属关系和其他利害关系。

工程监理单位应当严格按照有关法律法规、工程建设文件、工程建设标准、建设工程监理合同及其他建设工程合同等实施监理，在实施工程监理过程中，必须建立自己的组织，按照自己的工作计划、程序、流程、方法以及手段，根据自己的判断，独立地开展工作。

（4）公平性

公平性是社会公认的职业道德准则，同时也是工程监理行业能够长期生存和发展的基石。在实施工程监理过程中，工程监理单位应当排除各种干扰，客观、公平地对待建设单位和施工单位。特别是当建设单位与施工单位发生利益冲突或者矛盾时，工程监理单位应当以事实为依据，以法律和有关合同为准绳，在维护建设单位合法权益的同时，不能损害施工单位的合法权益。例如，在调解建设单位与承包单位之间的争议，处理费用索赔和工程延期、进行工程款支付控制以及竣工结算时，应尽量客观、公平地对待建设单位和施工单位。

## （二）建设工程监理的范围与任务

### 1. 建设工程监理的范围

根据《建设工程质量管理条例》及《建设工程监理范围和规模标准规定》（建设部〔2001〕第86号部长令），下列建设工程必须实行监理：

（1）国家重点建设工程

国家重点建设工程是指依据《国家重点建设项目管理办法》所确定的对国民经济和社会发展有重大影响的骨干项目。

（2）大中型公用事业工程

大中型公用事业工程是指项目总投资额在3000万元以上的下列工程项目：供水、供电、供气和供热等市政工程项目；科技、教育、文化等项目；体育、旅游、商业等项目：卫生、社会福利等项目；其他公用事业项目。

（3）成片开发建设的住宅小区工程

成片开发建设的住宅小区工程，建筑面积在5万 $m^2$ 以上的住宅建设工程必须实行监理；5万以下的住宅建设工程，可实行监理，具体范围和规模标准，由省、自治区、直辖市人民政府建设主管部门规定。为了保证住宅质量，对高层住宅及地基、结构复杂的多层住宅应当实行监理。

（4）利用外国政府或者国际组织贷款、援助资金的工程

包括：使用世界银行、亚洲开发银行等国际组织贷款资金的项目；使用国外政府及其机构贷款资金的项目；使用国际组织或国外政府援助资金的项目。

（5）国家规定必须实行监理的其他工程

国家规定必须实行监理的其他工程是指学校、影剧院、体育场馆项目和项目总投资额在3000万元以上关系社会公共利益、公众安全的下列基础设施项目：煤炭、石油、化工、天然气、电力、新能源等项目；铁路、公路、管道、水运、民航以及其他交通运输业等项目；邮政、电信枢纽、通信、信息网络等项目：防洪、灌溉、排涝、发电、引（供）水、滩涂治理、水资源保护、水土保持等水利建设项目：道路、桥梁、地铁和轻轨交通、污水排放及处理、垃圾处理、地下管道、公共停车场等城市基础设施项目；生态环境保护项目；其他基础设施项目。

### 2. 建设工程监理的中心任务

建设工程监理的中心任务就是控制建设工程项目目标，也就是控制经过科学规划所确定的建设工程项目质量、造价和进度目标。建设工程项目的三大目标是相互关联、互相制约的目标系统，不能将三大目标割裂后进行控制。

需说明的是，建设工程监理要达到的目的是"力求"实现项目目标。工程监理单

位和监理工程师"将不是，也不能成为任何承包单位的工程承保人或保证人"。在市场经济条件下，工程勘察、设计、施工及材料设备供应单位作为建筑产品或服务的卖方，应当根据合同按规定的质量、费用和时间要求完成约定的工程勘察、设计、施工及材料设备供应任务。否则，将承担合同责任。违法违规的，将承担法律责任。工程监理单位作为建设单位委托的专业化单位，没有义务替工程项目其他参建各方承担责任。谁设计、谁负责，谁施工、谁负责，谁供应材料及设备，谁负责。当然，如果工程监理单位、监理工程师没有履行法律法规及建设工程监理合同中规定的监理职责和义务，将会承担相应的监理责任。

此外，工程监理单位还要承担建设工程安全生产管理、建筑节能乃至环保等方面的社会责任，这在《建设工程安全生产管理条例》《民用建筑节能条例》及工程建设强制性标准中均有明确规定或者体现。

# 第八章　建筑工程管理实务

# 第一节　施工项目质量管理

## 一、关于质量管理比较

项目管理的基本内涵与工程监理的工作职责是基本一致的。项目管理还有着自身更为丰富的管理内容，如风险管理、沟通管理、人力资源管理、采购管理以及综合管理等方面，这些常常体现了项目的外部环境，它们和监理工作的合同管理、信息管理、协调项目团队等职责有某种程度上的一定交叉，只是项目管理有着更全面、丰富的知识体系，而实际上，这也正是在接受业主委托的条件下，为了工程监理工作提供的更加丰富的工作内容。

## 二、工程质量控制与监理工作

### （一）承建方对项目监理咨询的建议

质量好坏是工程项目成败的一大重要指标。对于信息工程项目来讲也是如此，假如实施一个社区服务系统项目，一旦此系统质量出了问题，可能会影响使用单位的正常办公和社区公民的正常生活，甚至导致单位的经济损失。监理方如果能够及时对信息工程的质量进行检测和控制，工程失败概率会小很多。随着社会的信息化进程的加快，项目监理咨询在国内应运而生。但毕竟这是一新生事物，所以必然存在这样那样的缺陷。目前，国家关于信息工程监理单位资质考核也还没有一个统一的规章制度，进入门槛比较低，导致信息咨询公司在技术实力、行业熟悉度、项目咨询方法方式等方面存在较大的差异。监理方最好是从工程项目进行招投标的阶段就开始介入，至少也应该从需求分析的第一阶段开始介入，而不是到需求确认的阶段甚至项目已经开始实施阶段才介入。监理方应该在业主和承建方进行沟通之前根据自己以往需求分析时可能会碰到的问题向业主和承建方讲清楚，协助承建方与客户交流，这样能够更好地帮助用户提出自己的需求，而承建方也能够更好地理解用户的需求。一个项目或多或少存在失败的风险，这就要求业主、承建方和监理方相互配合，及时地发现产生风险的各种因素，从而达到对风险事前进行有效的规避，在项目进行过程中也应该根据项目的进展情况和外部因素综合考虑分析风险情况，对风险进行有效的事中控制，以此来增强整个项目组的抗风险能力和免疫力。承建方不希望监理方越权介入或者过多的介入，毕竟信息工程项目实施失败责任最大的是承建方。监理方应该给承建方足够的自由度和空间来完成好工程任务。这就要求监理方在介入项目之前要和业主、承建方讨论，界定各自的权利和义务范围，并成文三方进行签字进行确认。

## （二）分公司对项目监理工作的管理

根据工程的特点和具体情况，根据分公司对总监的专长、性格、思想方法、敬业精神等方面的了解，针对监理工程用其所长，精心挑选总监，总监再组班子。总监及项目监理部人员一经确定，基本上就可以粗知该工程监理效果的大概了（60%～80%），所以项目部的组建是搞好项目监理的基础性工作。在此需说明，监理人员要相对稳定不能流动性太大。从总公司调遣过来的监理人员在上岗之前先安排在较成熟的工地适应环境，了解地方相关政策、法规、文件，待掌握了新的知识后再开展具体的工作。监理资料是项目监理的工作记录，从中体现了监理的工作程序、内容与管理水平。分公司应结合《江苏省建设工程施工阶段监理现场用表示范表式（第二版）》的推行，对监理资料的形成与归档进行规范化管理。通过抓监理资料，促进项目监理工作，能起到纲举目张的效果。监理人员水平有较大差异，不同时期政府对监理行业的管理深度及要求有所不同，分公司应根据实际工作需要及时出台相关文件并组织学习培训，指导项目监理工作。通过这一措施，能迅速提高监理人员的工作能力，适应新形式下监理工作的要求。公司不定期对工程项目进行检查，及时发现各项目监理工作中存在的问题，促进项目监理工作水平的提高。组织不定期的总监互检，各总监既是检查者，又是被检查者，起到了互相学习以及互相促进的作用。通过巡检与互检，使动态的项目监理工作在公司的控制之中，并可发现共性问题及特殊问题，召开总监研讨会研究解决办法。对于共性问题形成文件，在今后的工程中予以预控；对个性问题通过讨论得到共同提高和解决。定期召开总监会，对各项目现场管理动态、合同履行动态及员工的思想动态及时汇总，对存在问题进行研讨，集思广益，好的经验进行推广，困难及时向总部反映。项目监理工作完成以后，分公司根据对每个项目监理工作的历次检查、验收情况的记录，对每个项目的监理工作进行综合考评。同时也是对总监工作水平的考评。通过考评，起到激励先进，促进落后的效果，不断地提高项目监理工作的水平。

## （三）混合型监理模式利弊与建议

工程建设监理是市场经济的产物，是智力密集型的社会化、专业化的技术服务。实践证明，在建设领域，实行工程建设监理制正是实现两个带有全局性的根本转变的有效途径，是搞好工程建设的客观需要。混合型监理模式，即业主或建设单位（以下统称为建设方）与社会监理单位相结合进行监理的模式。建设方可能是官员，也可能是投资者。其具体表现为：

①建设方自行组建总监办公室或总监代表处，一般附属于带有行政管理性质的工程建设指挥部，或只不过是指挥部的一个职能部门，而分管合同段的驻地监理办公室则委托专业性的社会监理单位组建；

②社会监理单位主要承担或只承担质量监理，进度监理、费用监理和合同管理等由建设方（或主要由建设方）直接控制；

③建设方办事机构中仍设置较庞大的管理部门，并派出人员直接参与现场监督或监理工作。驻地监理服从各级指挥部和建设方指派的监理机构和人员的管理。

社会监理完全从属于建设方。这种混合型监理模式从根本上讲与工程建设监理的本质内涵不同，监理方不具备 FIDIC 合同条款所规定的独立性、公正性。在很大程度上仍然体现建设方自行管理工程的模式。因为建设方的现场管理人员（指挥部人员）及其所派监理人员大都并非专业监理人员，有些只不过是一般行政人员，往往不能严格按合同文件（含技术规范）办事，因而监理的科学化、规范化就难以做到。这种模式之所以普遍存在，究其根源主要有：

①建设方对工程建设监理制的认识有偏差。监理方式的采用一般由建设方决定。受计划经济的影响，他们习惯于亲自出马，不愿"大权旁落"，尤其不能将费用、进度监控等权力委托出去；认为社会监理人员毕竟是"外人"，是"雇员"，是技术人员，只能执行领导的决定、指示，不能接受建设方、承包方、监理方"三足鼎立"的局面；认为社会监理不能独立执行监理业务，必须加强监督，因而必须直接参与现场管理。

②业主项目法人责任制未积极有效地落实。在市场经济体制下，业主应当是独立自主的项目法人，拥有建设管理权力，对工程的功能、质量、进度和投资负责。但许多地方并没有积极推行业主项目法人责任制，或者没有给"业主"下放建设管理的全部权力。这样的"业主"当然责任不大，因而，他并非觉得需要将工程项目建设委托

社会监理单位实施监理。但为了立项，又不得不遵照有关的规定委托监理，于是便采取混合型监理模式。

③建设方还不习惯利用高智能密集、专业化的咨询服务，不适应社会分工越来越细的要求。

④监理人员综合水平还不高。监理人员应具有扎实的理论基础和丰富的施工管理经验，既有深厚的技术知识，又有相应的经济、法律知识，善于进行合同管理。

然而，现阶段监理人员的综合水平还不高，信誉、地位也不高。目前，监理人员的一个共同弱点是都比较缺乏合同管理、组织协调的能力。综合水平不高决定着他们在一定的程度上不具备全方位、全过程监理并成为工程活动核心的能力，不能够完全让建设方放心。混合型监理模式在计划经济向社会主义市场经济转变过程中，在推行社会监理制的初期阶段有一定的必然性和必要性。首先，当前社会监理单位的实力、监理人员的素质、合同、法律意识、组织协调能力、控制工程行为的水平与工程建设监理制度的要求还有很大差距。承包人对其接受程度、信任程度还不十分高。

在这种情况下采取混合型的监理模式，建设方在一定程度上介入现场管理或部分地进行监理，给社会监理以必要的适当的支持，可部分弥补社会监理本身的不足，若操作得当，将有利于树立监理人员的权威。其次，虽然总监办公室、总监代表处由建设方组建，只要给予他们相对的独立性，与社会监理单位组建的驻地监理办公室在职能与分工上明确，并在一定程度上形成整体，作为独立的第三方，也较容易与建设方沟通。

这种监理模式具有明显的弊端：第一，与现行法规不符。交通部《公路工程施工监理办法》第八条规定：承担公路工程施工监理业务的单位，必须是经交通主管部门审批，取得公路工程施工监理资格证书、具有法人资格的监理组织，按批准的资质等级承担相应的监理业级。总监（或其代表）也并不属于哪家具有法人资格的社会监理单位。同时，国家计委〔计建设 673 号文〕《关于实行建设项目法人责任制的暂行规定》第八条规定：项目法人组织要精干。建设监理工作要充分发挥咨询、监理、会计师和律师事务所等各类社会中介组织的作用。这不但肯定了中介组织的作用，而且明确了项目法人组织运作的原则。第二，不利于提高项目管理水平。据了解，目前很多的总监办（或代表处）的工作人员，是建设方临时从各地方、各部门抽调组建的，他们有的来自区、县养路部门，有的甚至第一次接触 FIDIC 条款，由他们组成上级监理机构来领导专业化的社会监理单位派出的机构，是不能够充分发挥社会监理单位在"三控两管一协调"方面较成熟和较富经验的专业化水平。将社会监理人员降低为一般施工监督员，无法在合同管理上发挥其应有作用，项目管理水平也无法向高层次发展。《京津塘高速公路工程监理》开篇第一句便总结道："遵循国际惯例的工程监理，重要的一点就是要确立监理工程师在项目管理中的核心地位"。FIDIC 监理模式是一个严密的体系，三大控制是一有机整体，相辅相成。只委托质量监理，实际上是很难控制质量的。这种模式也不利于建设方从具体的事务中解脱出来，进而将重点放在为项目顺利进行创造条件、资金筹措、协调关系以及对项目实施进行宏观控制上来。第三，职责不清。这种模式的监理机构是由两个性质不同的单位组建的，一方是建设方，另一方是社会监理单位。他们在业务上又是从属关系或交叉关系，一旦有失，无法追究法律责任，即便是道义责任，也会由于互相依赖、互相推诿而难以分清。除非是明显的个人失误。第四，权力分散。层次一多，权力便分散。不能政出一家，特别是意见不统一时，往往造成内耗，承包人也无所适从，有时还易于让承包人钻空子。第五，效率低。混合型的监理模式在很大程度上破坏了监理工程师作为独立公正的第三方的身份，使监理工作本身的关系复杂化。缺乏一致性，手续增多，造成办事效率不高。而在施工过程中随时都有新情况、新问题出现，它们亟需得到及时处理，否则将贻误时机，影响工程进展，对承包人也是不利的。第六，不利于将社会监理进一步推向市场。这种模式不利于建立一个真正由建设方、承包方、监理方三元主体的管理体制和以合同为纽带，以建设法规为准则，以三大控制为目标的社会化、专业化、科学化以及开放型管理工程的新格局。

在深度和广度上制约了社会监理单位的权力和管理水平的提高，也阻碍了我国工程建设与国际接轨的进程。鉴于目前建设市场正逐步趋向成熟，社会监理已有相当的经验，市场法规也比较配套，为更有力、更全面地推行工程建设监理体制，建议：

①摆脱行政手段管理工程的模式，放手让监理工作。不再采用计划经济时期沿用的、以政府官员为首的工程指挥部的管理模式，也不设立以政府官员或业主人员为首的总监及相应机构。还监理权于合格的社会监理单位以及其派出的机构和人员，使社会监理单位及其工程师充分负起合同规定的责任，享有合同规定的职权。充分利用其独立性和公正性，以合同及有关法规制约承包人和监理工程师，业主也同时受到相应的约束。运用法律、经济手段管理工程，保证合同规定的工期、质量、费用的全面实现。完善招投标制度，全面落实项目法人制度，完善合同文件，提高各方的合同意识、法律意识。

②维护合同文件的法律性。建设方要求保质（或优质）、按期（或提前）完成工程，这是正常的，但应当在招标文件中考虑进去，在签合同时就把意图作为正式要求写进合同文件，规定相应制约或奖惩条款，并在施工过程中严格执行，没有必要另行采取行政手段，在合同之外下达各种指令。应当指出，在施工中，在合同之外由建设方单方面另行颁发的惩罚办法是无法律效力的；提出高于合同文件的质量要求或提前工期，未经承包人同意，在法律上也是无效的；即使同意，承包人也有权提出相应补偿。这样便增加了监理工作的难度，有时还使监理处于非常尴尬的境地。

③在选择监理单位时，对监理人员素质的要求宜从高、从严。在签订监理服务协议书时，既要给予监理工程师以充分的权力，也要规定有效的制约措施；在监理服务

费上不要扣得太紧，保证监理人员享有比较优厚的待遇，有比较强的检测手段，同时也使监理单位有较好的经济效益，具有向高层次、高水平发展的财力。避免监理人员"滥竽充数"，监理单位"薄利多销"。消除无资格、越级承担监理业务现象。

④建设方应充分发挥自己的宏观调控作用。工程建设是一个复杂的过程，涉及工程技术、科学管理、施工安全、环境保护、经济法律等一系列问题，因此建设方的项目管理人员对项目建设只能进行宏观调控，保留重大事项的审批权（如重大的工程变更、影响较大的暂停施工、返工、复工、合同变更等），对于日常的监理工作，不宜直接介入，只对监理行为进行监督，支持监理工程师的工作。注意工作方法，在遇到工程中的缺陷时不宜不分青红皂白，对监理工程师和承包人"各打五十大板"。要明确承包人对工程质量等负有全部法律和经济的责任。对工程施工的有关指示，一般应通过监理工程师下达，纯属建设方职能的除外。保护监理工程师，只有对于监理工程师的错误指示和故意延误，才依照监理协议使其承担责任。当监理工程师的权威性受到影响时，应出面支持其正确决定，使监理工程师真正成为施工现场的核心，而不要人为地制造多中心。

⑤合理地委托监理业务。在目前情况下，可委托资质高的社会监理单位总承担全部监理业务，对于其中的某些专业性很强的工作（例如交通工程设施等），可允许其再委托另外的社会监理单位承担（征得建设方的同意）；也可以委托若干个社会监理单位分别承担设计、施工等阶段的监理业务。

## （四）监理企业体制转轨与机制转换

监理企业的体制转轨和机制转换是一个久议未决而又迫切需要解决的重大问题。因为，监理行业的兴衰存亡取决于监理企业是否兴旺发达，目前行业脆弱的原因正是缘于大量的监理企业尚未成为独立的市场竞争主体和法人实体。按照保守的估计，全国约 80% 以上的监理企业依附于政府、协会、高等院校、科研院所、勘察设计等单位，这些监理企业作为其"第三产业"或附属物，其生存发展取决于母体的意志，母体单位以行政管理方式调控监理企业的经营管理，导致监理企业缺乏自主经营、自负盈亏、自我积累和自我发展的能力。比如：某地一家监理企业经营规模名列全国前茅，职工总数 1000 人，年创监理合同收入达 8000 万元，但他们的经营者却无法自主经营、无权调动职工、无权分配利润，不仅使监理企业经营者和广大员工积极性受到挫伤，而且造成监理企业始终无法摆脱浅层次、低水平徘徊的尴尬局面。监理企业摆脱困境的根本出路在于改革。监理企业的改革可以分两步走：首先是摆脱母体的羁绊，独立行使民事权力并履行相应的民事责任，成为市场竞争主体和法人实体；其次是积极进行企业的体制转轨和机制转换，加大了产权制度改革力度，积极探索建立现代企业制度途径和方式，建立与市场经济发展相适应的企业经营机制。

积极支持企业主管部门与所属监理企业彻底脱钩，按照各自的定位和职能各司其职；政府或者企业主管单位作为企业出资人的，要通过出资人代表，按照法定程序对所投资企业实施产权管理，而不是依靠行政权力对企业日常经营活动、对企业经营管理人员的任免进行干预；政府部门要转变传统的管理方式，对不同所有制企业一视同仁；要由微观管理转向宏观调控，直接管理转向间接管理，将管不了管不好的还权于企业或交由其他建筑中介服务机构承办。按照国家所有、分级管理、授权经营、分工监督的原则，实行国有资产行政管理职能与国有资产经营职能的分离。国有资产管理与运营体系可按国有资产管理委员会—国有资产经营机构—国有资本投资的企业的模式进行改革。国有资产管理机构专司国有资产行政管理职能。监理企业母公司经国有资产管理委员会授权，成为国有资产经营主体，并代表政府履行授权范围内的国有资产所有者职能，监督其国有资产投资的监理企业负责国有资产的保值和增值。监理企业要在清产核资、界定产权、明确产权归属基础上，明确所有资本的出资人和出资人代表，出资人以投入企业的资本为限，承担有限责任，并依股权比例享有所有者的资产受益、重大决策和选择管理者等权利，不得直接干预企业的生产经营活动。监理企业享有出资者投资形成的全部企业法人财产权，依法享有资产占有、支配、使用以及处分权，建立健全企业的激励机制和约束机制。加强对国有资产运营和企业财务状况的监督稽查。要努力提高资本营运效率、保证投资者权益不受侵害，保证国有资产保值、增值。

## （五）公司法人治理结构是公司制的核心

严格按《公司法》建立和完善企业管理体制和运行机制。企业应依法建立决策机构、执行机构和监督机构，明确股东会、董事会、监事会和经理层的职责，形成各负其责、协调运转、有效制衡的法人治理结构。所有者对企业拥有最终控制权。董事会要维护出资人权益，对股东会负责。董事会对公司的发展目标和重大经营活动做出决策，聘任经营者，并且对经营者业绩进行考核和评价。监事会对企业财务和董事、经营者行为进行监督。国有控股监理企业的党委负责人可以通过法定程序进入董事会、监事会。董事会和监事会都要有职工代表参加；董事会、监事会、经理层及工会中的党员负责人，可依照党章及有关规定进入党委会；党委书记和董事长可由一人担任，董事长、总经理原则上应分设。逐步建立适应市场经济要求的企业优胜劣汰、经营者能上能下、人员能进能出、收入能增能减、技术不断创新和国有资产保值增值的机制。建立与现代企业制度相适应的收入分配制度，要在效率优先、兼顾公平的原则指导下，实行董事会、经理层等成员按照各自职责和贡献取得报酬的办法；企业职工工资水平，由企业根据当地社会平均工资和本企业经济效益决定；企业内部实行按劳分配原则，适当拉开差距，允许和鼓励资本、技术等生产要素参与收益分配。监理企业进行体制转轨和机制转换时，应当同时考虑企业结构的调整。

企业结构调整包括经营结构和组织结构调整。经营结构调整目的是化解企业在市场经济中的风险，因此必须解决生产经营多元化的问题，从国际发达和发展国家的企业所走过的发展道路来看，单纯经营某一个产品及从事某一个产业是绝无仅有的，因此在从事监理的同时，还必须开拓其他产业和产品，形成企业产品多样化、产业多元化的产业格局。但是，作为一个监理企业必须突出主业，尤其是支柱监理企业资源向其他行业转移应严格限制，以防止因资源的过度转移而削弱监理行业实力。企业组织结构调整核心问题是解决企业内部经营层、管理层和操作层的结构合理化问题。就单体企业而言，内部各层次、各单位之间应严格按照计划机制实行合理有效配置，避免相互之间按照市场规则产生交易行为，否则可能损害企业作为有机体的内在联系。目前监理企业内部各层次存在严重错位，表现在各层次之间、各岗位之间职能相互混淆。因此首要是解决层次清晰问题，划清职能、明确定位，形成专业组合，技术互补，以发挥企业整体实力及综合优势。

## 三、验收阶段质量控制与索赔

### （一）施工索赔的作用

工程索赔的健康开展，对于培育和发展建筑市场，促进建筑业的发展，提高工程建设的效益，将起到非常重要的作用。索赔可以促进双方内部管理，保证合同正确、完全履行。索赔的权利是施工合同的法律效力的具体体现，索赔的权利可以对施工合同的违约行为起到制约作用。索赔有利于促进双方加强内部管理，严格履行合同，有助于双方提高管理素质，加强合同管理，维护市场正常秩序。工程索赔的健康开展，能促使双方迅速掌握索赔和处理索赔的方法和技巧，有利于他们熟悉国际惯例，有助于对外开放，有助于对外承包的展开。工程索赔的健康开展，可使双方依据合同和实际情况实事求是地协商调整工程造价和工期，有助政府转变职能，并使它从烦琐的调整概算和协调双方关系等微观管理工作中解脱出来。工程索赔的健康开展，把原来打入工程报价的一些不可预见费用，改为按实际发生的损失支付，有助于降低工程报价，使工程造价更加合理。

### （二）施工索赔的分类

工程项目的施工全过程均存在着不确定性风险，因此均可能发生索赔，按其不同角度和立场可以将索赔大致分类。

**1. 按索赔的当事人分类**

（1）承包人向发包人索赔

这类索赔发生量最大，一般是关于工程量计算、工程变更、工期、质量和价款的争议。

（2）承包人同分包人之间的索赔

这类情况大多是分包人因变更或者支付等事项向承包人索赔，类似于承包人向发包人索赔。

（3）承包人与供应商之间的索赔

大多因为货物交付拖延，质量、数量不符合合同规定；技术指标不合要求；运输损坏等。

（4）承包人向保险公司索赔

因承保事项发生而对承包人造成损害时，承包人可据保单规定向保险公司索赔。

（5）发包人向承包人索赔

这类索赔在国内一般称为"反索赔"。一般是因承包人承建项目未达到规定质量标准、工程拖期或安全、环境等原因引起。由于在施工合同当事人双方中因业主有支付价款的主动权，所以此类索赔往往以扣款、扣除保留金、罚款等方式或以履约保函和投标保函等形式处理。

**2. 按索赔的起因分类**

（1）因合同文件引起的索赔

这类索赔是因合同文件的错误引起的。

合同文件的错误是难免的，这些错误有些是无意的，有些是有意设置的。无意错误的后果可能对业主有益，也可能对承包商有益；而有意设置的错误肯定只对自己有益。这类索赔提醒合同管理人员注意审阅合同文件的每个细节，尤其是组成合同文件的各份文件有无矛盾之处。所以西方有经验的索赔专家认为对合同管理人员最重要的是"决定什么是错误"。

（2）因变更引起的索赔

工程项目在实施时因业主的经济利益而引起的变更现象是常见的，有些变更对工程价款和工期的影响是显而易见的，因此承包商应该适时地提出索赔。

（3）因赶工引起的索赔

赶工是指承包商不得不在单位时间内投入比原计划更多的人力、物力与财力进行施工，以加快施工进度。当赶工是由于业主或工程师要求所致，则产生了承包商向业主的索赔。

（4）因不利的现场情况索赔

对承包商而言，不可预见的不利现场条件是工程施工中最严重的风险，特别是水文地质条件及其他地下条件。我国的施工合同文本明确规定对现场的地下障碍及文物承包人可据此索赔，而FIDIC合同条件也详细规定了此类索赔的条件和内容。

（5）有关付款引起的索赔

这部分索赔事件常见于业主付款迟误、业主对工程变更增加费用的低估、业主扣款等事项。

（6）有关拖延引起的索赔

这类拖延常见于业主拖延提供技术资料、工程图纸、验收、材料设备供应等。业主的上述拖延给承包商带来的损失最明显的是工程停顿，其次是工程施工进度放缓。前者最容易确定索赔的范围与数额，后者则最容易引起纠纷。

（7）有关错误决定引起的索赔

在工程施工中，业主及工程师的许多决定均在现场做出，这种决定有时是在仓促之间做出的，因此，难免与合同规定会有出入，承包商因此可以向业主提出索赔。当然这种索赔的难点在于保留业主或工程师的决定的证据。即使他们的决定是口头的，也要事后予以书面认证，以备不虞。

### 3. 按索赔的依据分类

（1）依据合同的索赔

此类索赔的依据可从合同文件中找到，大多数的索赔属于此类。

（2）非依据合同的索赔

索赔的依据难于直接从合同条款中找到，但是从整体合同文件或有关法规中能找到依据。此类索赔一般表现为违约赔偿或履约保函的损失等。

（3）道义索赔

此类索赔富有人情味，从合同或法规中找不到索赔的依据，但业主因承包商的努力工作和密切合作的精神而感动，同时承包商认为自己有索赔的道义基础，这时道义索赔往往成功。聪明的业主往往不会拒绝承包商的道义索赔要求，特别是业主需要在市场上树立某种人文道德形象或需继续与承包商合作时。

## （三）施工索赔程序

第二版示范文本规定：发包人未能按合同约定履行各项义务或发生错误以及应由发包人承担责任的其他情况，造成工期延误和（或）承包人不能及时得到合同价款及承包人的其他经济损失，承包人可按下列程序以书面形式向发包人索赔：

①索赔事件发生后 28 天内，向工程师发出索赔意向书；

②发生索赔意向书后 28 天内，向工程师提出延长工期及（或）补偿经济损失的索赔报告及有关资料；

③工程师在收到承包人送交的索赔报告和有关资料后，于 28 天内给予答复，或要

求承包人进一步补充索赔理由和证据；

④工程师在收到承包人送交的索赔报告和有关资料后 28 天内未予答复或未对承包人作进一步要求，视为该项索赔已经认可；

⑤当该索赔事件持续进行时，承包人应阶段性向工程师发出索赔意向，在索赔事件终了后 28 天内，向工程师送交索赔报告的有关资料和最终索赔报告。索赔答复程序与③④规定相同。承包人未能按合同约定履行自己的各项义务或发生错误，给发包人造成经济损失，发包人也可按上述程序和时限向承包人提出索赔。

## （四）索赔证据

在提出索赔要求时，必须提供索赔证据。

### 1. 索赔证据必须具备真实性

索赔证据必须是在实际实施合同过程中的，完全反映实际情况，能经得住对方推敲。由于在合同实施过程中业主和承包商都在进行合同管理，收集有关资料，所以双方应有内容相同的证据。证据不真实和虚假的证据是违反法律和职业道德的。

### 2. 索赔证据必须具有全面性

索赔方所提供的证据应能说明事件的全过程。索赔报告中所涉及的问题都有相应的证据，不能零乱和支离破碎。否则对方可退回索赔报告，要求重新补充证据，这样会拖延索赔的解决，对索赔方不利。

### 3. 索赔证据必须符合特定条件

索赔证据必须是索赔事件发生时的书面文件。一切口头承诺、口头协议均无效。更改合同的协议必须由业主、承包商双方签署，或者以会议纪要的形式确定，且为决定性的决议。一切商讨性、意向性的意见或建议均不应算作有效的索赔证据。施工合同履行过程中的重大事件、特殊情况的记录应由业主或工程师签署认可。

### 4. 索赔证据必须具备及时性

索赔证据是施工过程中的记录或对施工合同履行过程中有关活动的认可，通常，后补的索赔证据很难被对方认可。

## （五）索赔的依据

以下文件、法规、资料均可作为索赔的依据：

①招标文件、施工合同文本及附件，其他各种签约（如备忘录、修正案等），经认可的工程实施计划、各种工程图纸、技术规范等。这些索赔的依据可以在索赔报告中直接引用。

②双方的往来信件。

③各种会谈纪要。在施工合同履行过程中，业主、工程师和承包商定期或不定期的会谈所做出的决议或决定，是以施工合同的补充，应作为施工合同的组成部分，但会谈纪要只有经过各方签署后才可作为索赔的依据。，

④施工进度计划和具体的施工进度安排。施工进度计划和具体的施工进度安排是工程变更索赔的重要证据。

⑤施工现场的有关文件。如施工记录、施工备忘录、施工日报、工长或检查员的工作日记、工程师填写的施工记录等。

⑥工程照片。照片可以清楚、直观地反映工程具体情况，照片上应注明日期。

⑦气象资料，工程检查验收报告和各种技术鉴定报告。

⑧工程中送（停）电、送（停）水、道路开通和封闭的记录和证明。

⑨官方的物价指数、工资指数。各种会计核算资料。

⑩建筑材料的采购、订货、运输、进场、使用方面的凭据，国家有关法律、法令、政策文件。

## （六）工程师对索赔文件的处理

索赔文件送达工程师后，工程师应当根据索赔额的大小以及对其权限进行判断。若在工程师的权限范围之内，则工程师可自行处理；若超出工程师的权限范围则应呈发包人处理。《建设工程施工合同》示范文本规定：工程师接到索赔通知后28天内给予批准，或要求承包人进一步补充索赔理由和证据；工程师在28天内未予答复，应视为该项索赔已经认可。因此，工程师应充分考虑这种时限要求，尽快审议研究索赔文件。有时，为赢得足够的时间，工程师可先行对索赔文件提出质疑，待承包人答复后再行处理。工程师往往会从以下方面对索赔报告提出质疑：

①索赔事件不属于发包人的责任；

②发包人和承包人共同负有责任，要求承包人划分责任，并证明双方的责任大小；

③索赔事实依据不足；

④合同中的免责条款已免除了发包人的责任；

⑤承包人以前已放弃了索赔要求；

⑥索赔事件属于不可抗力事件；

⑦索赔事件发生后，承包人未能够采取有效措施减小损失；

⑧损失计算被不适当地夸大。

工程师对上述8个方面提出质疑时，也要出示部分证据，以证明质疑的合理合法性。

# 四、工程质量管理措施与目标

## （一）工程质量管理

工程质量管理是指为了保证和提高工程质量，运用一整套质量管理体系、手段和方法所进行的系统管理活动。广义的工程质量管理，泛指建设全过程的质量管理。其管理的范围贯穿于工程建设的决策、勘察、设计、施工的全过程。一般意义的质量管理，指的是工程施工阶段的管理。它从系统理论出发，把工程质量形成的过程作为整体，全世界许多国家对工程质量的要求，均以正确的设计文件为依据，结合专业技术、经营管理和数理统计，建立一整套施工质量保证体系，才能投入生产和交付使用。用最经济的手段，只有合乎质量标准，科学的方法，对影响工程质量的各种因素进行综合治理，投资大，建成符合标准、用户满意的工程项目。工程项目建设，工程质量管理，要求把质量问题消灭在它的形成过程中，工程质量好与坏，以预防为主，手续完整。并以全过程多环节致力于质量的提高。这就是要把工程质量管理的重点，以事后检查把关为主变为预防、改正为主，组织施工要制订科学的施工组织设计，从管结果变为管因素，把影响质量的诸因素查找出来，发动全员、全过程、多部门参加，依靠科学理论、程序和方法，参加施工人员均不应发生重大伤亡事故。使工程建设全过程都处于受控制状态。

## （二）工程质量管理的措施

工程质量管理关键是在保证设计质量的前提下，降低了成本，以实现计划规定的指标。加强施工过程的质量控制，节约材料和能源。建立施工质量保证体系由三个基本部分组成：

### 1. 施工准备阶段的质量管理

主要包括：图纸的审查，施工组织设计的编制，材料和预制构件、半成品的检验，施工机械设备的检修等。

### 2. 施工过程中的质量管理

施工过程是控制质量的主要阶段，这一阶段的质量管理工作主要有：做好施工的技术交底，监督按照设计图纸和规范、规程施工；进行施工质量检查和验收；质量活动分析和实现文明施工。

### 3. 工程投产使用阶段的质量管理

这一过程是检验工程实际质量的过程，是工程质量的归宿点。投产使用阶段的质量管理有两项：一是及时回访。对已完工程进行调查，将发现的质量缺陷及时反馈，不停地运转，为了日后改进施工质量管理提供信息。二是实行保修制度。建立质量保证体系后，依次还有更小的管理循环，还应使其按科学方法运转，而每个环节的各部分又都有各自的 PDCA 循环，才能够达到保证和提高建设工程质量的目的。

工程质量保证体系运转的基本方式是按照计划一实施一检查一处理（PDCA）的管理循环周而复始地运转。它把建设工程形成的多环节的质量管理有机地联系起来，构成一个大循环，才能达到保证和提高建设工程质量的目的。而每个环节的各部分又都有各自的 PDCA 循环，依次还有更小的管理循环，直至落实到班组、个人，从而形成一个大环套小环的综合循环体系，为日后改进施工质量管理提供信息。不停地运转，每运转一次，对已完工程进行调查，质量提高一步。管理循环不停运转，质量水平也就随之不断提高。

## （三）工程质量管理的目标和意义

目标是使工程建设质量达到全优。在中国，称之为全优工程。即质量好、工期短、消耗低、经济效益高、施工文明以及符合安全标准。施工过程是控制质量的主要阶段，全优工程的具体检查评定标准包括六个方面：

①达到国家颁发的施工验收规范的规定和质量检验评定标准的质量优良标准。

②必须按期和提前竣工，交工符合国家规定。材料和预制构件、半成品的检验，凡甲乙双方签订合同者，以合同规定的单位工程竣工日期为准；未签订合同的工程，主要包括：图纸的审查，以地区主管部门有关建筑安装工程工期定额为准。

③工效必须达到全国统一劳动定额，材料和能源要有节约，降低成本要实现计划规定的指标。

④严格执行安全操作规程，使工程建设全过程都处受控制状态。参加施工人员均不应发生重大伤亡事故。

⑤坚持文明施工，保持现场整洁，把影响质量的诸因素查找出来，做到工完场清。组织施工要制订科学的施工组织设计，施工现场应达到场容管理规定要求。

⑥各项经济技术资料齐全，手续完整。工程质量好与坏，是一个根本性的问题。工程项目建设，投资大，建成及使用时期长，只有合乎质量标准，才能投入生产和交付使用，发挥投资效益，结合专业技术、经营管理和数理统计，满足社会需要。

世界上许多国家对工程质量的要求，都有一套严密的监督检查办法。在我国，自 1984 年开始，改变了长期以来由生产者自我评定工程质量的做法，实行企业自我监督和社会监督相结合，大力的加强社会监督，运用一整套质量管理体系、手段和方法所进行的系统管理活动。

## （四）主体结构工程质量控制

### 1. 钢筋混凝土工程的检查

（1）模板工程

①施工前应编制详细的施工方案；

②施工过程中检查：施工方案是否可行，模板的强度、刚度、稳定性、支承面积、防水、防冻、平整度、几何尺寸、拼缝、隔离剂及涂刷、平面位置及垂直度、预埋件及预留孔洞等是否符合设计和规范要求，并控制好拆模时混凝土的强度和拆模顺序。重要结构构件模板支拆，还应当检查拆膜方案的计算方法。

（2）钢筋工程

钢筋分项工程质量控制包括钢筋进场检验、钢筋加工、钢筋连接、、钢筋安装等一系列检验。施工过程重点检查：原材料进场合格证和复试报告、成型加工质量、钢筋连接试验报告及操作者合格证，钢筋安装质量，预埋件的规格、数量、位置及锚固长度、箍筋间距、数量及其弯钩角度和平直长度。验收合格并按有关规定填写"钢筋隐蔽工程检查记录"后，方可浇筑混凝土。

（3）混凝土工程

①检查混凝土主要组成材料的合格证及复试报告、配合比、搅拌质量、坍落度、冬施浇筑的入模温度、现场混凝土试块、现场混凝土浇筑工艺及方法、养护方法及时间、后浇带的留置和处理等是否符合设计和规范要求；

②混凝土的实体检测：检测混凝土的强度以及钢筋保护层厚度等，检测方法主要有破损法检测和非破损法检测（仪器检测）两类。

（4）钢筋混凝土构件安装工程

施工中质量控制重点检查：构件的合格证或强度及型号、位置、标高、构件中心线位置、吊点、临时加固措施、起吊方式及角度、垂直度、接头焊接以及接缝、灌浆用细石混凝土原材料合格证及复试报告、配合比、坍落度、现场留置试块强度，灌浆的密实度等是否符合设计和规范要求。

（5）预应力钢筋混凝土工程

应检查预应力筋张拉机具设备及仪表，预应力筋，预应力筋锚具、夹具和连接器，预留孔道，预应力筋张拉与放张，灌浆及封锚等是否符合要求。

### 2. 砌体工程的检查

（1）主要对砌体材料的品种、规格、型号、级别、数量、几何尺寸、外观状况及产品的合格证、性能检测报告等进行检查，对块材、水泥、钢筋和外加剂等应检查产品的进场复验报告。

（2）主要检查砌筑砂浆的配合比、计量、搅拌质量（包括稠度、保水性等）、试块（包括制作、数量、养护以及试块强度等）等。

（3）主要检查砌体的砌筑方法、皮数杆、灰缝（包括：宽度、瞎缝、假缝、透明缝、通缝等）、砂浆强度、砂浆保满度、砂浆黏结状况、留槎、接槎、洞口、马牙槎、脚手眼、标高、轴线位置、平整度、垂直度、封顶及砌体中钢筋品种、规格、数量、位置、几何尺寸、接头等。

（4）对于混凝土小型空心砌块、轻骨料混凝土小型空心砌块、蒸压加气混凝土砌块等，检查产品龄期，超过28d的方可使用。

### 3. 钢结构工技的检查与检验

（1）主要检查钢材、钢铸件、焊接材料、连接用紧固标准件、焊接球、螺栓封板、锥头、套筒和涂装材料等的品种、规格、型号、级别、数量、几何尺寸、外观状况及产品质量的合格证明文件、中文标志和检验报告等。进口钢材、混批钢材、重要钢结构主要是受力构件钢材和焊接材料、高强螺栓等尚应当检查复验报告。

（2）钢结构焊接工程中主要检查焊工合格证及其认可范围、有效期，焊接材料质量证明书、烘焙记录、存放状况、与母材的匹配情况，焊缝尺寸、缺陷、热处理记录、工艺试验报告等。

（3）紧固件连接工程中主要检查紧固件和连接钢材的品种、规格、型号、级别、尺寸、外观及匹配情况，普通螺栓的拧紧顺序、拧紧情况、外露丝扣，高强度螺栓连接摩擦面抗滑移系数试验报告和复验报告、扭矩扳手标定记录、紧固顺序、转角或扭矩、螺栓外露丝扣等。

（4）主要检查钢零件及钢部件的钢材切割面或剪切面的平面度、割纹和缺口的深度、边缘缺棱、型钢端部垂直度、构件几何尺寸偏差、矫正工艺和温度、弯曲加工及其间隙、刨边允许偏差和粗糙度、螺栓孔质量、管和球的加工质量等等。

（5）主要检查钢结构零件及部件的制作质量、地脚螺栓及预留孔情况、安装平面轴线位置、标高、垂直度、平面弯曲、单元拼接长度与整体长度、支座中心偏移与高差、钢结构安装完成后环境影响造成的自然变形、节点平面紧贴的情况、垫铁的位置及数量等。

## （五）防水工程质量控制

### 1. 屋面防水工程检查与检验

（1）卷材防水工程

主要检查所用卷材及其配套材料的出厂合格证、质量检验报告和现场抽样复验报告、卷材与配套材料的相容性和分包队伍的施工资质、作业人员的上岗证、基层状况、卷材铺贴方向及顺序、附加层、搭接长度及搭接缝位置、泛水的高度、女儿墙压顶的坡向及坡度、细部构造处理、排气孔设置、防水保护层、缺陷情况以及隐蔽工程验收记录等。施工完成后检验屋面卷材防水层的整体施工质量效果。

（2）涂膜防水工程

主要检查所用防水涂料和胎体增强材料的出厂合格证、质量检验报告和现场抽样复验报告、分包队伍的施工资质、作业人员的上岗证、基层状况、胎体增强材料铺设的方向及顺序、涂膜层数和厚度、附加层、搭接长度及搭接缝位置、泛水的高度、女儿墙压顶的坡向及坡度、细部构造处理、排气孔设置、防水保护层、缺陷情况、隐蔽工程验收记录等是否符合设计和规范要求。施工完成后检验屋面涂膜防水层的整体施工质量效果。

2. 地下防水工程检查与检验

（1）防水混凝土结构工程：主要检查防水混凝土原材料的出厂合格证、质量检验报告、现场抽样试验报告、配合比、计量、坍落度、模板及撑、混凝土的浇筑和养护、施工缝或后浇带及预埋件（套管）的处理、止水带（条）等的预埋、试块的制作以及养护、防水混凝土的抗压强度和抗渗性能试验报告、隐蔽工程验收记录、质量缺陷情况和处理记录等。

（2）其他地下防水工程质量的检查和检验可详见《地下防水工程质量验收规范》中有关规定。

# 第二节　建筑工程项目进度管理

## 一、建筑工程项目进度管理概述

一个项目能否在预定的时间内完成，这是项目最为重要的问题之一，也是进行项目管理所追求的目标之一。工程项目进度管理就是采用科学的方法确定进度目标，编制经济合理的进度计划，并据以检查工程项目进度计划的执行情况，若发现实际执行情况与计划进度不一致时，及时分析原因，并且采取必要的措施对原工程进度计划进行调整或修正的过程，工程项目进度管理的目的就是实现最优工期。

项目进度管理是一个动态、循环、复杂的过程。进度计划控制的一个循环过程包括计划、实施、检查和调整四个过程。计划是指根据施工项目的具体情况，合理编制符合工期要求的最优计划；实施是指进度计划的落实与执行；检查是指在进度计划与执行过程中，跟踪检查实际进度，并与计划进度对比分析，确定两者之间的关系；调整是指根据检查对比的结果，分析实际进度与计划进度之间的偏差对工期的影响，采取切合实际的调整措施，使计划进度符合新的实际情况，在新的起点上进行下一轮控制循环，如此的循环下去，直至完成任务。

## （一）工程项目进度管理的原理

### 1. 动态控制原理

工程项目进度管理是一个不断进行的动态控制，也是一个循环进行的过程。在进度计划执行中，由于各种干扰因素的影响，实际进度与计划进度可能会产生偏差。分析偏差产生的原因，采取相应的措施，调整原来的计划，继续按新计划进行施工活动，并且尽量发挥组织管理的作用，使实际工作按计划进行。但是在新的干扰因素作用下，又会产生新的偏差，施工进度计划控制就是采用这种循环的动态控制方法。

### 2. 系统控制原理

该原理认为，工程项目施工进度管理本身是一个系统工程，施工项目计划系统包括项目施工进度计划系统和项目施工进度实施组织系统两部分内容。

（1）项目施工进度计划系统

为了对施工项目实行进度计划控制，首先必须编制施工项目的各种进度计划。其中有施工项目总进度计划、单位工程进度计划和分部分项工程进度计划、季度和月（旬）作业计划，这些计划组成一个施工项目进度计划系统。计划的编制对象由大到小，计划的内容从粗到细。编制时从总体计划到局部计划，逐层进行控制目标分解，以保证计划控制目标落实。执行计划时，从月（旬）作业计划开始实施，逐级按目标控制，从而达到对施工项目整体进度目标的控制。

（2）项目施工进度实施组织系统

施工组织各级负责人，从项目经理、施工队长、班组长以及所属全体成员组成了施工项目实施的完整组织系统，都按照施工进度规定的要求进行严格管理、落实和完成各自的任务。为了保证施工项目按进度实施，自公司经理、项目经理，一直到作业班组都设有专门职能部门或人员负责汇报，统计整理实际施工进度的资料，并与计划进度比较分析和进行调整，形成一个纵横连接的施工项目控制组织系统。

（3）信息反馈原理

信息反馈是施工项目进度管理的主要环节。工程项目进度管理的过程实质上就是对有关施工活动和进度的信息不断收集、加工、汇总、反馈的过程。施工项目信息管理中心要对收集的施工进度和相关影响因素的资料进行加工分析，由领导作出决策后，向下发出指令，指导施工或者对原计划做出新的调整、部署；基层作业组织根据计划和指令安排施工活动，并将实际进度和遇到的问题随时上报。每天都有大量的内外部信息、纵横向信息流进流出，若不应用信息反馈原理，不断进行信息反馈，则无法进行进度管理。

（4）弹性原理

施工项目进度计划工期长、影响进度的原因多，其中有的已被人们掌握，根据统计经验估计出影响的程度和出现的可能性，并在确定进度目标时，进行实现目标的风险分析。在计划编制者具备了这些知识和实践经验之后，编制施工项目进度计划时就会留有余地，也就是使施工进度计划具有弹性。在进行施工项目进度控制时，便可以利用这些弹性。如检查之前拖延了工期，通过缩短剩余计划工期的方法，或者改变它们之间的逻辑关系，仍达到预期的计划目标，这就是施工项目进度控制中对弹性原理的应用。

（5）闭循环原理

项目的进度计划管理的全过程是计划、实施、检查、比较分析、确定调整措施、再计划。从编制项目施工进度计划开始，经过实施过程中的跟踪检查，收集有关实际进度的信息，比较和分析实际进度与施工计划进度之间的偏差，找出产生的原因和解决的办法，确定调整措施，再修改原进度计划，形成了一个封闭的循环系统。

## （二）项目进度管理程序

工程项目部应按照以下程序进行进度管理：

①根据施工合同的要求确定施工进度目标，明确计划开工日期、计划总工期和计划竣工日期，确定项目分期分批的开竣工日期。

②编制施工进度计划，具体安排实现计划目标的工艺关系、组织关系、搭接关系、起止时间、劳动力计划、材料计划、机械计划及其他保证性计划。

③进行计划交底，落实责任，并向监理工程师提出开工申请报告，按监理工程师开工令确定的日期开工。

④实施施工进度计划。项目经理应通过施工部署、组织协调、生产调度和指挥、改善施工程序和方法的决策等，应用技术、经济以及管理手段实现有效的进度管理。项目经理部要建立进度实施、控制的科学组织系统和严密的工作制度，然后依据工程项目进度目标体系，对施工的全过程进行系统控制。正常情况下，进度实施系统应发挥监测、分析职能并循环运行，随着施工活动的进行，信息管理系统会不断地将施工实际进度信息，按信息流动程序反馈给进度管理者，经过统计整理，比较分析后，确认进度无偏差，则系统继续运行；一旦发现实际进度与计划进度有偏差，系统将发挥调控职能，分析偏差产生的原因，及对后续施工和总工期的影响。必要时，可对原计划进度作出相应的调整，提出纠正偏差方案和实施技术、经济、合同保证措施，以及

取得相关单位支持与配合的协调措施，确认切实可行后，将调整后的新进度计划输入到进度实施系统，施工活动继续在新的控制下运行。当新的偏差出现后，再重复上述过程，直到施工项目全部完成。

⑤任务全部完成后，进行进度管理总结并编写进度管理报告。

## （三）项目进度管理目标体系

保证工程项目按期建成交付使用，是工程项目进度控制的最终目的为了有效地控制施工进度，首先要将施工进度总目标从不同角度进行层层分解，形成了施工进度控制目标体系，从而作为实施进度控制的依据。

项目进度目标是从总的方面对项目建设提出的工期要求，但在施工活动中，是通过对最基础的分部分项工程的施工进度管理来保证各单项（位）工程或阶段工程进度管理目标的完成，进而实现工程项目进度管理总目标的。因而需要将总进度目标进行一系列的从总体到细部、从高层次到基础层次的层层分解，一直分解到在施工现场可以直接控制的分部分项工程或作业过程的施工为止。在分解中，每一层次的进度管理目标都限定了下一级层次的进度管理目标，而较低层次的进度管理目标又是较高一级层次进度管理目标得以实现的保证，于是就形成了一个有计划、有步骤协调施工、长期目标对短期目标自上而下逐级控制、短期目标对于长期目标自下而上逐级保证、逐步趋近进度总目标的局面，最终达到工程项目按期竣工交付使用的目的。

### 1. 按项目组成分解，确定各单位工程开工及交工动用日期

在施工阶段应进一步明确各单位工程的开工和交工动用日期，以确保施工总进度目标的实现。

### 2. 按承包单位分解，明确分工和承包责任

在一个单位工程中有多个承包单位参加施工时，应按承包单位将单位工程的进度目标分解，确定出各分包单位的进度目标，列入分包合同，以便落实分包责任，并根据各专业工程交叉施工方案和前后衔接条件，明确不同承包单位工作面交接的条件和时间。

### 3. 按施工阶段分解，划定进度控制分界点

根据工程项目的特点，应将其施工分解成几个阶段，如果土建工程可分为基础、结构和内外装修阶段。每一阶段的起止时间都要有明确的标志。特别是不同单位承包的不同施工段之间，更要明确划定时间分界点，以此作为形象进度的控制标志，从而使单位工程动用目标具体化。

### 4. 按计划期分解，组织综合施工

将工程项目的施工进度控制目标按年度、季度、月进行分解，并用实物工程、货

币工作量及形象进度表示，将更有利于对施工进度的控制。

### （四）施工项目进度管理目标的确定

在确定施工项目进度管理目标时，必须全面细致地分析与建设工程有关的各种有利因素和不利因素，只有这样，才能够订出一个科学、合理的进度管理目标。确定施工进度管理目标的主要依据有：建设工程总进度目标对施工工期的要求、工期定额、类似工程项目的实际进度、工程难易程度和工程条件的落实情况等。

在确定施工项目进度分解目标时，还要考虑以下各个方面：

①对于大型建设工程项目，应根据尽早提供可动用单元的原则，集中力量分项分批建设，以便尽早投入使用，尽快发挥投资效益。

②结合本工程的特点，参考同类建设工程的经验来确定施工进度目标。避免只按主观愿望盲目确定进度目标，从而在实施过程中造成进度失控。

③合理安排土建与设备的综合施工。要按照它们各自的特点，合理安排土建施工与设备基础、设备安装的先后顺序及搭接、交叉或者平行作业，明确设备工程对土建工程的要求和土建工程为设备工程提供施工条件的内容及时间。

④做好资金供应能力、施工力量配备、物资供应能力与施工进度的平衡工作，确保工程进度目标的要求而不使其落空。

⑤考虑外部协作条件的配合情况。包括施工过程中及项目竣工动用所需的水、电、气、通信、道路及其他社会服务项目的满足程序和满足时间。

⑥考虑工程项目所在地区地形、地质、水文、气象等方面的限制条件。

## 二、施工项目进度计划的编制与实施

施工项目进度计划是规定各项工程的施工顺序和开竣工时间及相互衔接关系的计划，是在确定工程施工项目目标工期基础上，根据了相应完成的工程量，对各项施工过程的施工顺序、起止时间和相互衔接关系所作的统筹安排。

### （一）施工项目进度计划的类型

#### 1. 按计划时间划分

有总进度计划及阶段性计划。总进度计划是控制项目施工全过程的，阶段性计划包括项目年、季、月（旬）施工进度计划等。月（旬）计划是根据年、季施工计划，结合现场施工条件编制的具体执行计划。

#### 2. 按计划表达形式划分

有文字说明计划与图表形式计划。文字说明计划是用文字来说明各阶段的施工任务，以及要达到的形象进度要求；图表形式计划是用图表形式表达施工的进度安排，可用横道图表示进度计划或当用网络图表示进度计划。

### 3. 按计划对象划分

有施工总进度计划、单位工程施工进度计划和分项工程进度计划。施工总进度计划是以整个建设项目为对象编制的，它确定各单项工程施工顺序和开竣工时间以及相互衔接关系，是全局性的施工战略部署；单位工程施工进度计划是对单位工程中的各分部、分项工程的计划安排；分项进度计划是针对项目中某一部分（子项目）或某一专业工种的计划安排。

### 4. 按计划的作用来划分

施工项目进度计划一般可分为控制性进度计划和指导性进度计划两类。控制性进度计划按分部工程来划分施工过程，控制各分部工程的施工时间及其相互搭接配合关系。它主要适用于工程结构较复杂、规模较大、工期较长而需跨年度施工的工程，还适用于虽然工程规模不大或结构不复杂但各种资源（劳动力、机械、材料等）不落实的情况，以及建筑结构设计等可能变化的情况。指导性进度计划按分项工程或施工工序来划分施工过程，具体确定各施工过程的施工时间及其相互搭接和配合关系。它适用于任务具体而明确、施工条件基本落实、各项资源供应正常及施工工期不太长的工程。

## （二）施工项目进度计划编制依据

为了使施工进度计划能更好地、密切地结合工程的实际情况，更好地发挥其在施工中的指导作用，在编制施工进度计划时，按其编制对象的要求，依据下列资料编制：

### 1. 施工总进度计划的编制依据

（1）工程项目承包合同及招投标书。主要包括了招投标文件及签订的工程承包合同，工程材料和设备的订货、供货合同等。

（2）工程项目全部设计施工图纸及变更洽商。建设项目的扩大初步设计、技术设计、施工图设计、设计说明书、建筑总平面图及建筑竖向设计及变更洽商等。

（3）工程项目所在地区位置的自然条件和技术经济条件。主要包括：气象、地形地貌、水文地质情况、地区施工能力、交通以及水电条件等，建筑施工企业的人力、设备、技术和管理水平等。

（4）工程项目设计概算和预算资料、劳动定额及机械台班定额等。

（5）工程项目拟采用的主要施工方案及措施、施工顺序、流水段划分等。

（6）工程项目需要的主要资源。主要包括：劳动力状况、机具设备能力、物资供应来源条件等。

（7）建设方及上级主管部门对施工的要求。

（8）现行规范、规程和有关技术规定。国家现行的施工及验收规范、操作规程、技术规定以及技术经济指标。

**2. 单位工程进度计划的编制依据**

（1）主管部门的批示文件及建设单位的要求。

（2）施工图纸及设计单位对施工的要求。其中包括：单位工程的全部施工图纸、会审记录和标准图、变更洽商等有关部门设计资料，对较复杂的建筑工程还要有设备图纸和设备安装对土建施工的要求，及设计单位对新结构、新材料、新技术和新工艺的要求。

（3）施工企业年度计划对该工程的有关指标，如：进度、其他项目穿插施工的要求等。

（4）施工组织总设计或大纲对该工程的有关部门规定和安排。

（5）资源配备情况。如：施工中需要的劳动力、施工机械和设备、材料、预制构件和加工品的供应能力及来源情况。

（6）建设单位可能提供的条件和水电供应情况。如：建设单位可能提供的临时房屋数量，水电供应量，水压、电压能否满足施工需要等。

（7）施工现场条件和勘察。如：施工现场的地形、地貌、地上与地下的障碍物、工程地质和水文地质、气象资料、交通运输通路和场地面积等。

（8）预算文件和国家及地方规范等资料。工程的预算文件等提供的工程量和预算成本，国家和地方的施工验收规范、质量验收标准、操作规程和有关定额是确定编制施工进度计划的主要依据。

## （三）施工总进度计划的编制

施工总进度计划一般是建设工程项目的施工进度计划。它是用来确定建设工程项目中所包含的各单位工程的施工顺序、施工时间以及相互衔接关系的计划。施工总进度计划的编制步骤和方法如下：

### 1. 计算工程量

根据批准的工程项目一览表，按单位工程分别计算其主要实物工程量。工程量的计算可按初步设计（或扩大初步设计）图纸和有关定额手册或资料进行。常用的定额、资料有：每万元、每10万元投资工程量、劳动量及材料消耗扩大指标；概算指标和扩大结构定额；已建成的类似建筑物、构筑物的资料。

### 2. 确定各单位工程的施工期限

各单位工程的施工期限应根据合同工期确定，同时还要考虑建筑类型、结构特征、施工方法、施工管理水平、施工机械化程度及施工现场条件等因素。如果在编制施工总进度计划时没有合同工期，则应当保证计划工期不超过工期定额。

### 3. 确定各单位工程的开竣工时间和相互搭接关系

确定各单位工程的开竣工时间和相互搭接关系主要应该考虑以下几点：

（1）同一时期施工的项目不宜过多，以避免人力、物力过于分散。

（2）尽量做到均衡施工，以使劳动力、施工机械和主要材料的供应在整个工期范围内达到均衡。

（3）尽量提前建设可供工程施工使用的永久性工程，以节省临时工程费用。

（4）急需和关键的工程先施工，以保证工程项目如期交工。对于某些技术复杂、施工周期较长、施工困难较多的工程，亦应安排提前施工，以利于整个工程项目按期交付使用。

（5）施工顺序必须与主要生产系统投入生产的先后次序相吻合。同时还要安排好配套工程的施工时间，以保证建成的工程能迅速投入生产或交付使用。

（6）应注意季节对施工顺序的影响，使施工季节不导致工期拖延，不影响工程质量。

（7）安排一部分附属工程或者零星项目作为后备项目，用以调整主要项目的施工进度。

（8）注意主要工种和主要施工机械能连续施工。

### 4. 编制初步施工总进度计划

施工总进度计划应安排全工地性的流水作业。全工地性的流水作业安排应以工程量大、工期长的单位工程为主导，组织若干条流水线，并以此带动其他工程。施工总进度计划既可以用横道图表示，也可以用网络图表示。

### 5. 编制正式施工总进度计划

初步施工总进度计划编制完成后，要对其进行检查。主要是检查总工期是否符合要求，资源使用是否均衡且其供应是否能得到保证。

## （四）单位工程施工进度计划的编制

单位工程施工进度计划是在既定施工方案的基础上，根据规定的工期和各种资源供应条件，对于单位工程中的各分部分项工程的施工顺序、施工起止时间及衔接关系进行合理安排。

单位工程施工进度计划的编制步骤及方法如下：

### 1. 划分施工过程

施工过程是施工进度计划的基本组成单元。编制单位工程施工进度计划时，应按照图纸和施工顺序将拟建工程的各个施工过程列出，并结合施工方法、施工条件、劳动组织等因素，加以适当调整。施工过程划分应当考虑以下因素：

（1）施工进度计划的性质和作用

通常来说，对长期计划及建筑群体、规模大、工程复杂、工期长的建筑工程，编制控制性施工进度计划，施工过程划分可粗些，综合性可大些，一般可按分部工程划分施工过程。如：开工前准备、打桩工程、基础工程、主体结构工程等。对中小型建筑工程及工期不长的工程，编制实施性计划，其施工过程划分可细些、具体些，要求每个分部工程所包括的主要分项工程均一一列出，起到指导施工的作用。

（2）施工方案及工程结构

如厂房基础采用敞开式施工方案时，柱基础和设备基础可合并为一个施工过程；而采用封闭式施工方案时，则必须列出柱基础、设备基础这两个施工过程。又如结构吊装工程，采用分件吊装方法时，应列出柱吊装、梁吊装、屋架扶直就位、屋盖吊装等施工过程；而采用综合吊装法时，只要列出结构吊装一项即可。

砌体结构、大墙板结构、装配式框架与现浇钢筋混凝土框架等不同的结构体系，其施工过程划分及其内容也各不相同。

（3）结构性质及劳动组织

现浇钢筋混凝土施工，一般可分为支模、绑扎钢筋和浇筑混凝土等施工过程。一般对于现浇钢筋混凝土框架结构的施工应分别列项，而且可分得细一些，如：绑扎柱钢筋、支柱模板、浇捣柱混凝土、支梁、板模板、绑扎梁、板钢筋、浇捣梁、板混凝土、养护、拆模等施工过程。砌体结构工程中，现浇工程量不大的钢筋混凝土工程一般不再细分，可合并为一项，由施工班组的各工种互相配合施工。

施工过程的划分还与施工班组的组织形式有关，如玻璃与油漆的施工，如果是单一工种组成的施工班组，可以划分为玻璃、油漆两个施工过程；同时为组织流水施工的方便或需要，也可合并成一个施工过程，这时施工班组是由多工种混合的混合班组。

（4）对施工过程进行适当合并，达到简明、清晰

施工过程划分太细，则过程越多，施工进度图表就会显得繁杂，重点不突出，反而失去指导施工的意义，并且增加编制施工进度计划的难度。因此，可考虑将一些次要的、穿插性施工过程合并到主要施工过程中去，如基础防潮层可合并到基础施工过程，门窗框安装可并入砌筑工程；有些虽然重要但工程量不大的施工过程也可与相邻的施工过程合并，如挖土可与垫层施工合并为一项，组织混合班组施工；同一时期由同一工种施工的施工项目也可合并在一起，如墙体砌筑不分内墙、外墙、隔墙等，而合并为墙体砌筑一项；有些关系比较密切，不容易分出先后的施工过程也可合并，如散水、勒脚和明沟可合并为一项。

（5）设备安装应单独列项

民用建筑的水、暖、煤、卫、电等房屋设备安装是建筑工程重要组成部分，应单

独列项；工业厂房的各种机电等设备安装也要单独列项。土建施工进度计划中列出设备安装的施工过程，只是表明其与土建施工的配合关系，通常不必细分，可由专业队或设备安装单位单独编制其施工进度计划。

（6）明确施工过程对施工进度的影响程度

有些施工过程直接在拟建工程上进行作业、占用时间、资源，对工程的完成与否起着决定性的作用，它在条件允许的情况下，可以缩短或延长工期。这类施工过程必须列入施工进度计划，如砌筑、安装、混凝土的养护等。另外有些施工过程不占用拟建工程的工作面，虽需要一定的时间和消耗一定的资源，但不占用工期，故不列入施工进度计划，如构件制作和运输等。

### 2. 计算工程量

当确定了施工过程之后，应计算每个施工过程的工程量。工程量应根据施工图纸、工程量计算规则及相应的施工方法进行计算。计算时应注意工程量的计量单位应与采用的施工定额的计量单位相一致。

如果编制单位工程施工进度计划时，已编制出预算文件（施工图预算或施工预算），则工程量可从预算文件中抄出并汇总。但是，施工进度计划中某些施工过程与预算文件的内容不同或有出入时（如计量单位、计算规则和采用的定额等），则应根据施工实际情况加以修改、调整或重新计算。

### 3. 套用施工定额

确定了施工过程及其工程量之后，即可套用施工定额（当地实际采用的劳动定额及机械台班定额），以确定劳动量和机械台班量。

在套用国家或当地颁布的定额时，必须注意结合本单位工人的技术等级、实际操作水平、施工机械情况和施工现场条件等因素，确定完成了定额的实际水平，使计算出来的劳动量、机械台班量符合实际需要。

有些采用新技术、新材料、新工艺或特殊施工方法的施工过程，定额中尚未编入，这时可参考类似施工过程的定额、经验资料，按实际情况确定。

### 4. 初排施工进度计划

（1）根据施工经验直接安排的方法

这种方法是根据经验资料及有关计算，直接在进度表上画出进度线。其一般步骤是：先安排主导施工过程的施工进度，然后再安排其余施工过程，它们应当尽可能配合主导施工过程并最大限度地搭接，形成施工进度计划的初步方案。

（2）按工艺组合组织流水的施工方法

这种方法是将某些在工艺上有关系的施工过程归并为一个工艺组合，组织各工艺组合内部的流水施工，然后将各工艺组合最大限度地搭接起来。

施工进度计划由两部分组成，一部分反映拟建工程所划分施工过程的工程量、劳动量或台班量、施工人数或机械数、工作班次及工作延续时间等计算内容；另一部分则用图表形式表示各施工过程的起止时间、延续时间以及其搭接关系。

**5. 检查与调整施工进度计划**

施工进度计划初步方案编制后，应根据建设单位和有关部门的要求、合同规定及施工条件等，先检查各施工过程之间的施工顺序是否合理、工期是否满足要求、劳动力等资源需要量是否均衡，然后再进行调整，直至满足要求，正式形成施工进度计划。

（1）施工顺序的检查与调整

施工顺序应符合建筑施工的客观规律，应从技术上、工艺上、组织上检查各个施工过程的安排是否正确合理。

（2）施工工期的检查与调整

施工进度计划安排的计划工期首先应满足上级规定或施工合同的要求，其次应具有较好的经济效益，即安排工期要合理，但并不是越短越好。当工期不符合要求时，应进行必要的调整。检查时主要看各施工过程的持续时间、起止时间是否合理，特别应注意对工期起控制作用的施工过程，即首先要缩短这些施工过程的持续时间，并注意施工人数以及机械台数的重新确定。

（3）资源消耗均衡性的检查与调整

施工进度计划的劳动力、材料、机械等供应与使用，应避免过分集中，尽量做到均衡。

应当指出，施工进度计划并不是一成不变的，在执行过程中；往往由于人力、物资供应等情况的变化，打破了原来的计划。因此，在执行中应随时掌握施工的动态，并经常不断地检查和调整施工进度计划。

## （五）施工进度计划的实施

施工进度计划的实施就是用施工进度计划指导施工活动、落实和完成进度计划。施工进度计划逐步实施的过程就是施工项目建造逐步完成的过程。为了保证施工进度计划的实施，保证各进度目标的实现，应做好如下工作：

**1. 施工进度计划的审核**

项目经理应进行施工项目进度计划的审核，其主要内容包括：

（1）进度安排是否符合施工合同中确定的建设项目总目标与分目标，是否符合开、竣工日期的规定。

（2）施工进度计划中的项目是否有遗漏，分期施工是否满足分批交工的需要和配套交工的要求。

（3）总进度计划中施工顺序的安排是否合理。

（4）资源供应计划是否能保证施工进度的实现，供应是否均衡，分包人供应的资源是否能满足进度的要求。

（5）总分包之间的进度计划是否相协调，专业分工与计划的衔接是否明确、合理。

（6）对实施进度计划的风险是否分析清楚，是否有相应对策。

（7）各项保证进度计划的实现的措施是否周到、可行、有效。

### 2. 施工项目进度计划的贯彻

#### （1）检查各层次的计划，形成严密的计划保证系统

施工项目的所有施工进度计划包括施工总进度计划、单位工程施工进度计划、分部分项工程施工进度计划，都是围绕一个总任务而编制的，它们之间关系是高层次的计划为低层次计划的依据，低层次计划是高层次计划的具体化。在其贯彻执行时应当首先检查是否协调一致，计划目标是否层层分解，互相衔接，组成一个计划实施的保证体系，以施工任务书的方式下达施工队以保证实施。

#### （2）层层明确责任或下达施工任务书

施工项目经理、施工队和作业班组之间分别签订承包合同，按计划目标明确规定合同工期、相互承担的经济责任、权限和利益，或采用下达施工任务书，将作业下达到施工班组，明确具体施工任务、技术措施、质量要求等内容，使施工班组必须保证按作业计划时间完成规定的任务。

#### （3）进行计划的交底，促进计划的全面、彻底实施

施工进度计划的实施需要全体员工的共同行动，要使有关人员都明确各项计划的目标、任务、实施方案和措施，使管理层和作业层协调一致，将计划变成全体员工的自觉行动。在计划实施前要根据计划的范围进行计划交底工作，使计划得到了全面、彻底的实施。

### 3. 施工进度计划的实施

#### （1）编制施工作业计划

由于施工活动的复杂性，在编制施工进度计划时，不可能考虑到施工过程中的一切变化情况，因而不可能一次安排好未来施工活动中的全部细节，所以施工进度计划很难作为直接下达施工任务的依据。因此，还必须有更为符合当时情况和更为细致具体的、短时间的计划，这就是施工作业计划。

施工作业计划一般可分为月作业计划和旬作业计划。月（旬）作业计划应保证年、季度计划指标的完成。

（2）签发施工任务书

编制好月（旬）作业计划以后，将每项具体任务通过签发施工任务书的方式使其进一步落实。施工任务书是向班组下达任务实行责任承包、全面管理以及原始记录的综合性文件。施工班组必须保证指令任务的完成。它是计划和实施的纽带。

施工任务书应由工长编制并下达。它包括施工任务单、限额领料单和考勤表。施工任务单包括：分项工程施工任务、工程量、劳动量、开工日期、完工日期、工艺、质量、安全要求。限额领料单是根据施工任务书编制的控制班组领用材料的依据，应具体规定材料名称、规格、型号、单位、数量和领用记录、退料记录等。考勤表可附在施工任务书背面，按班组人名排列，供考勤时填写。

（3）做好施工进度记录，填好施工进度统计表

在计划任务完成的过程中，各级施工进度计划的执行者都要跟踪做好施工记录，记载计划中的每项工作开始日期、工作进度和完成日期，为施工项目进度检查分析提供信息，并且填好有关图表。

（4）做好施工中的调度工作

施工中的调度是组织施工中各阶段、环节、专业和工种的互相配合、进度协调的指挥核心。调度工作是使施工进度计划实施顺利进行的重要手段。其主要任务是掌握计划实施情况，协调各方面关系，采取措施，排除各种矛盾，加强各薄弱环节，实现动态平衡，保证完成作业计划和实现进度目标。

调度工作内容主要有：监督作业计划的实施、调整协调各方面的进度关系；监督检查施工准备工作；督促资源供应单位按计划供应劳动力、施工机具、运输车辆、材料构配件等，并对临时出现的问题采取调配措施；由于工程变更引起资源需求的数量变更和品种变化时，应及时调整供应计划；按施工平面图管理施工现场，结合实际情况进行必要调整，保证文明施工；了解气候、水、电、气的情况，采取相应的防范和保证措施；及时发现和处理施工中各种事故和意外事件；定期、及时召开了现场调度会议，贯彻施工项目主管人员的决策，发布调度令。

## （六）施工项目进度计划的检查

在施工项目的实施进程中，为了进行进度控制，进度控制人员应经常、定期地跟踪检查施工实际进度情况。主要检查工作量的完成情况、工作时间的执行情况、资源使用及与进度的互相配合情况等。进行进度统计整理和对比分析，确定实际进度和计划进度之间的关系，其主要工作包括：

### 1. 跟踪检查施工实际进度

跟踪检查施工实际进度是项目施工进度控制的关键措施。其目的是收集实际施工

进度的有关数据。跟踪检查的时间和收集数据的质量，直接影响控制工作的质量和效果一般检查的时间间隔与施工项目的类型、规模、施工条件和对进度执行要求程度有关。通常可以确定每月、每半月、每旬或每周进行一次。若在施工中遇到天气、资源供应等不利因素的严重影响，检查的时间间隔可临时缩短，次数应频繁，甚至可以每日进行检查，或派人员驻现场督阵。检查和收集资料的方式一般采用进度报表方式或定期召开进度工作汇报会。为保证汇报资料的准确性，进度控制的工作人员，要经常到现场察看施工项目的实际进度情况，从而保证经常、定期地准确掌握施工项目的实际进度。

根据不同需要，进行日检查或定期检查的内容包括：

（1）检查期内实际完成和累计完成工程量。

（2）实际参加施工的人数、机械数量和生产效率。

（3）窝工人数、窝工机械台班数及其原因分析。

（4）进度偏差的情况。

（5）进度管理情况。

（6）影响进度的特殊原因以及分析。

（7）整理统计检查数据。

**2. 整理统计检查数据**

收集到的施工项目实际进度数据，要进行必要的整理，按计划控制的工作项目进行统计，形成与计划进度具有可比性的数据、相同的量纲和形象进度。一般可以按实物工程量、工作量和劳动消耗量以及累计百分比整理和统计实际检查的数据，以便与相应的计划完成量相对比。

**3. 对比实际进度与计划进度**

将收集的资料整理和统计成具有与计划进度可比性的数据后，用施工项目实际进度与计划进度的比较方法进行比较。通常用的比较方法有：横道图比较法、S型曲线比较法、香蕉曲线比较法以及前锋线比较法等。

**4. 施工项目进度检查结果的处理**

施工项目进度检查的结果，按照检查报告制度的规定，形成进度控制报告并向有关主管人员和部门汇报。

进度控制报告是把检查比较的结果、有关施工进度现状和发展趋势，提供给项目经理及各级业务职能负责人的最简单的书面形式报告。

进度控制报告根据报告的对象不同，确定了不同的编制范围和内容而分别编写。一般分为：项目概要级进度控制报告，是报给项目经理、企业经理或业务部门以及建设单位或业主的，它是以整个施工项目为对象说明进度计划执行情况的报告；项目管理级进度控制报告，是报给项目经理及企业的业务部门的，它是以单位工程或项目分区为对象说明进度计划执行情况的报告；业务管理级进度控制报告，是就某个重点部位或重点问题为对象编写的报告，供项目管理者及各业务部门为其采取应急措施而使用的。

进度控制报告的内容主要包括：项目实施的概况、管理概况、进度概要的总说明；项目施工进度、形象进度及简要说明；施工图纸提供进度；材料、物资、构配件供应进度；劳务记录及预测；日历计划；对建设单位、业主和施工者的变更指令等；进度偏差的状况和导致偏差的原因分析；解决的措施；计划调整意见等。

### （七）施工项目进度计划的调整

在计划执行过程中，由于组织、管理、经济、技术、资源、环境和自然条件等因素的影响，往往会造成实际进度与计划进度产生的偏差，如偏差不能及时纠正，必将影响进度目标的实现。因此，在计划执行过程中采取相应措施来进行管理，对保证计划目标的顺利实现具有重要意义。

# 第三节　建筑工程项目资源管理

## 一、建筑工程项目资源管理概述

### （一）建筑工程项目资源管理的概念

#### 1. 资源

资源，也称为生产要素，是指创造出产品所需要的各种因素，即形成了生产力的各种要素。建筑工程项目的资源通常是指投入施工项目的人力资源、材料、机械设备、技术和资金等各要素，是完成施工任务的重要手段，也是建筑工程项目得以实现的重要保证。

（1）人力资源

人力资源是指一定时间空间条件下，劳动力数量和质量的总和。劳动力泛指能够从事生产活动的体力和脑力劳动者，是施工活动的主体，是构成生产力的主要因素，也是最活跃的因素，具有主观能动性。

人力资源掌握生产技术，运用劳动手段，作用于劳动对象，从而形成生产力。

（2）材料

材料是指在生产过程中将劳动加于其上的物质资料，包括原材料、设备和周转材料。通过对其进行"改造"形成各种产品。

（3）机械设备

机械设备是指在生产过程中用以改变或影响劳动对象的一切物质的因素，包括机械、设备工具以及仪器等。

（4）技术

技术指人类在改造自然、改造社会的生产和科学实践中积累的知识、技能、经验及体现它们的劳动资料。包括操作技能、劳动手段、劳动者素质、生产工艺、试验检验、管理程序和方法等。

科学技术是构成生产力的第一要素。科学技术的水平，决定和反映了生产力的水平。科学技术被劳动者所掌握，并融入劳动对象和劳动手段中，便能形成相当于科学技术水平的生产力水平。

（5）资金

在商品生产条件下，进行生产活动，发挥生产力的作用，进行劳动对象的改造，还必须有资金，资金是一定货币和物资的价值总和，是一种流通手段。投入生产的劳动对象、劳动手段和劳动力，只有支付一定的资金才能得到；也只有得到一定的资金，生产者才能将产品销售给用户，并以此维持再生产活动或者扩大再生产活动。

### 2. 建筑工程项目资源管理

建筑工程项目资源管理，是按照建筑工程项目一次性特点和自身规律，对项目实施过程中所需要的各种资源进行优化配置，实施动态控制，有效利用，以降低资源消耗的系统管理方法。

## （二）建筑工程项目资源管理的内容

建筑工程项目资源管理包括人力资源管理、材料管理、机械设备管理、技术管理和资金管理。

### 1. 人力资源管理

人力资源管理是指为了实现建筑工程项目的既定目标，采用计划、组织、指挥、监督、协调、控制等有效措施和手段，充分开发和利用项目中人力资源所进行的一系列活动的总称。

目前，我国企业或项目经理部在人员管理上引入竞争机制，具有多种用工形式，包括固定工、临时工、劳务分包公司所属合同工等。项目经理部进行人力资源管理的关键在于加强对劳务人更的教育培训，提高他们的综合素质，加强思想政治工作，明确责任制，调动职工的积极性，加强对劳务人员的作业检查，以提高劳动效率，保证作业质量。

### 2. 材料管理

材料管理是指项目经理部为顺利完成工程项目施工任务进行的材料计划、订货采购、运输、库存保管、供应加工、使用、回收等一系列的组织以及管理工作。

材料管理的重点在现场，项目经理部应建立完善的规章制度，厉行节约和减少损耗，力求降低工程成本。

### 3. 机械设备管理

机械设备管理是指项目经理部根据所承担的具体工作任务，优化选择和配备施工机械，并且合理使用、保养和维修等各项管理工作。机械设备管理包括选择、使用、保养、维修、改造、更新等诸多环节。

机械设备管理的关键是提高机械设备的使用效率和完好率，实行责任制，严格按照操作规程加强机械设备的使用、保养及维修。

### 4. 技术管理

技术管理是指项目经理部运用系统的观点、理论和方法对项目的技术要素与技术活动过程进行计划、组织、监督、控制、协调的全过程管理。

技术要素包括技术人才、技术装备、技术规程、技术资料等；技术活动过程指技术计划、技术运用、技术评价等。技术作用的发挥，除决定于技术本身的水平外，很大程度上还依赖于技术管理水平。没有完善的技术管应，先进的技术是难以发挥作用的。

建筑工程项目技术管理的主要任务是科学地组织各项技术工作，充分发挥技术的作用，确保工程质量；努力提高技术工作的经济效果，使技术和经济有机地结合起来。

### 5. 资金管理

资金，从流动过程来讲，首先是投入，即筹集到的资金投入到工程项目上；其次是使用，也就是支出。资金管理，也就是财务管理，指项目经理部根据工程项目施工过程中资金流动的规律，编制资金计划，筹集资金，投入资金，资金使用，资金核算与分析等管理工作。项目资金管理的目的是保证收入、节约支出、防范风险和提高经济效益。

## （三）建筑工程项目资源管理的意义

建筑工程项目资源管理的最根本意义是通过市场调研，对资源进行合理配置，并在项目管理过程中加强管理，力求以较小的投入，取得较好经济效益。具体体现在以下几点：

（1）进行资源优化配置，即适时、适量、比例适当、位置适宜地配备或投入资源，以满足工程需要。

（2）进行资源的优化组合，使投入工程项目的各种资源搭配适当，在项目中发挥协调作用，有效地形成生产力，适时与合格地生产出产品（工程）。

（3）进行资源的动态管理，即按照项目的内在规律，有效地计划、组织、协调、控制各资源，使之在项目中合理流动，在动态中寻求平衡。动态管理的目的和前提是优化配置与组合，动态管理是优化配置和组合的手段与保证。

（4）在建筑工程项目运行中，合理、节约地使用资源，以降低工程项目成本。

### （四）建筑工程项目资源管理的主要环节

#### 1. 编制资源配置计划

编制资源配置计划的目的，是根据业主需要和合同要求，对各种资源投入量、投入时间、投入步骤做出合理安排，以满足施工项目实施的需要。计划是优化配置和组合的手段。

#### 2. 资源供应

为保证资源的供应，应当根据资源配置计划，安排专人负责组织资源的来源，进行优化选择，并投入到施工项目，使计划得以实现，保证项目的需要。

#### 3. 节约使用资源

根据各种资源的特性，科学配置和组合，协调投入，合理使用，不断纠正偏差，达到节约资源，降低成本的目的。

#### 4. 对资源使用情况进行核算

通过对资源的投入、使用和产出的情况进行核算，了解资源的投入、使用是否恰当，最终实现节约使用的目的。

#### 5. 进行资源使用效果的分析

一方面对管理效果进行总结，找出经验和问题，评价管理活动；另一方面又为管理提供储备和反馈信息，以指导以后（或下一循环）的管理工作。

## 二、建筑工程项目人力资源管理

建筑企业或项目经理部进行人力资源管理，根据工程项目施工现场客观规律的要求，合理配备和使用人力资源，并按工程进度的需要不断调整，在保证现场生产计划顺利完成的前提下，提高劳动的生产率，达到以最小的劳动消耗，取得最大的社会效益和经济效益。

## （一）人力资源优化配置

人力资源优化配算的目的是保证施工项目进度计划的实现，提高劳动力使用效率，降低工程成本。项目经理部应根据项目进度计划和作业特点优化配置人力资源，制定人力需求计划，报企业人力资源管理部门批准。企业人力资源管理部门与劳务分包公司签订劳务分包合同。远离企业本部的项目经理部，可以在企业法定代表人授权下与劳务分包公司签订劳务分包合同。

### 1. 人力资源配置的要求

#### （1）数量合适

根据工程量的多少和合理的劳动定额，结合施工工艺和工作面的情况确定劳动者的数量，使劳动者在工作时间内满负荷工作。

#### （2）结构合理

劳动力在组织中的知识结构、技能结构、年龄结构、体能结构、工种结构等方面，应与所承担的生产任务相适应，满足施工及管理的需要。

#### （3）素质匹配

素质匹配是指：劳动者的素质结构与物质形态的技术结构相匹配；劳动者的技能素质与所操作的设备、工艺技术的要求相适应；劳动者的文化程度、业务知识、劳动技能、熟练程度和身体素质等与所担负的生产和管理工作相适应。

### 2. 人力资源配置的方法

人力资源的高效率使用，关键在于制定合理的人力资源使用计划。企业管理部门应审核项目经理部的进度计划和人力资源需求计划，并且做好下列工作：

（1）在人力资源需求计划的基础上编制土种需求计划，防止漏配。必要时根据实际情况对人力资源计划进行调整。

（2）人力资源配置应贯彻节约原则，尽量使用自有资源；若现在劳动力不能满足要求，项目经理部应向企业申请加配，或在企业授权范围内进行招募，或把任务转包出去；如现有人员或新招收人员在专业技术或素质上不能满足要求，应提前进行培训，再上岗作业。

（3）人力资源配置应有弹性，让班组有超额完成指标的可能，激发工人的劳动积极性。

（4）尽量使项目使用的人力在组织上保持稳定，防止频繁变动。

（5）为了保证作业需要，工种组合、能力搭配应适当。

（6）应使人力资源均衡配置以便于管理，达到节约的目的。

### 3. 劳动力的组织形式

企业内部的劳务承包队，是按作业分工组成的，根据签订的劳务合同可以承包项目经理部所辖的一部分或全部工程的劳务作业任务。其职责是接受企业管理层的派遣，承包工程，进行内部核算，并负责职工培训，思想工作，生活服务，支付工人劳动报酬等。

项目经理部根据人力需求计划和劳务合同的要求，接收劳务分包公司提供的作业人员，根据工程需要，保持原建制不变，或重新组合。组合的形式有以下三种：

（1）专业班组。即按施工工艺由同一工种（专业）的工人组成的班组。专业班组只完成其专业范围内的施工过程。这种组织形式有利于提高专业施工水平，提高劳动熟练程度和劳动效率，但各工种之间协作配合难度较大。

（2）混合班组。即按产品专业化的要求由相互联系的多工种工人组成的综合性班组。工人在一个集体中可以打破工种界限，混合作业，有利于协作配合，但不利于专业技能及操作水平的提高。

（3）大包队。大包队实际上是扩大了的专业班组或混合班组，适用于一个单位工程或分部工程的综合作业承包，队内还可以划分专业班组。优点是可进行综合承包，独立施工能力强，有利于协作配合，简化了项目经理部的管理工作。

## （二）劳务分包合同

项目所使用的人力资源无论是来自企业内部，还是企业外部，均应通过劳务分包合同进行管理。

劳务分包合同是委托和承接劳动任务的法律依据，是签约双方履行义务、享受权利及解决争议的依据，也是工程顺利实施的保障。劳务分包合同的内容应包括工程名称，工作内容及范围，提供了劳务人员的数量、合同工期，合同价款及确定原则，合同价款的结算和支付，安全施工，重大伤亡及其他安全事故处理，工程质量、验收与保修，工期延误，文明施工，材料机具供应，文物保护，发包人、承包人的权利和义务，违约责任等。

劳务合同通常有两种形式：一是按施工预算中的清工承包；另一是按施工预算或投标承包。一般根据工程任务的特点与性质来选择合同形式。

## （三）人力资源动态管理

人力资源的动态管理是指根据项目生产任务和施工条件的变化对人力需求和使用进行跟踪平衡以及协调，以解决劳务失衡、劳务与生产脱节的动态过程。其目的是实现人力动态的优化组合。

### 1. 人力资源动态管理的原则

（1）以建筑工程项目的进度计划和劳务合同为依据。

（2）始终以劳动力市场为依托，允许人力在市场内充分合理地流动。

（3）以企业内部劳务的动态平衡和日常调度为手段。

（4）以达到人力资源的优化组合和充分调动作业人员的积极性为目的。

**2. 项目经理部在人力资源动态管理中的责任**

为提高劳动生产率，充分有效地发挥和利用人力资源，项目经理部应做好以下工作：

（1）项目经理部应根据工程项目人力需求计划向企业劳务管理部门申请派遣劳务人员，并签订劳务合同。

（2）为了保证作业班组有计划地进行作业，项目经理部应按规定及时向班组下达施工任务单或承包任务书。

（3）在项目施工过程中不断进行劳动力平衡、调整，解决施工要求与劳动力数量、工种、技术能力、相互配合间存在的矛盾。项目经理部可根据需要及时进行人力的补充或减员。

（4）按合同支付劳务报酬。解除劳务合同后，将人员遣归劳务市场。

**3. 企业劳务管理部门在人力资源动态管理中的职责**

企业劳务管理部门对劳动力进行集中管理，在动态管理中起着主导作用，它应当做好以下工作：

（1）根据施工任务的需要和变化，从社会劳务市场中招募和遣返劳动力。

（2）根据项目经理部提出的劳动力需要量计划与项目经理部签订劳务合同，按合同向作业队下达任务，派遣队伍。

（3）对劳动力进行企业范围内的平衡、调度和统一管理。某一施工项目中的承包任务完成后，收回作业人员，重新进行平衡和派遣。

（4）负责企业劳务人员的工资、奖金管理，实行按劳分配，兑现奖罚。

## （四）人力资源的教育培训

作为建筑工程项目管理活动中至关重要的一个环节，人力资源培训与考核起到了及时为项目输送合适的人才，在项目管理在过程中不断提高员工素质和适应力，全力推动项目进展等作用。在组织竞争与发展中，努力使人力资源增值，从长远来说是一项战略任务，而培训开发是人力资源增值的重要途径。

建筑业属于劳动密集型产业，人员素质层次不同，劳动用工中合同工和临时工比重大，人员素质较低，劳动熟练程度参差不齐，专业跨度大，室外作业及高空作业多，使得人力资源管理具有很大的复杂性。只有加强人力资源的教育培训，对拟用的人力资源进行岗前教育和业务培训，不断提高员工素质，才能提高劳动生产率，充分有效地发挥和利用人力资源，减少事故发生率，降低成本，提高经济效益。

### 1. 合理的培训制度

（1）计划合理

根据以往培训的经验，初步拟定各类培训的时间周期。认真细致的分析培训需求，初步安排出不同层次员工的培训时间、培训内容和培训方式。

（2）注重实施

在培训过程当中，做好各个环节的记录，实现培训全过程的动态管理。与参加培训的员工保持良好的沟通，根据培训意见反馈情况，对于出现的问题和建议，与培训师进行沟通，及时纠偏。

（3）跟踪培训效果

培训结束后，对培训质量、培训费用、培训效果进行科学的评价。其中，培训效果是评价的重点，主要应包括是否公平分配了企业员工的受训机会、通过培训是否提高了员工满意度、是否节约了时间和成本、受训员工是否对培训项目满意等。

### 2. 层次分明的培训

建筑工程项目人员通常有三个层次，即高层管理者、中层协调者和基层执行者。其职责和工作任务各不相同，对其素质的要求自然也是不同的。因此，在培训过程中，对于三个层次人员的培训内容、方式均要有所侧重。如对进场劳务人员首先要进行入场教育和安全教育，使其具备必要的安全生产知识，熟悉有关安全生产规章制度和操作规程，掌握本岗位的安全操作技能；然后再不断进行技术培训，提高其施工操作熟练程度。

### 3. 合适的培训时机

培训的时机是有讲究的。在建筑工程项目管理中，鉴于施工季节性强的特点，不能强制要求现场技术人员在施工的最佳时机离开现场进行培训，否则，不但会影响生产，培训的效果也会大打折扣。因此，合适的培训时机，会带来更好的培训效果。

## （五）人力资源的绩效评价与激励

人力资源的绩效评价既要考虑人力的工作业绩，还要考虑其工作过程、行为方式和客观环境条件，并且应与激励机制相结合。

### 1. 绩效评价的含义

绩效评价指按一定标准，应用具体的评价方法，检查和评定人力个体或群体的工作过程、工作行为、工作结果，以反映其工作成绩，并且将评价结果反馈给个体或群体的过程。

绩效评价一般分为三个层次：组织整体的、项目团队或项目小组的、员工个体的绩效评价。其中，个体的绩效评价是项目人力资源管理的基本内容。

### 2. 绩效评价的作用

现代项目人力资源管理是系统性管理，即从人力资源的获得、选择与招聘，到使用中的培训与提高、激励与报酬和考核与评价等全方位、专门的管理体系，其中绩效评价尤其重要。绩效评价为人力资源管理各方面提供反馈信息，作用如下：

（1）绩效评价可使管理者重新制定或修订培训计划，纠正可识别的工作失误。

（2）确定员工的报酬。现代项目管理要求员工的报酬遵守公平与效率的原则。因此，必须对每位员工的劳动成果进行评定和计量，按劳分配。合理的报酬不仅是对员工劳动成果的认可，还可以产生激励作用，在组织内部形成竞争的氛围。

（3）通过绩效评价，可以掌握员工的工作信息，如工作成就、工作态度、知识和技能的运用程度等，从而决定员工的留退、升降、调配。

（4）通过绩效评价，有助于管理者对员工实施激励机制，如薪酬奖励、授予荣誉、培训提高等。

为了充分发挥绩效评价的作用，在绩效评价方法、评价过程、评价影响等方面，必须遵循公开公平、客观公正、多渠道、多方位以及多层次的评价原则。

### 3. 员工激励

员工激励是做好项目管理工作的重要手段，管理者必须深入了解员工个体或群体的各种需要，正确选择激励手段，制定合理的奖惩制度，恰当地采取奖惩和激励措施。激励能够提高员工的工作效率，有助于项目整体目标的实现，有助于提高员工的素质。

激励方式有多种多样，如物质激励与荣誉激励、参与激励与制度激励、目标激励与环境激励、榜样激励与情感激励等。

## 三、建筑工程项目材料管理

做好建筑工程项目材料管理工作，有利于合理使用和节约材料，保证并提高建筑产品的质量，降低工程成本，加速资金周转，增加企业盈利，提高了经济效益。

### （一）建筑工程项目材料的分类

一般建筑工程项目中，用到的材料品种繁多，材料费用占工程造价的比重较大，加强材料管理是提高经济效益的最主要途径。材料管理应抓住重点，分清主次，分别管理控制。

材料分类的方法很多。可以按材料在生产中的作用，材料的自然属性和管理方法的不同进行分类。

### 1. 按材料的作用分类

按材料在建筑工程中所起的作用可以分为主要材料、辅助材料和其他材料。这种分类方法便于制定材料的消耗定额，从而进行成本控制。

### 2. 按材料的自然属性分类

按材料的自然属性可分为金属材料和非金属材料。这种分类方法便于根据材料的物理、化学性能进行采购、运输和保管。

### 3. 按材料的管理方法分类

ABC分类法是按材料价值在工程中所占比重来划分的，这种分类方法便于找出材料管理的重点对象，针对不同对象采取不同的管理措施，以便取得良好的经济效益。

ABC分类法是把成本占材料总成本75%～80%，而数量占材料总数量10%～15%的材料列为A类材料；成本占材料总成本10%～15%，而数量占材料总数量20%～25%的材料列为B类材料；成本占材料总成本5%～10%，而数量占材料总数量65%～70%的材料列为C类材料。A类材料为重点管理对象，如钢材、水泥、木材、砂子、石子等，由于其占用资金较多，要严格控制订货量，尽量减小库存，把这类材料控制好，能对节约资金起到重要的作用；B类材料为次要管理对象，对B类材料也不能忽视，应认真管理，定期检查，控制其库存，按经济批量订购，按储备定额储备；C类材料为一般管理对象，可采取简化方法管理，稍加控制即可。

## （二）建筑工程项目材料管理的任务

建筑工程项目材料管理的主要任务，可以归纳为保证供应、降低消耗、加速周转、节约费用四个方面，具体内容有：

### 1. 保证供应

材料管理的首要任务是根据施工生产的要求，按时、按质、按量供应生产所需的各种材料。经常保持供需平衡，既不短缺导致停工待料，也不超储积压造成浪费和资金周转失灵。

### 2. 降低消耗

合理地、节约地使用各种材料，提高它们的利用率。因此，要制定合理的材料消耗定额，严格地按定额计划平衡材料、供应材料、考核材料消耗情况，在保证供应时监督材料的合理使用、节约使用。

### 3. 加速周转

缩短材料的流通时间，加速材料周转，这也意味着加快资金的周转。为此，要统筹安排供应计划，搞好供需衔接；要合理的选择运输方式和运输工具，尽量就近组织供应，力争直达直拨供应，减少二次搬运；要合理设库和科学地确定库存储备量，保证及时供应，加快周转。

### 4. 节约费用

全面地实行经萩核算，不断降低材料管理费用，以最少的资金占用，最低的材料成本，完成最多生产任务。为此，在材料供应管理工作中，必须明确经济责任，加强经济核算，提高经济效益。

## （三）建筑工程项目材料的供应

### 1. 企业管理层的材料采购供应

建筑工程项目材料管理的目的是贯彻节约原则，降低工程成本。材料管理的关键环节在于材料的采购供应。工程项目所需要的主要材料和大宗材料，应由企业管理层负责采购，并按计划供应给项目经理部，企业管理层的采购与供应直接影响着项目经理部工程项目目标的实现。

企业物流管理部门对工程项目所需的主要材料、大宗材料实行统一计划、统一采购、统一供应、统一调度和统一核算，并对使用效果进行评估，实现工程项目的材料管理目标。企业管理层材料管理的主要任务有：

（1）综合各项目经理部材料需用量计划，编制材料采购及供应计划，确定并考核施工项目的材料管理目标。

（2）建立稳定的供货渠道和资源供应基地，在广泛搜集信息的基础上，发展多种形式的横向联合，建立长期、稳定、多渠道可供选择的货源，组织好采购招标工作，以便获取优质低价的物质资源，为提高工程质量、降低工程成本打下牢固的物质基础。

（3）制定本企业的材料管理制度，包括材料目标管理制度，材料供应和使用制度，并进行有效的控制、监督和考核。

### 2. 项目经理部的材料采购

供应为满足施工项目的特殊需要，调动项目管理层的积极性，企业应授权项目经理部必要的材料采购权，负责采购授权范围内所需的材料，以利于弥补相互间的不足，保证供应。随着市场经济的不断完善，建筑材料市场必将不断扩大，项目经理部的材料采购权也会越来越大。此外，对企业管理层的采购供应，项目管理层也可拥有一定的建议权。

### 3. 企业应建立内部材料市场

为了提高经济效益，促进节约，培养节约意识，降低成本，提高竞争力，企业应在专业分工的基础上，把商品市场的契约关系、交换方式、价格调节、竞争机制等引入企业，建立企业内部的材料市场，满足施工项目的材料需求。

在内部材料市场中，企业材料部门是卖方，项目管理层是买方，各方的权限和利益由双方签订买卖合同予以明确。主要材料和大宗材料、周转材料、大型工具、小型及随手工具均应当采取付费或租赁方式在内部材料市场解决。

## （四）建筑工程项目材料的现场管理

### 1. 材料的管理责任

项目经理是现场材料管理的全面领导者和责任者；项目经理部材料员是现场材料管理的直接责任人；班组料具员在主管材料员业务指导下，协助班组长并监督本班组合理领料、用料、退料。

### 2. 材料的进场验收

材料进场验收能够划清企业内部和外部经济责任，防止进料中的差错事故和因供货单位、运输单位的责任事故给企业造成不应有的损失。

（1）进场验收要求

材料进场验收必须做到认真、及时、准确、公正、合理；严格检查进场材料的有害物质含量检测报告，按规范应复验的必须复验，无检测报告或者复验不合格的应予以退货；严禁使用有害物质含量不符合国家规定的建筑材料。

（2）进场验收

材料进场前应根据施工现场平面图进行存料场地及设施的准备，保持进场道路畅通，以便运输车辆进出。验收的内容包括单据验收、数量验收和质量验收。

（3）验收结果处理

①进场材料验收后，验收人员应按规定填写各类材料的进场检测记录。

②材料经验收合格后，应及时办理入库手续，由负责采购供应的材料人员填写《验收单》，经验收人员签字后办理入库，并及时登账、立卡以及标识。

③经验收不合格，应将不合格的物资单独码放于不合格区，并进行标识，尽快退场，以免用于工程。同时做好不合格品记录和处理情况记录。

④已进场（入库）材料，发现质量问题或技术资料不齐时，收料员应及时填报《材料质量验收报告单》报上一级主管部门，以便及时处理，暂不发料，不使用，原封妥善保管。

### 3. 材料的储存与保管

材料的储存，应根据材料的性能和仓库条件，按照材料保管规程，采用科学的方法进行保管和保养，以减少材料保管损耗，保持材料原有使用价值。进场的材料应建立台账，要日清、月结、定期盘点和账实相符。

材料储存应满足下列要求：

（1）入库的材料应按型号、品种分区堆放，并分别编号、标识。

（2）易燃易爆的材料应专门存放、专人负责保管，并有严格的防火、防爆措施。

（3）有防湿、防潮要求的材料，应采取防湿、防潮措施，并做好标识。

（4）有保质期的库存材料应定期检查，防止过期，并且做好标识。

（5）易损坏的材料应保护好外包装，防止损坏。

### 4. 材料的发放和领用

材料领发标志着料具从生产储备转入生产消耗，必须严格执行领发手续，明确领发责任。控制材料的领发，监督材料的耗用，是实现工程节约，防止超耗的重要保证。

凡有定额的工程用料，都应凭定额领料单实行限额领料。限额领料是指在施工阶段对施工人员所使用物资的消耗量控制在一定的消耗范围内，是企业内开展定额供应，提高材料的使用效果和企业经济效益，降低材料成本的基础和手段。超限额的用料，用料前应办理手续，填写超限额领料单，注明超耗原因，经项目经理部材料管理人员审批后实施。

材料的领发应建立领发料台账，记录领发状况和节超状况，分析、查找用料节超原因，总结经验，吸取教训，不断的提高管理水平。

### 5. 材料的使用监督

对材料的使用进行监督是为了保证材料在使用过程中能合理地消耗，充分发挥其最大效用。监督的内容包括：是否认真执行领发手续，是否严格执行配合比，是否按材料计划合理用料，是否做到随领随用、工完料净、工完料退、场退地清，谁用谁清，是否按规定进行用料交底和工序交接，是否做到按平面图堆料，是否按要求保护材料等。检查是监督的手段，检查要做好记录，对于存在的问题应及时分析处理。

## 四、建筑工程项目技术管理

### （一）建筑工程项目技术管理工作的内容

建筑工程项目技术管理工作包括技术管理基础工作、施工过程的技术管理工作、技术开发管理工作三方面的内容。

### 1. 技术管理基础工作

技术管理基础工作包括：实行技术责任制、执行技术标准与规程、制定技术管理制度、开展科学研究、开展科学实验、交流技术情报和管理技术文件等。

### 2. 施工过程技术管理工作

施工过程的技术管理工作包括：施工工艺管理、材料试验与检验、计量工具与设备的技术核定、质量检查与验收以及技术处理等。

### 3. 技术开发管理工作

技术开发管理工作包括：技术培训、技术革新、技术改造、合理化建议以及技术攻关等。

## （二）建筑工程项目技术管理基本制度

### 1. 图纸自审与会审制度

建立图纸会审制度，明确会审工作流程，了解设计意图，明确质量要求，将图纸上存在的问题和错误、专业之间的矛盾等，尽可能地在工程开工之前解决。

施工单位在收到施工图及有关技术文件后，应立即组织有关人员学习研究施工图纸。在学习、熟悉图纸的基础上进行图纸自审。

图纸会审是指在开工前，由建设单位或其委托的监理单位组织、设计单位和施工单位参加，对全套施工图纸共同进行的检查与核对。图纸会审的程序为：

（1）设计单位介绍设计意图和图纸和设计特点及对施工的要求。

（2）施工单位提出图纸中存在的问题和对设计的要求。

（3）三方讨论与协商，解决提出的问题，写出会议纪要，交给设计人员，设计人员对会议纪要提出的问题进行书面解释或提出设计变更通知书。

图纸会审是施工单位领会设计意图，熟悉设计图纸的内容，明确技术要求，及早发现并消除图纸中的技术错误和不当之处的重要手段，它是施工单位在学习和审查图纸的基础上，进行质量控制的一种重要而有效的方法。

### 2. 建筑工程项目管理实施规划与季节性施工方案管理制度

建筑工程项目管理实施规划是整个工程施工管理的执行计划，必须由项目经理组织项目经理部在开工前编制完成，旨在指导施工项目实施阶段的管理和施工。

由于工程项目生产周期长，一般项目都要跨季施工，又因施工为露天作业，所以跨季连续施工的工程项目必须编制季节性施工方案，遵守相关规范，采取了一定措施保证工程质量。如工程所在地室外平均气温连续5天稳定低于5℃时，应按冬期施工方案施工。

### 3. 技术交底制度

制定技术交底制度，明确技术交底的详细内容和施工过程中需要跟踪检查的内容，以保证技术责任制的落实、技术管理体系正常运转以及技术工作按标准和要求运行。

技术交底是在正式施工前，对参与施工的有关管理人员、技术人员及施工班组的工人交代工程情况和技术要求，避免发生指导和操作错误，以便科学地组织施工，并按合理的工序、工艺流程进行作业。技术交底包括整个工程、各分部分项工程、特殊和隐蔽工程，应重点强调易发生质量事故和安全事故的工程部位或者工序，防止发生事故。技术交底必须满足施工规范、规程、工艺标准、质量验收标准和施工合同条款。

（1）技术交底形式

①书面交底。把交底内容和技术要求以书面形式向施工的负责人和全体有关人员交底，交底人与接受人在交底完成后，分别在交底书上签字。

②会议交底。通过组织相关人员参加会议，向到会者进行交底。

③样板交底。组织技术水平较高的工人作出样板，经质量检查合格后，对照样板向施工班组交底。交底的重点是操作要领、质量标准和检验方法。

④挂牌交底。将交底的主要内容、质量要求写在标牌上，挂在操作场所。

⑤口头交底。适用于人员较小，操作时间比较短，工作内容比较简单的项目。

⑥模型交底。对于比较复杂的设备基础或建筑构件，可做模型进行交底，使操作者加深认识。

（2）设计交底

由设计单位的设计人员向施工单位交底，一般和图纸会审一起进行。内容包括：设计文件的依据，建设项目所处规划位置、地形、地貌、气象、水文地质、工程地质、地震烈度，施工图设计依据，设计意图以及施工时的注意事项等。

（3）施工单位技术负责人向下级技术负责人交底

施工单位技术负责人向下级技术负责人交底的内容包括：工程概况一般性交底、工程特点及设计意图、施工方案、施工准备要求、施工注意事项、地基处理、主体施工、装饰工程的注意事项及工期、质量以及安全等。

（4）技术负责人对工长、班组长进行技术交底

施工项目技术负责人应按分部分项工程对工长、班组长进行技术交底，内容包括：设计图纸具体要求，施工方案实施的具体技术措施及施工方法，土建与其他专业交叉作业的协作关系及注意事项，各工种之间协作与工序交接质量检查，设计要求，规范、规程、工艺标准，施工质量标准及检验方法，隐蔽工程记录、验收时间及标准，成品保护项目、办法与制度以及施工安全技术措施等。

（5）工长对班组长、工人交底

工长主要利用下达施工任务书的时间对班组长、工人进行分项工程操作交底。

**4. 隐蔽、预验工作管理制度**

隐蔽和预检工作实行统一领导，分专业管理。各专业应明确责任人，管理制度要明确隐蔽、预检的项目和工作程序，参加的人员制定分栋号、分层、分段的检查计划，对遗留问题的处理要有专人负责。确保及时、真实、准确、系统，资料完整具有可追溯性。

隐蔽工程是指完工后将被下一道工序掩盖，其质量无法再次进行复查的工程部位。

隐蔽工程项目在隐蔽前应进行严密检查,做好记录,签署意见,办理验收手续,不得后补。如果有问题需复验的,必须办理复验手续,并由复验人作出结论,填写复验日期。

施工预检是工程项目或分项工程在施工前所进行的预先检查。预检是保证工程质量、防止发生质量事故的重要措施。除了施工单位自身进行预检外,监理单位还应对预检工作进行监督并予以审核认证。预检时要做好记录。建筑工程的预检项目如下:

（1）建筑物位置线。包括水准点、坐标控制点和平面示意图,重点工程应有测量记录。

（2）基槽验线。包括轴线、放坡边线、断面尺寸、标高（槽底标高、垫层标高）和坡度等。

（3）模板。包括几何尺寸、轴线、标高、预埋件和留孔洞位置、模板牢固性、清扫口留置、模板清理、脱膜剂涂刷和止水要求等。

（4）楼层放线。包括各层墙柱轴线和边线。

（5）翻样检查。包括几何尺寸和节点做法等。

（6）楼层 50cm 水平线检查。

（7）预制构件吊装。包括轴线位置、构件型号、堵孔、清理、标高、垂直偏差及构件裂缝和损伤处理等。

（8）设备基础。包括位置、标高、几何尺寸、预留孔和预埋件等。

（9）混凝土施工缝留置的方法和位置以及接槎的处理。

### 5. 材料、设备检验和施工试验制度

由项目技术负责人明确责任人和分专业负责人,明确材料、成品、半成品的检验和施工试验的项目,制定试验计划和操作规程,对结果进行评价。确保项目所用材料、构件、零配件和设备的质量,进而保证工程质量。

### 6. 工程洽商、设计变更管理制度

由项目技术负责人指定专人组织制定管理制度,经批准后实施。明确工程洽商内容、技术洽商的责任人及授权规定等。涉及影响规划及公用、消防部门已审定的项目,如改变使用功能,增减了建筑高度、面积,改变建筑外廓形态及色彩等项目时,应明确其变更需具备的条件及审批的部门。

### 7. 技术信息和技术资料管理制度

技术信息和技术资料的形成,须建立责任制度,统一领导,分专业管理。做到及时、准确、完整,符合法规要求,无遗留问题。

技术信息和技术资料由通用信息、资料（法规和部门规章、材料价格表等）和本工程专项信息资料两大部分组成。前者是指导性、参考性资料,后者是工程归档资料,是为工程项目交工后,给用户在使用维护、改建、扩建及给本企业再有类似的工程施

工时作参考。工程归档资料是在生产过程中直接产生和自然形成的，内容有：图纸会审记录、设计变更、技术核定单、原材料、成品和半成品的合格证明及检验记录、隐蔽工程验收记录等；还有工程项目施工管理实施规划、研究与开发资料、大型临时设施档案、施工日志和技术管理经验总结等。

**8. 技术措施管理制度**

技术措施是为克服生产中的薄弱环节，挖掘生产潜力，保证条成生产任务，获得良好经济效果，在提高技术水平方面采取的各种手段或办法。技术措施不同于技术革新，技术革新强调一个"新"字，而技术措施则是综合已有的先进经验或措施。要做好技术措施工作，必须编制并执行技术措施计划。

（1）技术措施计划的主要内容

①加快施工进度方面的技术措施。

②保证和提高工程质量的技术措施。

③节约劳动力、原材料、动力、燃料和利用"三废"等方面的技术措施。

④推广新技术、新工艺、新结构和新材料的技术措施。

⑤提高机械化水平，改进机械设备的管理以提高完好率和利用率的措施。

⑥改进施工工艺和施工技术以提高劳动生产率的措施。

⑦保证安全施工的措施。

（2）技术措施计划的执行

①技术措施计划应在下达施工计划的同时，下达到工长及有关班组。

②对技术组织措施计划的执行情况应认真检查，督促执行，发现问题及时处理。如果无法执行，应查明原因，进行分析。

③每月月底，施工项目技术负责人应汇总当月的技术措施计划执行情况，填写报表上报，进行总结并公布成果。

**9. 计量、测量工作管理制度**

制定计量、测量工作管理制度，明确需计量和测量的项目及其所使用的仪器、工具，规定计量和测量操作规程，对其成果、工具和仪器设备进行管理。

**10. 其他技术管理制度**

除以上几项主要技术管理制度外，施工项目经理部还应根据实际需要，制定其他技术管理制度，保证相关技术工作正常运行。如土建与水电专业施工协作技术规定、技术革新与合理化建议管理制度以及技术发明奖励制度等。

# 第四节　建筑工程项目成本管理

## 一、建筑工程项目成本管理概述

### （一）项目成本的概念、构成及形式

成本是指为进行某项生产经营活动所发生的全部费用。它是一种耗费，是耗费劳动（物化劳动和活劳动）的货币表现形式。

项目成本是指在建设工程项目的施工过程中所发生的全部生产费用的总和，包括消耗的原材料、辅助材料和构配材料等费用，周转材料的摊销费或租赁费，施工机械的使用费或租赁费，支付给生产工人的工资、奖金、工资性质的津贴等，以及进行施工组织与管理所发生的全部费用支出。建筑工程项目成本由直接成本和间接成本构成。

**1. 建筑工程项目成本的构成**

按照国家现行制度的规定，施工过程中所发生的各项费用支出均应计入施工项目成本。在经济运行过程中，没有一种单一的成本概念能适用于各种不同的场合，不同的研究目的就需要不同的成本概念。成本费用按性质可以将其划分为直接成本和间接成本两部分。

（1）直接成本

直接成本是指施工过程中耗费的构成工程实体或有助于工程实体形成的各项费用支出，是可以直接计入工程对象的费用，包括人工费、材料费、施工机械使用费和施工措施费等。

（2）间接成本

间接成本是指为施工准备、组织和管理施工生产的全部费用的支出，是非直接用于也无法直接计入工程对象，但为进行工程施工所必须发生的费用，包括了管理人员工资、办公费、差旅交通费等。

对于企业所发生的企业管理费用、财务费用和其他费用，则按规定计入当期损益，亦即计为期间成本，不得计入施工项目成本。

企业下列支出不仅仅不能列入施工项目成本，也不能列入企业成本，如购置和建造固定资产、无形资产和其他资产的支出；对外投资的支出；被没收的财物；支付的

滞纳金、罚款、违约金、赔偿金、企业赞助和捐赠支出等。

**2. 建筑安装工程费用项目组成**

目前我国的建筑安装工程费由直接费、间接费、利润和税金组成。

依据成本管理的需要，施工项目成本的形式要求从不同的角度来考察。

（1）事前成本和事后成本

根据成本控制要求，施工项目成本可以分为事前成本和事后成本。

①事前成本。

工程成本的计算和管理活动是与工程实施过程紧密联系的，在实际成本发生和工程结算之前所计算和确定的成本都是事前成本，它带有预测性和计划性。常用的概念有预算成本（包括施工图预算、标书合同预算）和计划成本（包括责任目标成本——企业计划成本、施工预算——项目计划成本）之分。

a. 预算成本。工程预算成本反映各地区建筑业的平均成本水平。它是根据施工图，以全国统一的工程量计算规则计算出来的工程量，按《全国统一建筑工程基础定额》《全国统一安装工程预算定额》和由各地区的人工日工资单价、材料价格、机械台班单价，并按有关费用的取费费率进行计算，包括直接费用和间接费用。预算成本又称施工图预算成本，它是确定工程成本的基础，也是编制计划成本和评价实际成本的依据。

b. 计划成本。施工项目计划成本是指施工项目经理部根据计划期的有关资料（如工程的具体条件和施工企业为实施该项目的各项技术组织措施），在实际成本发生前预先计算的成本；也就是说，它是根据反映本企业生产水平的企业定额计划得到的成本计算数额反映了企业在计划期内应达到的成本水平，它是成本管理的目标也是控制项目成本的标准。成本计划对加强施工企业和项目经理部的经济核算，建立和健全施工项目成本管理责任制，控制施工过程中的生产费用，以及降低施工项目成本，具有十分重要的作用。

②事后成本。

事后成本即实际成本，它是施工项目在报告期内实际发生的各项生产费用支出的总和。将实际成本与计划成本比较，可提示成本的节约和超支，考核企业施工技术水平及技术组织措施的贯彻执行情况和企业的经营效果。实际成本与预算成本比较，可以反映工程盈亏情况。因此，计划成本和实际成本都反映了施工企业的成本水平，它与建筑施工企业本身的生产技术水平、施工条件及生产管理水平相对应。

（2）直接成本和间接成本

按生产费用计入成本的方法可将工程成本划分为直接成本、间接成本两种形式。按前所述，直接耗用于工程对象的费用构成直接成本；为进行工程施工但非直接耗用于工程对象的费用构成间接成本。成本如此分类，能正确反映工程成本的构成，考核各项生产费用的使用是否合理，便于找出降低成本的途径。

（3）固定成本和可变成本

按生产费用与工程量的关系，工程成本又、可划分为固定成本以及可变成本，主要目的是进行成本分析，寻求降低成本的途径。

①固定成本。

固定成本指在一定期间和一定的工程量范围内，其发生的成本额不受工程量增减变动的影响而相对固定的成本。如折旧费、大修理费、管理人员工资、办公费、照明费等。这一成本是为了保持一定的生产管理条件而发生的，项目的固定成本每月基本相同，但是，当工程量超过一定范围需要增添机械设备或者管理人员时，固定成本将会发生变动。此外，所谓固定，指其总额而言，分配到单位工程量上的固定费用则是变动的。

②可变成本。

可变成本指发生总额随着工程量的增减变动而成比例变动的费用，如直接用于工程的材料费、实行计件工资制的人工费等。所谓可变，指其总额而言，分配到单位工程量上的可变费用则是不变的。

将施工过程中发生的全部费用划分为固定成本和可变成本，对于成本管理和成本决策具有重要作用。由于固定成本是维持生产能力必须的费用，要降低单位工程量的固定费用，就需从提高劳动生产率，增加总工程量数额并降低固定成本的绝对值入手，降低变动成本就需从降低单位分项工程的消耗入手。

## （二）建筑工程项目成本管理概念

施工成本管理就是指在保证工期和质量满足要求的情况下，采取及相应管理措施，包括组织措施、经济措施、技术措施、合同措施，把成本控制在计划范围内，并进一步寻求最大限度的成本节约。

项目成本管理的重要性主要体现在以下几方面：

①项目成本管理是项目实现经济效益的内在基础。

②项目成本管理是动态反映项目一切活动的最终水准。

③项目成本管理是确立项目经济责任机制，实现有效的控制和监督的手段。

## （三）项目成本管理的内容

项目成本管理的内容包括：成本预测、成本计划、成本控制、成本核算、成本分析和成本考核等。项目经理部在项目施工过程中对所发生的各种成本信息，通过有组织、有系统地进行预测、计划、控制、核算和分析等工作，使工程项目系统内各种要素按照一定的目标运行，从而将工程项目的实际成本控制在预定的计划成本范围内。

### 1. 成本预测

项目成本预测是通过成本信息和工程项目的具体情况，并运用一定的专门方法，对未来的成本水平及其可能发展趋势作出科学的估计，其实质就是在施工以前对成本进行核算。项目成本预测是项目成本的决策与计划的依据。

### 2. 成本计划

项目成本计划是项目经理部对项目施工成本进行计划管理的工具。它是以货币形式编制工程项目在计划期内的生产费用、成本水平、成本降低率以及为降低成本所采取的主要措施和规划的书面方案，它是建立项目成本管理责任制、开展成本控制和核算的基础。一般来说，一个项目成本计划应包括从开工到竣工所必需的施工成本，它是降低项目成本的指导文件，是设立目标成本的依据。

### 3. 成本控制

项目成本控制是指在施工过程中，对影响项目成本的各种因素加强管理，并采取各种有效措施，将施工中实际发生的各种消耗和支出严格控制在成本计划范围内，随时揭示并及时反馈，严格审查各项费用是否符合标准、计算实际成本和计划成本之间的差异并进行分析，消除施工中的损失浪费现象，发现和总结先进经验。通过成本的控制，使之最终实现甚至超过预期的成本节约目标。项目成本控制应贯穿在工程项目从招投标阶段开始直到项目竣工验收的全过程，它是企业全面成本管理的重要环节。

### 4. 成本核算

项目成本核算是指项目施工过程中所发生的各种费用和各种形式项目成本的核算。一是按照规定的成本'开支范围对施工费用进行归集，计算出施工费用的实际发生额；二是根据成本核算对象，采用适当的方法，计算出该工程项目的总成本和单位成本。项目成本核算所提供的各种成本信息，是成本预测、成本计划、成本控制、成本分析和成本考核等各个环节的依据。因此，加强项目成本核算工作，对于降低项目成本、提高企业的经济效益有积极的作用。

### 5. 成本分析

项目成本分析是在成本形成过程中，对项目成本进行的对比评价和剖析总结工作，它贯穿于项目成本管理的全过程，也就是说项目成本分析主要利用工程项目的成本核算资料（成本信息），与目标成本（计划成本）和预算成本以及类似的工程项目的实际成本等进行比较，了解成本的变动情况，同时也要分析主要技术经济指标对成本的影响，系统地研究成本变动的因素，检查成本计划的合理性，并通过成本分析，深入揭示成本变动的规律，寻找降低项目成本的途径，以便有效地进行成本控制。

### 6. 成本考核

成本考核是指在项目完成后，对项目成本形成中的各责任者，按项目成本目标责任制的有关规定，将成本的实际指标与计划、定额、预算进行对比和考核，评定项目成本计划的完成情况和各责任者的业绩，并以此给以相应的奖励和处罚；通过成本考核，做到有奖有惩，赏罚分明，才能够有效地调动企业的每一个职工在各自的施工岗位上努力完成目标成本的积极性，为降低项目成本和增加企业的积累做出自己的贡献。

综上所述，项目成本管理中每一个环节都是相互联系和相互作用的。成本预测是成本决策的前提，成本计划是成本决策所确定目标的具体化。成本控制则是对成本计划的实施进行监督，保证决策的成本目标实现，而成本核算又是成本计划是否实现的最后检验，它所提供的成本信息又对下一个项目成本预测和决策提供基础资料。成本考核是实现成本目标责任制的保证和实现决策目标的重要手段。

## （四）建筑工程项目成本管理的措施

为了取得施工成本管理的理想成效，应从多方面采取措施实施管理，通常可以将这些措施归纳为组织措施、技术措施、经济措施和合同措施。

### 1. 组织措施

组织措施是从施工成本管理的组织方面采取的措施。施工成本控制是全员的活动，如实行项目经理责任制，落实施工成本管理的组织机构和人员，明确各级施工成本管理人员的任务和职能分工、权利和责任。施工成本管理不仅是专业成本管理人员的工作，各级项目管理人员也负有成本控制责任。

组织措施的另一方面是编制施工成本控制工作计划，确定合理详细的工作流程。要做好施工采购规划，通过生产要素的优化配置、合理使用、动态管理，有效控制实际成本；加强施工定额管理和施工任务单管理，控制活劳动和物化劳动的消耗；加强施工调度，避免因施工计划不周和盲目调度造成窝工损失、机械利用率降低、物料积压等而使施工成本增加。成本控制工作只有建立在科学管理的基础之上，具备合理的管理体制，完善的规章制度，稳定的作业秩序，完整准确的信息传递，才能取得成效。组织措施是其他各类措施的前提和保障，且一般不需要增加什么费用，运用得当可以收到良好的效果。

### 2. 技术措施

施工过程中降低成本的技术措施，包括：进行技术经济分析，确定最佳的施工方案；结合施工方法，进行材料使用的比选，在满足功能要求的前提下，通过代用、改变配合比、使用添加剂等方法降低材料消耗的费用；确定最合适的施工机械、设备使用方案。结合项目的施工组织设计及自然地理条件，降低材料的库存成本和运输成本；先进的施工技术的应用，新材料的运用，新开发机械设备的使用等。在实践中，也要避免仅从技术角度选定方案而忽视对其经济效果的分析论证。

技术措施不仅仅对解决施工成本管理过程中的技术问题是不可缺少的，而且对纠正施工成本管理目标偏差也有相当重要的作用。因此，运用技术纠偏措施的关键，一是要能提出多个不同的技术方案，二是要对不同的技术方案进行技术经济分析。

### 3. 经济措施

经济措施是最易为人们所接受和采用的措施。管理人员应当编制资金使用计划，确定、分解施工成本管理目标。对施工成本管理目标进行风险分析，并制定防范性对策。对各种支出，应认真做好资金的使用计划，并在施工中严格控制各项开支。及时准确地记录、收集、整理、核算实际发生的成本。对各种变更，及时做好增减账，及时落实业主签证，及时结算工程款。通过偏差分析和未完工程预测，可发现一些潜在的问题将引起未完工程施工成本增加，对这些问题应以主动控制为出发点，及时采取预防措施。由此可见，经济措施的运用绝不仅是财务人员的事情。

### 4. 合同措施

采用合同措施控制施工成本，应贯穿整个合同周期，包括从合同谈判开始到合同终结的全过程。首先是选用合适的合同结构，对各种合同结构模式进行分析、比较，在合同谈判时，要争取选用适合于工程规模、性质和特点的合同结构模式。其次，在合同的条款中应仔细考虑一切影响成本和效益的因素，特别是潜在的风险因素。通过对引起成本变动的风险因素的识别和分析，采取必要的风险对策，如通过合理的方式，增加承担风险的个体数量，降低损失发生的比例，并最终使这些策略反映在合同的具体条款中。在合同执行期间，合同管理的措施既要密切注视对方合同执行的情况，以寻求合同索赔的机会；同时也要密切关注自己履行合同的情况，以防止被对方索赔。

## （五）项目成本管理的原则

项目成本管理需遵循以下六项原则：
①领导者推动原则。
②以人为本，全员参与原则。
③目标分解，责任明确原则。
④管理层次与管理内容的一致性原则。
⑤动态性、及时性、准确性原则。
⑥过程控制与系统控制原则。

## （六）项目成本管理影响因素和责任体系

### 1. 项目成本管理影响因素

影响项目成本管理的主要因素有以下几方面：投标报价；合同价；施工方案；施工质量；施工进度；施工安全；施工现场平面管理；工程变更；索赔费用等。

## 2. 项目成本管理责任体系

建立健全项目全面成本管理责任体系，有利于明确业务分工和成本目标的分解，层层落实，保证成本管理控制的具体实施。根据成本运行规律，成本管理责任体系应包括组织管理层以及项目经理部。

（1）组织管理层

组织管理层主要是设计和建立项目成本管理体系、组织体系的运行，行使管理和监督职能。它的成本管理除生产成本，还包括经营管理费用。负责项目全面管理的决策，确定项目的合同价格和成本计划，确定项目管理层的成本目标。

（2）项目经理部

项目经理部的成本管理职能，是组织项目部人员执行组织确定的项目成本管理目标，发挥现场生产成本控制中心的管理职能。负责项目生产成本的管理，实施成本的控制，实现项目管理目标责任书的成本目标。

# 二、建筑工程项目成本预测

## （一）项目成本预测的概念

成本预测，就是依据成本的历史资料和有关信息，在认真分析当前各种技术经济条件、外界环境变化及可能采取的管理措施的基础上，对未来的成本与费用及其发展趋势所作的定量描述和逻辑推断。

项目成本预测是通过成本信息和工程项目的具体情况，对未来的成本水平及其发展趋势作出科学的估计，其实质就是工程项目在施工以前对成本进行核算。通过成本预测，使项目经理部在满足业主和企业要求的前提下，确定工程项目降低成本的目标，克服盲目性，提高预见性，为了工程项目降低成本提供决策与计划的依据。

## （二）项目成本预测的意义

### 1. 成本预测是投标决策的依据

建筑施工企业在选择投标项目过程中，往往需要根据项目是否盈利、利润大小等诸因素确定是否对工程投标。

### 2. 成本预测是编制成本计划的基础

计划是管理的第一步。正确可靠的成本计划，必须遵循客观经济规律，从实际出发，对成本作出科学的预测。这样才能够保证成本计划不脱离实际，切实起到控制成本的作用。

### 3. 成本预测是成本管理的重要环节

推算其成本水平变化的趋势及其规律性，预测实际成本。它是预测和分析相结合，是事后反馈与事前控制相结合。通过成本预测，发现问题，找出薄弱环节，有效控制成本。

## （三）项目成本预测程序

科学及准确的预测必须遵循合理的预测程序。

### 1. 制定预测计划

制定预测计划是预测工作顺利进行的保证。预测计划的内容主要包括：组织领导及工作布置、配合的部门、时间进度、搜集材料范围等。

### 2. 搜集整理预测资料

根据预测计划，搜集预测资料是进行预测的重要条件。预测资料一般有纵向和横向两方面的数据。纵向资料是企业成本费用的历史数据，据此分析其发展趋势；横向资料是指同类工程项目、同类施工企业的成本资料，据此分析所预测项目与同类项目的差异，并作出估计。

### 3. 选择预测方法

成本的预测方法可分为定性预测法和定量预测法。

（1）定性预测法是根据经验和专业知识进行判断的一种预测方法。常用的定性预测法有：管理人员判断法、专业人员意见法、专家意见法及市场调查法等。

（2）定量预测法是利用历史成本费用资料以及成本与影响因素之间的数量关系，通过一定的数学模型来推测、计算未来成本的可能结果。

### 4. 成本初步预测

根据定性预测的方法及一些横向成本资料的定量预测，对成本进行初步估计。这一步的结果往往比较粗糙，需结合现在的成本水平进行修正，才能保证预测结果的质量。

### 5. 影响成本水平的因素预测

影响成本水平南因素主要有：物价变化、劳动生产率、物料消耗指标、项目管理费开支、企业管理层次等。可以根据近期内工程实施情况、本企业及分包企业情况、市场行情等，推测未来哪些因素会对成本费用水平产生影响，其结果如何。

### 6. 成本预测

根据初步的成本预测以及对成本水平变化因素预测结果，确定成本情况。

### 7. 分析预测

误差成本预测往往与实施过程中及其后的实际成本有出入，而产生预测误差。预测误差大小，反映预测准确程度的高低。如果误差比较大，应分析产生误差的原因，并积累经验。

## （四）项目成本预测方法

### 1. 定性预测方法

成本的定性预测指成本管理人员根据专业知识和实践经验，通过调查研究，利用已有资料，对成本的发展趋势及可能达到的水平所作的分析和推断。由于定性预测主要依靠管理人员的素质和判断能力，因而这种方法必须建立在对项目成本耗费的历史资料、现状及影响因素深刻了解的基础之上。

定性预测偏重于对市场行情的发展方向和施工中各种影响项目成本因素的分析，发挥专家经验和主观能动性，比较灵活，可以较快地提出预测结果；但进行定性预测时，也要尽可能地搜集数据，运用数学方法，其结果通常也是从数量上测算。这种方法简便易行，在资料不多、难以进行定量预测时最为适用。

在项目成本预测地过程中，经常采用的定性预测方法主要有：经验评判法、专家会议法、德尔菲法以及主观概率法等。

### 2. 定量预测方法

定量预测方法也称统计预测方法，是根据已掌握的比较完备的历史统计数据，运用一定数学方法进行科学的加工整理，借以揭示有关变量之间的规律性联系，从而推判未来发展变化情况。

定量预测偏重于数量方面的分析，重视预测对象的变化程度，能将变化程度在数量上准确地描述；它需要积累和掌握历史统计数据，客观实际的资料，作为预测地依据，运用数学方法进行处理分析，受主观因素影响较少。

定量预测的主要方法有：算术平均法、回归分析法、高低点法、量本利分析法和因素分析法。

## （五）回归分析法和高低点法

### 1. 回归分析法

在具体的预测过程中经常会涉及几个变量或几种经济现象，并且需要探索它们之间的相互关系。例如成本与价格及劳动生产率等都存在着数量上的一定相互关系。对客观存在的现象之间相互依存关系进行分析研究，测定两个或两个以上变量之间的关系，寻求其发展变化的规律性，从而进行推算和预测，称之为回归分析。在进行回归分析时，不论变量的个数多少，必须选择其中的一个变量为因变量，而把其他变量作为自变量，然后根据已知的历史统计数据资料，研究测定因变量和自变量之间的关系。利用回归分析法进行预测，称为回归预测。

在回归分析预测中，所选定的因变量是指需要求得预测值的那个变量，即预测对象。自变量则是影响预测对象变化的，与因变量有密切关系的那个或那些变量。

回归分析有一元线性回归分析、多元线性回归分析和非线性回归分析等。这里仅介绍一元线性回归分析在成本预测中的应用。

（1）一元线性回归分析预测的基本原理

一元线性回归分析预测法是根据历史数据在直角坐标系上描绘出相应点，再在各点间作一直线，使直线到各点的距离最小，即偏差平方和为最小，因而，这条直线就最能代表实际数据变化的趋势（或称倾向线），用这条直线适当延长来进行预测是合适的。

（2）一元线性回归分析预测的步骤

①先根据 X、Y 两个变量的历史统计数据，把 X 与 V 作为已知数，寻求合理的 a、b 回归系数，然后，依据 a、b 回归系数来确定回归方程，这是运用回归分析法的基础。

②利用已求出的回归方程中 a、b 回归系数的经验值，把 a、b 作为已知数，根据具体条件，测算 y 值随着 x 值的变化而呈现的未来演变。这是运用回归分析法的目的。

### 2. 高低点法

高低点法是成本预测的一种常用方法，它是根据统计资料中完成业务量（产量或产值）最高和最低两个时期的成本数据，通过计算总成本中的固定成本、变动成本以及变动成本率来预测成本的。

## 三、建筑工程项目成本计划

### （一）项目成本计划的概念和重要性

成本计划，是在多种成本预测的基础上，经过分析、比较、论证、判断之后，以货币形式预先规定计划期内项目施工的耗费和成本所要达到的水平，并且确定各个成本项目比预计要达到的降低额和降低率，提出保证成本计划实施所需要的主要措施方案。

项目成本计划是项目成本管理的一个重要环节，是实现降低项目成本任务的指导性文件，也是项目成本预测的继续。

项目成本计划的过程是动员项目经理部全体职工，挖掘降低成本潜力的过程；也是检验施工技术质量管理、工期管理、物资消耗和劳动力消耗管理等效果的全过程。

项目成本计划的重要性具体表现为以下的几个方面：

（1）是对生产耗费进行控制、分析和考核的重要依据。

（2）是编制核算单位其他有关生产经营计划的基础。

（3）是国家编制国民经济计划的一项重要依据。

（4）可以动员全体职工深入开展增产节约和降低产品成本的活动。

（5）是建立企业成本管理责任制、开展经济核算和控制生产费用的基础。

## （二）成本计划与目标成本

所谓目标成本，即项目（或企业）对未来产品成本所规定的奋斗目标。它比已经达到的实际成本要低，但又是经过努力可以达到的。目标成本管理是现代化企业经营管理的重要组成部分，它是市场竞争的需要，是企业挖掘内部潜力、不断降低产品成本、提高企业整体工作质量的需要，是衡量企业实际成本节约或开支，考核企业在一定时期内成本管理水平高低的依据。

施工项目的成本管理实质就是一种目标管理。项目管理的最终目标是低成本、高质量、短工期，而低成本是这三大目标的核心和基础。目标成本有很多形式，在制定目标成本作为编制施工项目成本计划和预算的依据时，可能以计划成本、定额成本或者标准成本作为目标成本，还将随成本计划编制方法的变化而变化。

一般而言，目标成本的计算公式如下：项目目标成本＝预计结算收入－税金－项目目标利润，目标成本降低额＝项目的预算成本－项目的目标成本，目标成本降低率＝目标成本降低额项目的预算成本、

## （三）项目成本目标的分解

通过计划目标成本的分解，使项目经理部的所有成员和各个单位、部门明确自己的成本责任，并按照分工去开展工作。通过计划目标成本的分解，将各分部分项工程成本控制目标和要求，各成本要素的控制目标和要求，落实到成本控制的责任者。

项目经理部进行目标成本分解，方法有两个：一是按工程成本项目分解；二是按项目组成分解，大中型工程项目通常是工程由若干单项工程构成的，而每个单项工程包括了多个单位工程，每个单位工程又是由若干个分部分项工程所构成。因此，首先要把项目总施工成本分解到单项工程和单位工程，再进一步地分解到分部工程和分项工程中。

在完成施工项目成本分解之后，接下来就要具体地分析成本，编制分项工程的成本支出计划，从而得到详细的成本计划表。

## （四）成本计划的编制依据

编制成本计划的过程是动员全体施工项目管理人员的过程，是挖掘降低成本潜力的过程，是检验施工技术质量管理、工期管理、物资消耗以及劳动力消耗管理等是否落实的过程。

项目成本计划编制依据有：

（1）承包合同。合同文件除了包括合同文本外，还包括了招标文件、投标文件、设计文件等，合同中的工程内容、数量、规格、质量、工期和支付条款都将对工程的成本计划产生重要的影响，因此，承包方在签订合同前应进行认真的研究与分析，在正确履约的前提下降低工程成本。

（2）项目管理实施规划。其中工程项目施工组织设计文件为核心的项目实施技术方案与管理方案，是在充分调查和研究现场条件及有关法规条件的基础上制定的，不同实施条件下的技术方案和管理方案，将导致工程成本的不同。

（3）可行性研究报告和相关设计文件。

（4）已签订的分包合同（或估价书）。

（5）生产要素价格信息。包括：人工、材料、机械台班的市场价；企业颁布的材料指导价、企业内部机械台班价格、劳动力内部挂牌价格；周转设备内部租赁价格、摊销损耗标准；结构件外加工计划及合同等。

（6）反映企业管理水平的消耗定额（企业施工定额），以及类似工程的成本资料。

## （五）项目成本计划的原则和程序

### 1. 项目成本计划的原则

（1）合法性原则。
（2）先进可行性原则。
（3）弹性原则。
（4）可比性原则。
（5）统一领导分级管理的原则。
（6）从实际出发的原则。
（7）与其他计划结合的原则。

### 2. 项目成本计划编制的程序

编制成本计划的程序，因为项目的规模大小、管理要求不同而不同。大中型项目一般采用分级编制的方式，即先由各部门提出部门成本计划，再由项目经理部汇总编制全项目工程的成本计划；小型项目一般采用集中编制方式，即由项目经理部先编制各部门成本计划，再汇总编制全项目的成本计划。

## （六）项目成本计划的内容

### 1. 项目成本计划的组成

施工项目的成本计划，通常由施工项目直接成本计划和间接成本计划组成。如果项目设有附属生产单位，成本计划还包括产品成本计划和作业成本计划。

（1）直接成本计划

直接成本计划主要反映工程成本的预算价值、计划降低额和计划降低率。直接成本计划的具体内容如下：

①编制说明。指对工程的范围、投标竞争过程以及合同条件、承包人对项目经理提出的责任成本目标、项目成本计划编制的指导思想和依据等的具体说明。

②项目成本计划的指标。项目成本计划的指标应经过科学的分析预测确定，可以采用对比法、因素分析法等进行测定。

③按工程量清单列出的单位工程计划成本汇总表。

④按成本性质划分的单位工程成本汇总表，根据清单项目的造价分析，分别对人工费、材料费、机械费、措施费、企业管理费和税费进行汇总，形成单位工程成本计划表。

⑤项目计划成本应在项目实施方案确定和不断优化的前提下进行编制，因为不同的实施方案将导致直接工程费、措施费和企业管理费的差异。成本计划的编制是项目成本预控的重要手段。所以，应在开工前编制完成，以便将计划成本目标分解落实，为各项成本的执行提供明确的目标、控制手段和管理措施。

（2）间接成本

计划间接成本计划主要反映施工现场管理费用的计划数、预算收入数及降低额。间接成本计划应根据工程项目的核算期，以项目总收入费的管理费为基础，制定各部门费用的收支计划，汇总后作为工程项目的管理费用的计划。在间接成本计划中，收入应与取费口径一致，支出应与会计核算中管理费用的二级科目一致。间接成本的计划的收支总额，应与项目成本计划中管理费一栏的数额相符。各部门应按照节约开支、压缩费用的原则，制定"管理费用归口包干指标落实办法"，从而保证该计划的实施。

**2. 项目成本计划表**

（1）项目成本计划任务表

项目成本计划任务表主要是反映项目预算成本、计划成本、成本降低额、成本降低率的文件，是落实成本降低任务的依据。

（2）项目间接成本计划表

项目间接成本计划表主要指施工现场管理费计划表。反映发生在项目经理部的各项施工管理费的预算收入、计划数和降低额。

（3）项目技术组织措施表

项目技术组织措施表由项目经理部有关人员分别就应采取的技术组织措施预测它的经济效益，最后汇总编制而成。编制技术组织措施表的目的，是为车不断采用新工艺、新技术的基础上提高施工技术水平，改善施工工艺过程，推广工业化和机械化施工方法，以及通过采纳合理化建议达到降低成本的目的。

（4）项目降低成本计划表

根据企业下达给该项目的降低成本任务和该项目经理部自己确定的降低成本指标而制定出项目成本降低计划。它是编制成本计划任务表的重要依据。它是由项目经理部有关业务和技术人员编制的。其根据是项目的总包和分包的分工，项目中的各有关部门提供的降低成本资料及技术组织措施计划。在编制降低成本计划表之时，还应参照企业内外以往同类项目成本计划的实际执行情况。

# 四、建筑工程项目成本控制

## （一）建筑工程项目成本控制概要

### 1. 项目成本控制的概念

项目成本控制是指项目经理部在项目成本形成的过程中，为控制人、机、材消耗和费用支出，降低工程成本，达到预期的项目成本目标，所进行的成本预测、计划、实施、核算、分析、考核、整理成本资料与编制成本报告等一系列活动。

项目成本控制是在成本发生和形成的过程中，对成本进行的监督检查。成本的发生和形成是一个动态的过程，这就决定了成本的控制也应该是一个动态过程，因此，也可以称为成本的过程控制。

项目成本控制的重要性，具体可表现为以下几个方面：

（1）监督工程收支，实现计划利润。

（2）做好盈亏预测，指导工程实施。

（3）分析收支情况，调整资金流动。

（4）积累资料，指导今后投标。

### 2. 项目成本控制的依据

（1）项目承包合同文件

项目成本控制要以工程承包合同为依据，围绕降低工程成本这个目标，从预算收入和实际成本两方面，努力挖掘增收节支潜力，从而求获得最大的经济效益。

（2）项目成本计划

项目成本计划是根据工程项目的具体情况制定的施工成本控制方案，既包括预定的具体成本控制目标，又包括实现控制目标的措施和规划，是项目成本控制的指导文件。

（3）进度报告

进度报告提供每一时刻工程实际完成量，工程施工成本实际支付情况等重要信息。施工成本控制工作正是通过实际情况与施工成本计划相比较，找出二者之间的差别，分析偏差产生的原因，从而采取措施改进以后的工作。此外，进度报告还有助于管理者及时发现工程实施中存在的隐患，并在事态还未造成重大损失之前采取有效措施，尽量避免损失。

（4）工程变更与索赔资料

在项目的实施过程中，由于各方面的原因，工程变更是很难避免的。工程变更一般包括设计变更、进度计划变更、施工条件变更、技术规范与标准变更、施工次序变更和工程数量变更等。一旦出现变更，工程量、工期、成本都必将发生变化，从而使得施工成本控制工作变得更加复杂和困难。因此，施工成本管理人员应当通过对变更要求当中各类数据的计算、分析，随时掌握变更情况，包括已发生工程量、将要发生工程量、工期是否拖延、支付情况等重要信息，判断变更以及变更可能带来的索赔额度等。

除了上述几种项目成本控制工作的主要依据以外，有关施工组织设计、分包合同文本等也都是项目成本控制的依据。

**3. 项目成本控制的要求**

项目成本控制应满足下列要求：

（1）要按照计划成本目标值来控制生产要素的采购价格，并且认真做好材料、设备进场数量和质量的检查、验收与保管。

（2）要控制生产要素的利用效率和消耗定额，如任务单管理、限额领料、验工报告审核等。同时要做好不可预见成本风险的分析和预控，包括编制相应的应急措施等。

（3）控制影响效率对消耗量的其他因素（如工程变更等）所引起的成本增加。

（4）把项目成本管理责任制度与对项目管理者的激励机制结合起来，以增强管理人员的成本意识和控制能力。

（5）承包人必须有一套健全的项目财务管理制度，按规定的权限和程序对项目资金的使用和费用的结算支付进行审核、审批，使其成为了项目成本控制的一个重要手段。

**4. 项目成本控制的原则**

（1）全面控制原则

①项目成本的全员控制。

②项目成本的全过程控制。

③项目成本的全企业各部门控制。

（2）动态控制原则

①项目施工是一次性行为，其成本控制应更重视事前和事中控制。

②编制成本计划，制订或修订各种消耗定额和费用开支标准。

③施工阶段重在执行成本计划，落实降低成本措施，实行成本目标管理。

④建立灵敏的成本信息反馈系统。各责任部门能及时获得信息,纠正不利成本偏差。

（3）目标管理原则

（4）责、权、利相结合原则

（5）节约原则

①编制工程预算时,应"以支定收",保证预算收入;在施工过程中,要"以收定支",控制资源消耗和费用支出。

②严格控制成本开支范围,费用开支标准和有关财务制度,对各项成本费用的支出进行限制和监督。抓住索赔时机,搞好索赔及合理力争甲方给予经济补偿。

（6）开源与节流相结合原则

# （二）项目成本控制实施的步骤

在确定了项目施工成本计划之后,必须定期地进行施工成本计划值与实际值的比较,当实际值偏离计划值时,分析产生偏差的原因,采取适当的纠偏措施,以确保施工成本控制目标的实现。其实施步骤如下:

## 1. 比较

按照某种确定的方式将施工成本计划值与实际值逐项进行比较,以发现施工成本是否已超支。

## 2. 分析

在比较的基础上,对比较的结果进行分析,以确定偏差的严重性以及偏差产生的原因。这是施工成本控制工作的核心,其主要目的在于找出产生偏差的原因,从而采取具有针对性的措施,减少或避免相同原因的事件再次发生或减少由此造成的损失。

## 3. 预测

根据项目实施情况估算整个项目完成时的施工成本,预测的目的在于为决策提供支持。

## 4. 纠偏

当工程项目的实际施工成本出现了偏差,应当根据工程的具体情况、偏差分析和预测的结果,采取适当的措施,以期达到使施工成本偏差尽可能的小的目的。纠偏是施工成本控制中最具实质性的一步。只有通过纠偏,才能最终达到有效控制施工成本的目的。

## 5. 检查

检查是指对工程的进展进行跟踪和检查,及时了解工程进展状况以及纠偏措施的执行情况和效果,为今后的工作积累经验。

### （三）项目成本控制的对象和内容

**1. 项目成本控制的对象**

（1）以项目成本形成的过程作为控制对象。根据对项目成本实行全面和全过程控制的要求，具体包括：工程投标阶段成本控制；施工准备阶段成本控制；施工阶段成本控制；竣工交代使用及保修期阶段的成本控制。

（2）以项目的职能部门、施工队和生产班组作为成本控制的对象。成本控制的具体内容是日常发生的各种费用和损失。项目的职能部门、施工队和班组还应对自己承担的责任成本进行自我控制，这是最直接、最有效的项目成本控制。

（3）以分部分项工程作为项目成本的控制对象。项目应该根据分部分项工程的实物量，参照施工预算定额，联系项目管理的技术素质、业务素质和技术组织措施的节约计划，编制包括工、料、机消耗数量以及单价、金额在内的施工预算，作为对分部分项工程成本进行控制的依据。

（4）以对外经济合同作为成本控制对象。

**2. 项目成本控制的内容**

工程投标阶段中标以后，应当根据项目的建设规模，组建与之相适应的项目经理部，同时以标书为依据确定项目的成本目标，并下达给项目经理部。

**3. 施工准备阶段**

根据设计图纸和有关技术资料，对施工方法、施工顺序、作业组织形式、机械设备选型、技术组织措施等进行认真的研究分析，并运用价值工程原理，制定出科学先进、经济合理的施工方案。

**4. 施工阶段**

（1）将施工任务革和限额领料单的结算资料与施工预算进行核对，计算分部分项工程的成本差异，分析差异产生的原因，并且采取有效的纠偏措施。

（2）做好月度成本原始资料的收集和整理，正确计算月度成本。实行责任成本核算。

（3）经常检查对外经济合同的履约情况，为顺利施工提供物质保证。定期检查各责任部门和责任者的成本控制情况，

**5. 竣工验收阶段**

（1）重视竣工验收工作，顺利交付使用。在验收前，要准备好验收所需要的各种书面资料（包括竣工图）送甲方备查；对验收中甲方提出的意见，应根据设计要求和合同内容认真处理，如涉及费用，应请甲方签证，列入工程结算。

（2）及时办理工程结算。

（3）在工程保修期间，应由项目经理指定保修工作的责任者，并责成保修责任者

根据实际情况提出保修计划（包括费用计划），以此作为控制保修费用的依据。

## （四）项目成本控制的实施方法

### 1. 以项目成本目标控制成本支出

它通过确定成本目标并按计划成本进行施工和资源配置，对施工现场发生的各种成本费用进行有效控制，其具体的控制方法如下：

（1）人工费的控制

人工费的控制实行"量价分离"的原则，将作业用工及零星用工按定额工日的一定比例综合确定用工数量与单价，通过劳务合同进行控制。

（2）材料费的控制

材料费控制同样按照"量价分离"的原则，控制材料用量和材料价格。首先，是材料用量的控制，在保证符合设计要求和质量标准的前提下，合理使用材料，通过材料需用量计划、定额管理、计量管理等手段有效控制材料物资的消耗，具体方法如下：

①材料需用量计划的编制实行适时性、完整性、准确性控制。在工程项目施工过程中，每月应当根据施工进度计划，编制材料需用量计划。计划的适时性是指材料需用量计划的提出和进场要适时。计划的完整性是指材料需用量计划的材料品种必须齐全，材料的型号、规格、性能、质量要求等要明确。计划的准确性是指材料需用量的计算要准确，绝不能粗估冒算。需用量计划应包括需用量和供应量。需用量计划应包括两个月工程施工的材料用量。

②材料领用控制。材料领用控制是通过实行限额领料制度来控制。限额领料制度可采用定额控制和指标控制。定额控制指对于有消耗定额的材料，以消耗定额为依据，实行限额发料制度。指标控制指对没有消耗定额的材料，则实行计划管理和按指标控制。

③材料计量控制。准确做好材料物资的收发计量检查和投料计量检查。计量器具要按期检验、校正，必须受控；计量过程必须受控；计量方法必须全面、准确并受控。

④工序施工质量控制。工程施工前道工序的施工质量往往影响后道工序的材料消耗量。从每个工序的施工来讲，则应时时受控，一次合格，避免返修而增加材料消耗。

其次，是材料价格的控制。材料价格主要由材料采购部门控制。由于材料价格是由买价、运杂费、运输中的合理损耗等组成，因此控制材料价格，主要是通过掌握市场信息，应用招标和询价等方式控制材料以及设备的采购价格。

施工项目的材料物资，包括构成工程实体的主要材料和结构件，以及有助于工程实体形成的周转使用材料和低值易耗品。从价值角度看，材料物资的价值，约占建筑安装工程造价的 60% ~ 70% 以上，其重要程度自然是不言而喻的。材料物资的供应渠道和管理方式各不相同，控制的内容和方法也有所不同。

（3）施工机械使用费的控制

合理的选择施工机械设备，合理使用施工机械设备对成本控制具有十分重要的意义，尤其是高层建筑施工。据某些工程实例统计，在高层建筑地面以上部分的总费用中，垂直运输机械费用占 6% ~ 10%。由于不同的起重运输机械有不同的用途和特点，因此在选择起重运输机械时，首先应根据工程特点和施工条件确定采取何种起重运输机械的组合方式。

施工机械使用费主要由台班数量和台班单价两方面决定，为有效控制施工机械使用费支出，主要从以下几个方面进行控制：

①合理安排施工生产，加强设备租赁计划管理，减少了因安排不当引起的设备闲置。

②加强机械设备的调度工作，尽量避免窝工，提高现场设备利用率。

③加强现场设备的维修保养，避免因不正确使用造成机械设备的停置。

④做好机上人员与辅助生产人员的协调与配合，提高施工机械台班产量。

（4）施工分包费用的控制

分包工程价格的高低，必然对项目经理部的施工项目成本产生一定的影响。因此，施工项目成本控制的重要工作之一是对分包价格的控制。项目经理部应在确定施工方案的初期确定需要分包的工程范围。决定分包范围的因素主要是施工项目的专业性和项目规模。对于分包费用的控制，主要是要做好分包工程的询价、订立平等互利的分包合同、建立稳定的分包关系网络、加强施工验收和分包结算等工作。

**2. 以施工方案控制资源消耗**

资源消耗数量的货币表现大部分是成本费用。因此，资源消耗的减少，就等于成本费用的节约；控制了资源消耗，也就是控制了成本费用。

以施工预算控制资源消耗的实施步骤和方法如下：

（1）在工程项目开工前，根据施工图纸和工程现场的实际情况，制定施工方案。

（2）组织实施。施土方案是进行工程施工的指导性文件，有步骤、有条理地按施工方案组织施工，可以合理配置人力和机械，可以有计划地组织物资进场，从而做到均衡施工。

（3）采用价值工程，优化施工方案。价值工程，又称价值分析，是一门技术与经济相结合的现代化管理科学，应当用价值工程，既研究在提高功能的同时不增加成本，或在降低成本的同时不影响功能，把提高功能和降低成本统一在最佳方案中。

# 参考文献

[1] 贺生云 . BIM 应用 Rivet 建筑设计实战教程 [M]. 银川：宁夏人民出版社，2022.04.

[2] 刘芳，刘存发 . 红砖建筑实录 [M]. 南京：江苏人民出版社，2022.03.

[3] 赵学强，宋泽华，王云飞 . 文化景观设计 [M]. 北京：中国纺织出版社，2022.04.

[4] 王子若 . 建筑电气智能化设计 [M]. 北京：中国计划出版社，2021.01.

[5] 刘哲 . 建筑设计与施组织管理 [M]. 长春：吉林科学技术出版社，2021.04.

[6] 李树芬 . 建筑工程施工组织设计 [M]. 北京：机械工业出版社，2021.01.

[7] 王洪羿 . 走向交互设计的养老建筑 [M]. 南京：江苏凤凰科学技术出版社，2021.05.

[8] 杨方芳 . 绿色建筑设计研究 [M]. 北京：中国纺织出版社，2021.06.

[9] 梁瑛，何滔，黄晓瑜 . PKPM 建筑结构设计及案例实战 [M]. 北京：机械工业出版社，2021.10.

[10] 王绍森 . 若建筑 [M]. 北京：中国城市出版社，2021.11.

[11] 蔡芸 . 建筑防火 [M]. 北京：中国人民公安大学出版社，2021.12.

[12] 王克河，焦营营，张猛 . 建筑设备 [M]. 北京：机械工业出版社，2021.04.

[13] 李汉琳 . 十四五精品课程建筑空间与环境设计表现技法 [M]. 天津：天津大学出版社，2021.05.

[14] 牛烨，张振飞 . 基于绿色生态理念的建筑规划与设计研究 [M]. 成都：电子科

技大学出版社，2021.03.

[15] 黄健文 . 建筑师业务知识 [M]. 武汉：华中科学技术大学出版社，2021.04.

[16] 孔繁慧，蒋康宁，胡晓雯 . 建筑工程测量 [M]. 哈尔滨：哈尔滨工程大学出版社，2021.01.

[17] 贠禄 . 建筑设计与表达 [M]. 长春：东北师范大学出版社，2020.07.

[18] 徐燊 . 公寓建筑设计 [M]. 武汉：华中科学技术大学出版社，2020.12.

[19] 卓刚 . 高层建筑设计第 3 版 [M]. 武汉：华中科技大学出版社，2020.

[20] 陈思杰，易书林 . 建筑施工技术与建筑设计研究 [M]. 青岛：中国海洋大学出版社，2020.05.

[21] 何培斌，李秋娜，李益 . 装配式建筑设计与构造 [M]. 北京：北京理工大学出版社，2020.07.

[22] 唐斌 . 建筑城市：城市建筑设计实务 [M]. 南京：东南大学出版社，2020.01.

[23] 徐莉 . 建筑施工图设计 [M]. 重庆：重庆大学出版社，2020.08.

[24 龙燕，王凯 . 建筑景观设计基础 [M]. 北京：中国轻工业出版社，2020.05.

[25] 尹萌萌 .Revit 建筑设计与实时渲染（2020 版）[M]. 北京：机械工业出版社，2020.04.

[26] 王子夺 . 建筑艺术造型设计（双语版）[M]. 北京：中国建材工业出版社，2020.08.

[27] 何崴，孟娇 . 青山筑境：乡村文旅建筑设计 [M]. 北京：机械工业出版社，2020.09.

[28] 朱浪涛 . 建筑结构 [M]. 重庆：重庆大学出版社，2020.09.

[29] 刘燕燕 . 建筑材料 [M]. 重庆：重庆大学出版社，2020.08.

[30] 刘雁，李琮琦 . 建筑结构 [M]. 南京：东南大学出版社，2020.09.

[31] 崔陇鹏 . 建筑空间设计与建筑模型 [M]. 北京：机械工业出版社，2019.09.

[32] 陈露 . 建筑与室内设计制图 [M]. 合肥：合肥工业大学出版社，2019.03.

[33] 温泉，董莉莉，王志泰 . 园林建筑设计 [M]. 北京：中国农业大学出版社，2019.08.

[34] 郭屹 . 建筑设计艺术概论 [M]. 徐州：中国矿业大学出版社，2019.05.

[35] 林拥军 . 建筑结构设计 [M]. 成都：西南交通大学出版社，2019.12.

[36] 杨龙龙 . 建筑设计原理 [M]. 重庆：重庆大学出版社，2019.08.

[37] 肖国栋，刘婷，王翠 . 园林建筑与景观设计 [M]. 长春：吉林美术出版社，2019.01.